火场中高分子材料对汽油检验鉴定干扰性规律及机理

金 静 臧政哲 李秋璠梓◎著

化学工业出版社
·北京·

内容简介

《火场中高分子材料对汽油检验鉴定干扰性规律及机理》针对火场残留物检验鉴定的“假阳性”和“假阴性”基质干扰开展研究，结合国内外最新的相关研究成果，在分别介绍国内外有关基质干扰研究概况的基础上，着重介绍了原料级橡胶、橡胶制品燃烧残留物对汽油鉴定产生的干扰，并对产生干扰性的官能团进行溯源研究，从基质化学结构和热解过程耦合影响的角度探究高分子材料对汽油鉴定干扰性大的原因，并结合化学计量学对排除干扰性的方法进行了讨论。

本书可供公安机关刑事侦查部门、消防救援部门火灾调查专业执法人员以及火灾调查相关的社会组织工程技术人员、相关高等院校及科研院所研究人员阅读，也可作为高校火灾勘查、涉火案件侦查、刑事科学技术、消防工程等专业高年级本科生和研究生的教材和参考书。

图书在版编目（CIP）数据

火场中高分子材料对汽油检验鉴定干扰性规律及机理 / 金静，臧政哲，李秋璠梓著. -- 北京：化学工业出版社，2024. 10. -- ISBN 978-7-122-46825-3

Ⅰ. TE626.21

中国国家版本馆 CIP 数据核字第 2024XR7989 号

责任编辑：提　岩　张双进　　　文字编辑：邢苗苗
责任校对：宋　夏　　　　　　　装帧设计：王晓宇

出版发行：化学工业出版社
（北京市东城区青年湖南街 13 号　邮政编码 100011）
印　　装：大厂回族自治县聚鑫印刷有限责任公司
710mm×1000mm　1/16　印张 12¼　字数 191 千字
2025 年 11 月北京第 1 版第 1 次印刷

购书咨询：010-64518888　　　售后服务：010-64518899
网　　址：http：//www. cip. com. cn
凡购买本书，如有缺损质量问题，本社销售中心负责调换。

定　　价：58.00 元

前言

多年来，放火火灾在国内外时有发生，严重影响社会稳定。为了有效快速放火，犯罪嫌疑人多采用易燃液体作为助燃剂，而易燃液体放火案件中95%以上是使用汽油。对于汽油作为助燃剂的具有放火嫌疑的火灾现场调查，有效地判定汽油的存在成为认定火灾性质和火灾原因的关键。

而火灾现场中存在大量其他可燃物，其中塑料、橡胶和纤维等有机高分子材料，在火场中极为常见，且皆为典型的石油化工产品，燃烧过程中易产生与汽油燃烧残留物相同或相近的成分，严重干扰汽油的鉴定。这些干扰物材料种类繁多，组分复杂，每大类下涵盖的牌号少则几种，多则数十种，同一大类下，不同牌号、种类、组分的物质，其谱图特征和检测结果不尽相同，无法与每个火场中的燃烧载体对应。从化学成分角度出发，将化学成分与载体的干扰性进行关联，总结其规律性，是探究载体产生干扰性原因的根本性方法。

汽油中主要包括烷烃、烯烃、芳香烃和稠环芳烃等物质，当汽油挥发和过火后，烷烃和烯烃成分发生了较大变化，而芳香烃和稠环芳烃保留较好，汽油燃烧时发生了多种化学反应，生成的新物质中多为多环芳烃物质。而自身分子含苯环结构的载体在燃烧后会生成芳香烃类物质，对汽油燃烧残留物的干扰性可能更为显著，因此我们从化学结构角度出发，选择典型含苯载体——橡胶作为研究对象。橡胶是生活中最常见的一种石油化工产品，广泛用于汽车、汽油运输管、鞋底、橡胶手套、医用橡胶制品等行业。实际物证鉴定中发现，橡胶制品的燃烧残留物中有与汽油相似的组分，对汽油鉴定的干扰性很大。

本书基于河北省自然科学基金项目“基于化学结构关联的丁苯共聚物对火场汽油检验鉴定强干扰机理研究”（项目编号：E2021507001）和中国人民警察大学校级科研重点专项“基于化学成分关联的橡胶对汽油燃烧残留物鉴定干扰性研究”（项目编号：ZDZX202003）的研究成果，研究基于化学成分关联的橡胶及其制品对汽油燃烧残留物鉴定的干扰性，并对产生干扰性的典型官能团结构和热解过程的影响进行了探讨；在此基础上进一步结合物证鉴定实务需求，对排除基质干扰的方法进行了讨论，以期为涉火物证检验鉴定提供技术支撑。

本书由金静、臧政哲和李秋璠梓著，在编写过程中受到了多人的倾力相助，在此特别感谢中国人民警察大学张金专教授、邓亮教授、迟佳萍、李慷旭、李舒心、殷果……对本书编写的帮助。

本书在编写过程中力求将放火火灾案件调查的概况及其相关技术介绍给读者，但是由于作者水平所限，书中难免存在不足之处，敬请读者指正。

作　者

2024 年 7 月

目录

第 1 章 国内外研究动态

因放火引起的火灾时有发生，严重影响社会的稳定。为了快速有效放火，犯罪嫌疑人多采用易燃液体作为助燃剂，此类放火案件中 95%以上使用的是汽油[1]。因此，在疑似汽油助燃的放火火灾现场，有效地判定汽油的存在成为认定火灾性质和火灾原因的关键。鉴定汽油燃烧残留物的方法通常有高效液相色谱法、气相色谱-质谱联用技术（GC-MS）、消防犬和电子鼻[2] 等，其中，GC-MS 是最可靠的分析方法[3-5]。可采用目标化合物法进行定性分析，涉及的标准有 ASTM E1618—2014 *Standard test method for lgnitable liquid residues in extracts from fire debris samples by gas chromatography-mass spectrometry*[3] 和 GB/T 18294.5—2010《火灾技术鉴定方法　第 5 部分：气相色谱-质谱法》[4] 等。前者不区分汽油原样、过火和挥发的汽油以及汽油燃烧残留物，只参考 15[5] 种具体目标特征组分，包括烷烃（C_{12}❶）、烷基苯（甲苯、C_2 苯❷、C_3 苯、C_4 苯）、稠环芳烃（甲基萘、二甲基萘）、茚满（茚、甲基茚满、二甲基茚满）等；后者需要区分汽油原样、过火和挥发的汽油以及汽油燃烧残留物，汽油原样的目标组分为烷烃、烯烃、烷基苯、稠环芳烃，过火和挥发的汽油的目标组分呈现的特征为烷烃、烯烃变化较大，烷基苯（C_1～C_4 苯）、稠环芳烃（萘、甲基萘、二甲基萘）保留较好，其中 C_3 苯保留最好，稠环芳烃稳定不变，汽油燃烧残留物的目标组分呈现的特征为燃烧会生成多环芳烃，其中较稳定的有荧蒽、芘、苯并蒽、苯并荧蒽、苯并芘。当定性分析无法识别时，可以通过燃烧产物中特征异构体的比例的阈值来识别汽油。

---

❶ 烷烃 C_{12} 指含有 12 个 C 原子的烷烃。

❷ C_2 苯指苯环上的氢原子被含有 2 个 C 原子的烷基取代后的烷基苯。C_3、C_4 苯等含义类似。

火灾现场中存在大量的可燃物[6-7]，塑料、橡胶和纤维 3 类有机高分子材料[8] 是典型的可燃物。这 3 类有机高分子材料皆为典型的石油化工产品，燃烧过程中易产生与汽油燃烧残留物相同或相近的成分[9-11]，干扰汽油燃烧残留物的鉴定。关于这 3 类物质对汽油燃烧残留物的鉴定干扰的相关研究较多，其中具有代表性的学者和研究机构有 STAUFFER[12-15]、DHABBAH[16-18]、国际火灾调查员协会（IAAI）[19-20]、中国科学技术大学[21-24]、中国人民警察大学[25-31]、天津消防研究所[1,32-34] 和公安部物证鉴定中心[11,35-36] 等。本书对这方面的文献进行了系统梳理，旨在为排除这 3 类有机高分子材料对汽油鉴定的干扰影响及相关的物证鉴定工作提供参考。

1.1 纤维材料对汽油燃烧残留物鉴定的干扰研究

国外学者早在 20 世纪 60 年代就开始对地毯、地板材料对助燃剂燃烧残留物鉴定的干扰性进行了研究。1968 年，ETTLING 等[37] 首先发现木材的热解过程会产生“碳氢化合物”。1977 年，CLODFELTER 等[38] 将地毯产品、木材等材料热解产物的色谱图与常见助燃剂进行了比较，发现火场中的背景物会干扰助燃剂的鉴定。1982 年，SMITH[39] 在地毯制品燃烧热解产物中发现了苯乙烯。1988 年，DEHAAN 等[40] 采用气相色谱法对地毯、人造草皮、地板等地面覆盖物的热解产物进行了深入研究，结果发现，通过各自色谱峰分布的差异可以排除热解产物对助燃剂鉴别的干扰。1994 年，BERTSCH[41] 发现地毯的热解产物中除了包括大量苯乙烯外，还包括烷基苯、萘、甲基萘和大量烷基苯乙烯等，但没有发现烷烃和烯烃。

进入 21 世纪后，国内外学者开始将研究对象扩展为由纤维制备的家居或生活用品（地毯、木制用品、衣物、墙纸、桌布等）。STAUFFER[12] 系统地研究了尼龙地毯、合成地板、包装材料等热解和燃烧产物对助燃剂鉴定的影响，发现甲苯、C_2 苯、苯乙烯、萘、茚、甲基萘以及 C_{10}～C_{16} 的烷烃、烯烃等 25 种常见干扰组分与汽油燃烧后残留物的化学组分相同。ALMIRALL 等[42] 针对常见的 35 个生活日用品（地毯、墙纸、合成地板、黄檀木、棉衬衫、桌布、纸制品等）开展了燃烧试验，发现尼龙地毯燃烧后可释放出甲苯、二甲苯、三甲苯、萘等组分。JHAUMEER-LAULLOO 等[43] 对 11 种家用材料（衣服、地毯、鞋等）的热解产物进行了鉴定，发现地毯热解会释放甲苯、二甲苯、烷基苯、烷烃和烯烃等组分。这些组分均会对汽油鉴定产生强烈干扰，使调查人员无法正确识别汽油残留物。STAUFFER[13-14] 等对应用 GC-MS 分析助燃剂、背景物以及燃烧产物的方法进行了详细介绍，对助燃剂特征及背景物干扰等的研究具有重要的参考价值。

支有冉[21] 将木条、织物、棉被、衣物等 4 种常见背景物均匀分布于同一油盘中，进行加载汽油前后的燃烧试验，发现：不加汽油时，这些背景物的残留物中基本没有汽油特征组分；加入汽油后，残留物中检出非常明显的汽油特征组分，说明这 4 种背景物对汽油鉴定的干扰较小。查正根等[22] 对木材、棉制衣物和羊毛纺织物等分别进行加载汽油的燃烧试验，通过对残留物中二甲基苯、三甲基苯、四甲基苯及甲基萘类等特征组分特征异构体比值的分析，发现木材中四甲基苯异构体比值具有明显特征，可用来帮助判断汽油的存在，而棉制衣物和羊毛纺织物对汽油干扰较大，不能排除其热解产物的干扰。

DHABBAH[16] 等将 2mL 汽油加载在厚度为 5mm 的涤纶地毯上，研究表明：在燃烧结束后再放置 0.5h，样品中的汽油检出效果最佳。在此基础上，AQEL 等[17] 比较了汽油在羊毛、棉花、丝绸和涤纶燃烧残留物中检出的难易程度，发现在羊毛和丝绸中较易检出汽油。DHABBAH[18] 将载体范围进一步扩展到天然纺织品和合成纺织品，发现燃烧前后的合成纤维（尼龙和涤纶）上汽油残留的持久性比天然纤维的（棉花和羊毛）长，这与该课题组之前的试验结果[17] 有一定的差别，可能是受到选材用量和提取时间等试验条件的影响。刘峰等[25] 研究了纯棉布和腈纶地毯等背景物对汽油燃烧残留成分持久性的影响，发现腈纶对汽油燃烧残留物的吸附效果较好，试验还发现联苯可稳定存在于汽油残留物中，与 DHABBAH[18] 的研究结果一致。

综上所述，纤维材料对汽油燃烧残留物的鉴定具有较大的干扰，干扰组分一般为背景物的部分热解产物或燃烧产物（甲苯、C_2 苯、C_3 苯、C_4 苯、苯乙烯、萘、甲基萘、茚、C_{10}～C_{16} 的烷烃和烯烃等），对于干扰性较强的背景物，可利用特征化合物异构体的特征比值来排除背景物的干扰。同时，从前人关于地毯的热解机理和干扰性的研究[37-48] 中不难发现，化学成分是决定燃烧和热解产物的最重要因素，同一化学成分可以用来制作多种功能不同的产品，如聚丙烯可以用来制作泡沫地毯、墙纸、塑料制品或纤维地毯，由于这些产品的化学成分一样，其对汽油燃烧残留物造成的干扰识别也一样。因此，通过化学成分分析背景物对汽油鉴定的干扰影响更为合理。

1.2 塑料对汽油燃烧残留物鉴定的干扰研究

关于塑料对汽油燃烧残留物鉴定的干扰的文献报道也较多，但研究对象主要集中为聚乙烯（PE）、聚丙烯（PP）、聚苯乙烯（PS）、聚氯乙烯（PVC）、聚对苯二甲酸乙二酯（PET）和乙烯-乙酸乙烯酯共聚物（EVA）等常见塑料制品。

高佳鑫等[23-24] 得出 PE 热解产物具有“三连峰”特征，对应产物分别为相应碳数的二烯烃、烯烃、烷烃，这与 STAUFFER[15] 的发现一致，推测与 PE 主链上的碳碳键会在随机位点断裂生成烯烃和烷烃有关。PE 热解会生成 C_8～C_{20} 正构烷烃，这与汽油燃烧残留物明显不同，不会影响火场中汽油的判定，但会对柴油鉴定产生较大的干扰[23]，邓雨欣[49] 和 KURATA 等[50] 也验证了这一点。在此基础上，邓震宇等[34] 发现 PE 燃烧残留物中还存在蒎烯、萜烯、苯丁基醚和苯丁基醇类等组分，对汽油鉴定干扰性不大。PRATHER 等[51] 以高密度聚乙烯（HDPE）为背景物加载汽油、煤油和轻质油等进行燃烧试验，在其燃烧残留物中发现了甲苯、烷烃和烯烃等组分。HDPE 生成的正构烷烃和烯烃的高斯曲线与重质石油特征组分的曲线相似，但通过主成分分析可与汽油、煤油和轻质油进行区分。

PP 的热解和燃烧过程比 PE 复杂。PP 主链上存在甲基取代基，热解主要产物为较低碳数的不饱和支链烯烃（C_8～C_{12}）[23]。BALLICE[52] 发现 PP 会在高温条件下热解生成大量的脂肪族化合物，以支链结构为主（碳数范围为 C_1～C_{26}），包含烷烃、烯烃和二烯烃，如 2-甲基-4-辛烯、2-甲基-2-辛烯、2,6-二甲基-2,4-庚二烯、2,4-二甲基-1-庚烯、2-甲基-1-辛烯等。邓震宇等[34] 发现 PP 的燃烧产物中存在甲苯、二甲苯、苯乙烯，但其比例与汽油的差异很大。邓雨欣[49] 将 PP 加载汽油进行燃烧试验后，发现 PP 燃烧后原有成分 2,4-二甲基庚烯、苯乙烯和联苯消失，新增了大量烷基苯、稠环芳烃以及直链烷烃；程芳彬[53] 发现 PP 的燃烧产物中存在一种不同于汽油常见燃烧产物的化合物 1,3,5-三甲基环己烷，可将其作为 PP 燃烧残留物的标志组分。火灾调查人员通过以上方法可排除 PP 对汽油鉴定的影响。综上可见，PP 的热解产物主要为支链烷烃、支链烯烃等脂肪族化合物，不会对汽油鉴定带来较大干扰。

高佳鑫[23] 发现 PS 的热解产物中存在一定种类的烷基苯（如甲苯、对二甲苯、乙苯等汽油特征组分），但未发现 C_3 苯、C_4 苯、茚满、萘等重组分[53]。PS 热解产物中苯乙烯含量非常高，可将其作为 PS 存在的佐证[15]。邓震宇等[34] 发现 PS 的燃烧产物主要为苯乙烯、苯甲醛、苯甲酸、蒎烯、癸烯、癸醇、莳醇等。邓雨欣[49] 发现 PS 燃烧残留物中含其特有成分 2-乙烯基萘。

PVC 的燃烧产物为苯、甲苯、乙基苯、邻二甲苯、1-乙基-2-甲基苯、萘、2-甲基萘等[34]。程芳彬[53] 研究了 13 种塑料对汽油鉴定的影响，发现 PVC 的干扰最大，其燃烧标志物为 1-己氧基-3-甲基-己烷，鉴定人员在分析以 PVC 为主的检材时，应着重查找其中是否含有 C_4-烷基苯、茚满、1-甲基茚等组分。邓雨欣[49] 发现，PVC 加载汽油的燃烧产物与汽油燃烧残留物相比，C_2、C_3 和 C_4 苯等目标化合物相对峰面积所占比例有较大差别，在 PVC 加载汽油后燃烧产物中，C_2 苯所占比例大幅度减少，C_4 苯所占比例最大。

PET 燃烧产物主要为甲苯、乙苯、对二甲苯、苯乙烯、甲基乙基苯、苯甲酸乙烯酯、苯甲酸、联苯、戊烯基苯和一些烷烃[34]。其中，苯甲酸乙烯酯、苯甲酸、联苯为 PET 燃烧残留物的特征组分，由于苯甲酸乙烯酯一般不会出现在汽油以及其他塑料的燃烧产物中，可将其作为 PET 燃烧标志物[53]。

EVA 热解产物也具有“三连峰”的特征，既包含 C_{10}～C_{22} 的正构烷烃，也包含 3-(1-甲基乙基）苯酚、1-甲基萘等汽油特征组分[24]。

由此可见，聚合物材质不同，其对汽油鉴定的干扰情况也不同。塑料制品燃烧残留物虽然也有甲苯、乙苯、对二甲苯、苯乙烯、甲基乙基苯、联苯等组分，但其种类和相对含量与汽油残留物的差异，主要表现为轻组分比例减少，重组分比例增加[51]，如 C_3 苯在汽油燃烧残留目标化合物中所占比例最大，萘、甲基萘、烷烃所占比例均较小，当塑料参与燃烧后，C_2 苯所占比例减少，C_3 苯所占比例基本不变，C_4 苯、萘、甲基萘、烷烃所占比例均增加。基于此，可通过目标化合物分析法对背景物和汽油加以区分。

1.3 橡胶对汽油燃烧残留物鉴定的干扰研究

橡胶是典型的高分子化合物，广泛用于制造轮胎、胶管、胶带、电缆等制品，其中，汽车轮胎是橡胶工业的支柱产品。余志超[26] 分析了 4 个品牌汽车轮胎（韩泰 K415、佳通 ComfortT20、固特异 65Y 系列、锦湖 TX61 汽车轮胎），结果发现：当轮胎加载汽油未燃烧完全时，能够在燃烧残留物中检出 ASTM E1618—2014 中提取的用于汽油鉴定的全部 15 种特征组分，并且其总离子流图也能观察到汽油集中出峰的特征；当燃烧完全时，仅能根据烷基苯和稠环芳烃提取离子流图中的部分特征组分来推测其中可能含有汽油，但无法确认汽油的存在。刘玲等[27] 分析了橡胶成品（锦湖 195 系列轮胎）加载 92＃汽油前后燃烧残留物的谱图，发现橡胶燃烧残留物以重组分为主，烃类组分的碳原子数主要在 C_{12} 以上，稠环芳烃类组分和多环芳烃类组分较为稳定，不易挥发和流失，烷基苯组分对汽油鉴定的干扰较大，对苯二胺是区分轮胎橡胶和汽油的关键组分。

轮胎燃烧残留物会干扰汽油的鉴定，根本原因是汽车轮胎的化学组成比较复杂。轮胎由橡胶、硫化剂、炭黑等 150 多种组分制备，其中橡胶成分占比最大，为 93%以上，其中汽车轮胎外胎由天然橡胶（NR）、丁苯橡胶（SBR）和异戊橡胶（IR）等制作，内胎由丁基橡胶（IIR）和乙丙橡胶（EPR）等制备。因此，应对不同种类的橡胶进行针对性的分析。陈振邦[28] 发现丁苯橡胶燃烧残留物对汽油鉴定的干扰较大，芳香烯烃可作为丁苯橡胶燃烧特征组分，环烯烃可作为天然橡胶燃烧特征组分。王健[29] 采用 GC-MS 分析了加载汽油前后的丁苯橡胶自由燃烧产物，结果发现：加载汽油前后的燃烧产物的总离子流图基本一致，说明丁苯橡胶对汽油的干扰程度很大。金南江等[30-31] 对加载汽油前后的 SBR1502 粉末进行了燃烧试验，结果发现：SBR1502 的燃烧残留物不仅含有 ASTM E1618—2014 规定的 15 种汽油燃烧残留物特征组分，还含有烷基苯、稠环芳烃及茚满类组分等 3 类汽油鉴定参考组分，但 SBR1502 燃烧残留物中不存在多环芳烃，因此可将多环芳烃作为鉴定汽油的参考组分。以上研究结果表明：仅靠定性分析，无法排除橡胶残留物对汽油鉴定的干扰。付玉[54] 采用 GC-MS 分析了丁苯橡胶、顺丁橡胶、乙丙橡胶、天然橡胶和氯丁橡胶等 6 种橡胶制品的燃烧残留物，结果表明：可将质荷比（m/z）135 苯并噻唑、m/z 198 邻苯二甲酸二甲酯、烷基萘类化合物、烷基芴类化合物和烷基联苯类化合物作为这 6 类橡胶的共性物质，苯并噻唑和邻苯二甲酸二甲酯是区分橡胶和汽油的关键组分[54]。随着材料科学的发展，橡胶配方也会有所改变，其燃烧残留物的特征组分也会有所不同，而干扰主要源于橡胶聚合单体的种类以及燃烧过程中各自发生的反应，此领域亟需国内外学者来进行探索。

可燃物的化学成分是决定其燃烧和热解产物的最主要因素之一。同一化学成分构成的制品，纵使其制品类型和用途千变万化，但其热解和燃烧产物均可展现出类似甚至相同的特征组分。因此，应按干扰物的化学成分识别、区分火场残留物及其对助燃剂检验鉴定的干扰性，总结规律并建立数据库，而这项工作还需要继续完善。目前关于均聚高分子化合物的燃烧产物对汽油鉴定的干扰研究已取得一定成果，但火场中大部分高分子材料是共聚物，而关于多单体共聚后的高分子材料燃烧残留物干扰组分的差异性还需要进一步研究。此领域亟需国内外学者从干扰物化学结构这一角度出发，从本质上探究出化学成分对汽油燃烧残留物的干扰性规律。

第 2 章 实验部分

2.1 实验仪器与耗材

2.1.1 实验仪器与设备

（1）Agilent7890B-5077B 气相色谱-质谱联用仪

（2）Agilent7693 自动进样器

（3）HP-5MS 色谱柱（30m×0.25mm×0.25μm）（美国安捷伦科技公司）

（4）SK3310LHC 超声波清洗器（上海科导超声仪器有限公司）

（5）FTT-DUALCONE S001 锥形量热仪（英国 Fire Testing Technology 公司）

（6）热重分析仪 TGA 2（瑞士 METTLER TOLEDO 公司）

（7）红外光谱仪 TENSOR Ⅱ（德国 BRUKER 公司）

2.1.2 实验耗材

① SBR1502（中国石油吉林石化分公司），由苯乙烯和丁二烯聚合而成，为黄色块状，广泛用于颜色鲜艳和浅色的橡胶制品，如轮胎胎侧、透明胶鞋、胶布、医疗制品和其他一般彩色制品。

② SBR1712（福建石油化工集团有限责任公司），为黄色块状，广泛用于轮胎业、鞋业、胶布类及输送行业等。

③ SBR1502E（中国石油吉林石化分公司），乳白色块状，主要用于轮胎、汽车部件、胶管、胶带、胶鞋、电线电缆以及其他橡胶制品等。

④ 顺丁橡胶 BR9000（PB，中国石化）。顺丁橡胶是以 1,4-丁二烯为单体聚合而得到的一种通用合成橡胶，主要用于轮胎、制鞋、高抗冲聚苯

乙烯的制造等，其中轮胎业的需求量约占总需求量的 77%。

⑤ 聚苯乙烯（PS，上海石化）。聚苯乙烯是指由苯乙烯单体经自由基加聚反应合成的聚合物，为无色无臭的透明颗粒，被广泛用于日用装璜、照明指示和包装等方面，可以和其他橡胶类型高分子材料共聚生成各种不同力学性能的产品等。

⑥ SBS 热塑性丁苯橡胶颗粒（中石化湖南石油化工有限公司），牌号 YH-792，SBS 是苯乙烯、丁二烯、苯乙烯嵌段而成的共聚物，它的强度由硬段聚苯乙烯提供，弹性由软段聚丁二烯提供，兼有橡胶与塑料的优点，广泛应用于制鞋、涂料、黏合剂等领域。

⑦ 丁基橡胶垫、三元乙丙橡胶垫、天然橡胶垫和丁苯橡胶垫（之后简称为丁基垫、三元乙丙垫、天然垫和丁苯垫）（均来自上海蓝熙实业有限公司）。

⑧ 92＃汽油（中国石化）。

⑨ 丁苯橡胶 1505，由苯乙烯和丁二烯聚合而成，苯乙烯含量 9.5%（质量分数）左右；黄色颗粒状，为无污染性的丁苯橡胶；中国石油吉林石化分公司生产；主要用于生产汽车轮胎、鞋底等制品。

⑩ 丁苯橡胶 1205，由苯乙烯和丁二烯聚合而成，苯乙烯含量 18%（质量分数）左右；乳白色颗粒状，具有高纯度及良好色泽外观；中国石油吉林石化分公司生产；产品用于橡胶改质，用于生产高跟鞋底及生胶色鞋底。

⑪ 丁苯橡胶 303，由苯乙烯和丁二烯聚合而成，苯乙烯含量 30%（质量分数）左右；白色块状；中国石油吉林石化分公司生产；主要用于制造轮胎等。

⑫ 丁苯橡胶 1401，由苯乙烯和丁二烯聚合而成，苯乙烯含量为 40%（质量分数）左右；白色多孔圆条状；中国石化湖南石油化工有限公司生产；主要用于鞋垫、黏合剂等。

⑬ 天然橡胶（NR），是以异戊二烯为主要成分的天然高分子化合物，是一种片状固体，被广泛应用于各大领域。

⑭ 聚异戊二烯橡胶（LIR），分子结构和天然橡胶类似，是由异戊二烯聚合而成的人造高分子化合物，黄色块状，主要用于制造轮胎、鞋靴等工业制品。

⑮ 丁基橡胶（IIR），由异丁烯和少量异戊二烯聚合而成，黄色块状，

主要用于生产轮胎的内胎、密封垫圈等。

⑯ 三元乙丙橡胶（EPDM），是乙烯、丙烯和少量的非共轭二烯烃的共聚物，白色颗粒状，主要用于汽车部件、电线电缆护套等领域。

⑰ SBS3546、3414、3401、1475、1546、1487、3527，皆由广东京邦新材料有限公司生产。

⑱ SEBS（苯乙烯-乙烯-丁烯-苯乙烯嵌段共聚物）501t、502t、503t、602t，皆由中国石化巴陵公司生产。

⑲ SEBSG1651、G1652，皆由日本科腾生产。

2.2 实验样品的制备

使用微量天平称取样品 5g，将样品分别放入石英坩埚中，用点火器点燃所有样品，直至火焰完全燃烧熄灭并冷却至室温。为能准确直观地进行对比分析，使用同样的方法将 10mL 汽油制成汽油燃烧残留物；然后对得到的燃烧残留物用 20mL 正己烷进行萃取，将萃取液超声振荡 2min 并用滤纸过滤蒸发至 0.5mL。对于含有汽油的干扰物的制备，取样品各 5g，分别放入石英坩埚中，用玻璃注射器依次向每个坩埚注入 0.5mL 汽油并用点火器点燃所有样品，直至火焰完全燃烧熄灭并冷却至室温；然后对得到的燃烧残留物用 20mL 正己烷进行萃取，将萃取液超声振荡 2min 并用滤纸过滤蒸发至 0.5mL，最后进行 GC-MS 进样准备。

2.3 TG 条件

热重法（TG）条件：气氛条件设置为空气（氧气含量 21%，氮气含量 79%），升温速率为 20K/min，分析温度范围为 60～800℃。

2.4 IR 条件

红外吸收光谱法（IR）条件：波长范围为 4000～400cm^{-1}，扫描次数 32，连续扫描。

2.5 GC-MS分析

载气选择氦气，流速为20mL/min，前柱压力为800kPa。程序升温方式采用阶梯升温的方法将初始温度从100℃升至250℃：将初始温度100℃保持2min；以5℃/min的速度升至150℃，保持2min；以8℃/min的速度升至250℃，保持10min。对于提取的橡胶燃烧残留物，在0.4μL的进样量下分流比为10∶1；而对于提取的汽油燃烧残留物，为了保证较高的丰度，选择了2μL进样量的无分流入口。

质谱条件：GC/MSD（MSD指质量选择检测器）接口温度、离子源温度和四极杆温度分别为280℃、230℃和150℃；电子轰击（EI）离子源采用70eV的电子能量；全扫描（SCAN）质量范围50～500amu。

2.6 数据处理

使用Agilent MassHunter Qualitative Analysis Navigator B.80.00数据分析软件分析各总离子流色谱图（TIC）。针对不同特征组分，提取不同的离子流色谱图（EIC），通过NIST 2014质谱数据库检索各特征离子峰，确认匹配度大于70%的目标化合物。

为了确保实验数据的可靠性以及实验结果的科学性，对每组实验使用同种仪器及同样的实验方法进行3次重复实验。

第 3 章 原料级橡胶对汽油鉴定的干扰性

3.1 原料级丁苯橡胶的燃烧残留物干扰组分分析

橡胶是生活中最常见的一种石油化工产品，实际物证鉴定中发现，橡胶制品的燃烧残留物中有与汽油相似的组分。SBR 是苯乙烯-丁二烯的共聚物，是生活中常见的一种石油化工产品，广泛用于汽油运输管、鞋底、橡胶手套、医用橡胶制品等浅色橡胶生产业。通过对前人的研究结果对比总结，不难发现，丁苯橡胶与汽油谱图相似度较高，对汽油鉴定的干扰性很大。为更深入地研究其对汽油鉴定的干扰，本章对三种牌号的原料 SBR1502、SBR1712 和 SBR1502E 以及工业丁苯橡胶垫的燃烧残留物分别进行干扰组分的分析，以探究丁苯橡胶与汽油燃烧残留物组分的相同及区别之处，并从化学成分的角度出发，研究丁苯橡胶——苯乙烯与丁二烯的共聚物对汽油鉴定产生干扰性的根本化学组分。

1500 和 1700 系列是橡胶市场上应用最普遍的丁苯橡胶。1500 系列是溶聚丁苯橡胶，一般用于轮胎。1700 系列属于充油型炭黑-苯乙烯-丁二烯，常用于降低生产成本。SBR1502 是丁苯 1500 系列中最典型的无污染材料，SBR1502E 是此系列中用于有环境限制要求的条件下的材料，由环境友好型抑制剂和抗氧化剂聚合得到的相应产物，故选取 1500 系列中的 SBR1502 和 1502E 作为研究对象；针对 SBR1700 系列产品的充油特性，选择了一种充芳烃油 37.5 份的污染型丁苯橡胶 SBR1712 作为代表。所选的 SBR1502、1502E 和 1712 三种工业品都是苯乙烯与丁二烯的共聚物，苯乙烯含量均为 23%～24%，但在分子量、反式-1,4 结构和顺式-1,4 结构比等方面存在一定的微观结构差异。是否所有种类的丁苯橡胶都会对汽油鉴定造成干扰？它们的共通点和不同之处还有待进一步探究。另外，工业丁苯橡胶垫相比于原料丁苯橡胶，成分中添加了增塑剂和用于橡胶硫化的促进剂等物质，其燃烧残留物对汽油鉴定的影响也会有所不同。

3.1.1　四种丁苯橡胶燃烧残留物谱图的对比分析

丁苯橡胶种类复杂多样，同一大类下，不同牌号的物质，丁苯橡胶原样呈现的宏观特征有所差别，其谱图特征和检测结果也可能会有所不同，将四种丁苯橡胶的燃烧残留物进行 GC-MS 分析，总离子流图如图 3.1 所示。

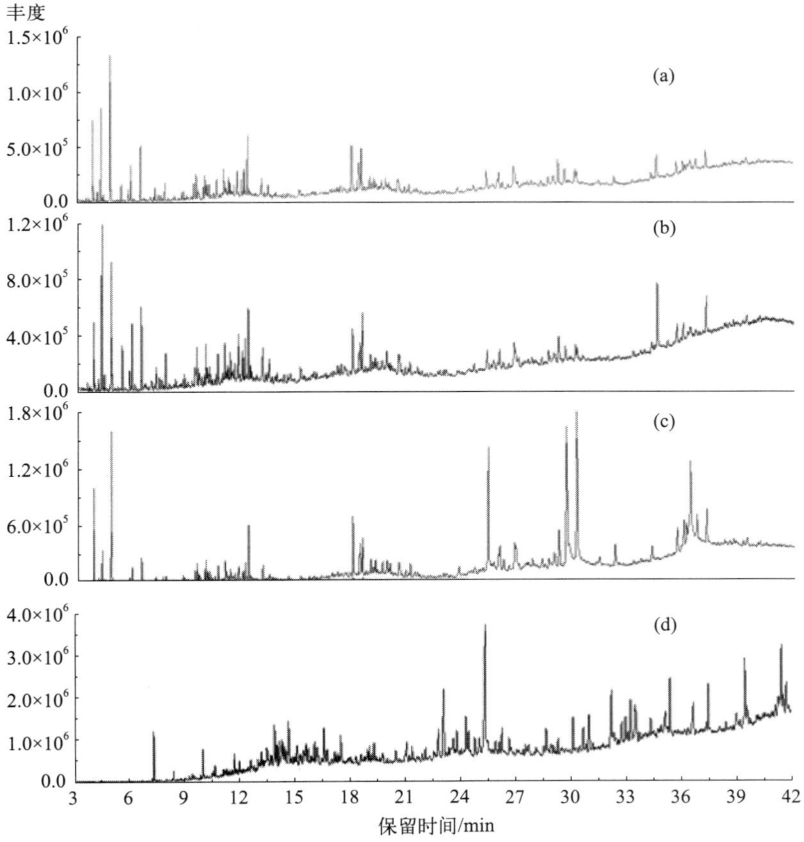

图 3.1　四种丁苯橡胶燃烧残留物的总离子流图

(a) 1502；(b) 1502E；(c) 1712；(d) 丁苯垫

从图 3.1 中可以看出，三种牌号 SBR 的总离子流图趋势和出峰时间大体上相似。在前 21min，三者基本一致，从前至后，都依次检出烷基苯、茚满类和稠环芳烃等汽油特征组分，21min 之后检出多环芳烃。丁苯垫的总离子流图与三种原料略有不同，但仍能够检出烷基苯、茚满类、稠环芳烃和多环芳烃。从含有的汽油特征组分类别上来看，四种物质都对汽油鉴定的干扰很大，具体情况还应进一步利用提取离子流图分析。

结合 GB/T 18294.5—2010 及 ASTM E1618—2014，对残留物样品分别进行烷烃（$m/z=85$）、烷基苯（$m/z=91$、106、120、134、148）、稠环芳烃（$m/z=128$、142、156、170、184）、多环芳烃（$m/z=166$、178、192、202、206）及茚满类（$m/z=116$、117、118、131、132）物质的提取，得到提取离子流图后进行分析。

烷烃类为轻组分，较不稳定，在四种丁苯橡胶的燃烧残留物中，均未检出烷烃，故不将烷烃类组分作为主要参考。

（1）烷基苯类组分的分析　将烷基苯类组分（$m/z=91$、106、120、134、148）进行提取，所得到的四种丁苯橡胶燃烧残留物烷基苯类组分的提取离子流图如图 3.2 所示。

根据图 3.2 可得到四种丁苯橡胶燃烧残留物烷基苯类组分的提取情况，其中原料级的三种牌号的丁苯橡胶提取离子流图近乎相同，燃烧残留物中含有的汽油燃烧残留物的烷基苯类特征组分类别是完全相同的，均检出 C_2 苯（4.5～5min）、C_3 苯（5.5～6.5min）、C_4 苯（7.5～8min），保留时间也完全一致。工业丁苯垫的提取离子流图与其他三种丁苯橡胶有所不同，特征组分的相对保留时间和相对丰度都有所不同，但同样检出了 C_2 苯（4.363～4.381min）、C_3 苯（6.12～7.15min）和 C_4 苯（7.21～9min），另外还检出了 C_5 苯。由此可见，从特征组分的组分类别来看，四种丁苯橡胶均对汽油的烷基苯类认定有极大干扰。

分别利用标准质谱检索图对四种丁苯橡胶的烷基苯类逐一进行检索，采用匹配度超过 80 的物质为特征组分，将其具体种类进行对比，总结得到的结果如表 3.1 所示。

从表 3.1 可以看出，三种牌号的原料丁苯橡胶的烷基苯 C_2 苯、C_3 苯和 C_4 苯的种类也大致相同，C_2 苯有 2～3 种，C_3 苯有 4～5 种，C_4 苯只有 1 种。与工业丁苯垫的烷基苯相比，有所区别，丁苯垫 C_2 苯种类较少仅 1 种，C_3 苯有 3 种，C_4 苯较为丰富，有 3 种，另外还有 1 种 C_5 苯。

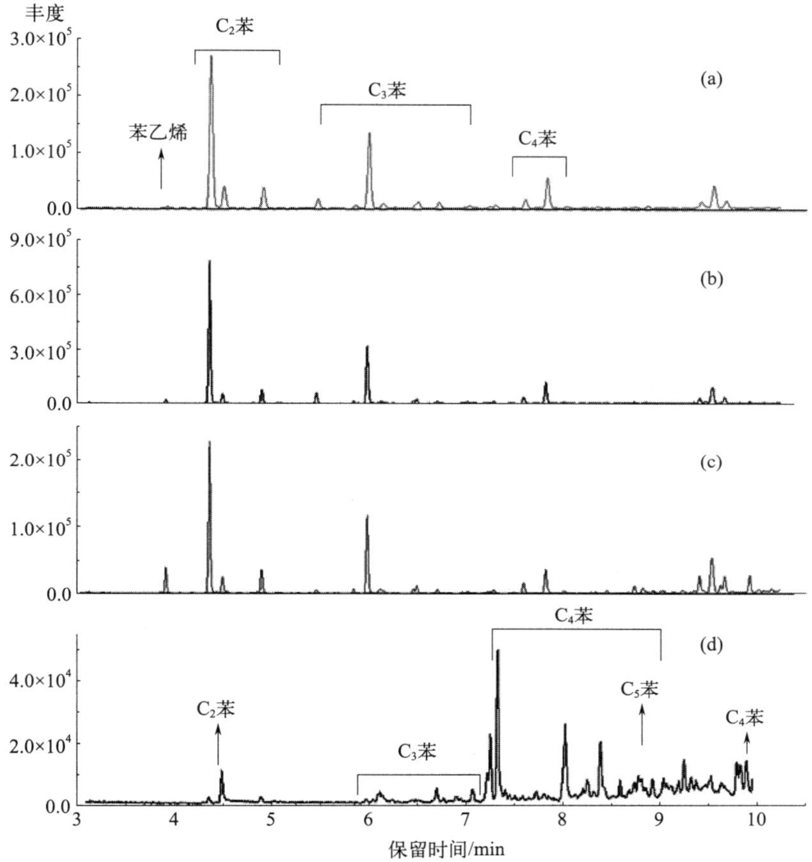

图 3.2　四种丁苯橡胶燃烧残留物烷基苯组分（*m/z*＝91、106、120、134、148）的提取离子流色谱图

（a）1502；（b）1502E；（c）1712；（d）丁苯垫

表 3.1　四种丁苯橡胶燃烧残留物组分对比

项目	类别	特征组分	种类
1502	C_2 苯	乙基苯、邻二甲苯、对二甲苯	3
	C_3 苯	异丙基苯、丙基苯、邻乙基甲苯、对乙基甲苯、1,2,4-三甲苯	5
	C_4 苯	丁基苯	1
1712	C_2 苯	乙基苯、邻二甲苯	2
	C_3 苯	丙基苯、邻乙基甲苯、异丙基苯、对乙基甲苯	4
	C_4 苯	丁基苯	1

续表

项目	类别	特征组分	种类
1502E	C_2 苯	乙基苯、邻二甲苯、对二甲苯	3
	C_3 苯	异丙基苯、丙基苯、邻乙基甲苯、对乙基甲苯	4
	C_4 苯	丁基苯	1
丁苯垫	C_2 苯	对二甲苯	1
	C_3 苯	邻乙基甲苯、1,2,4-三甲苯、对乙基甲苯	3
	C_4 苯	1,2,4,5-四甲苯、间异丙基甲苯、1,3-二甲基-4-乙苯	3
	C_5 苯	C_5 苯	1

将提取结果与不同受热程度的汽油燃烧残留物相对比，结果有：三种牌号的丁苯橡胶残留物烷基苯类组分虽均有 C_2 苯、C_3 苯、C_4 苯这几大类别，但种类相对较少。三种牌号中，种类最为丰富的为 1502，其 C_2、C_3 苯种类与立即提取的汽油残留物相同，但 C_4 苯相对匮乏，汽油残留物中检出 8 种 C_4 苯，加热至 200℃后依然能检出 5 种 C_4 苯，而三种丁苯橡胶中只检出丁基苯一种。与 400℃加热 2min 的汽油燃烧残留物相比，三种丁苯橡胶残留物中 C_3 苯种类较多，检出 C_4 苯一种。工业丁苯垫与汽油相比，都能检出 C_5 苯，但是各组内的烷基苯组分数量有所欠缺，如 C_2 苯中仅有一种组分。

总体来说，四种丁苯橡胶都检测出 C_2 苯、C_3 苯、C_4 苯，其中工业丁苯垫还能检出 C_5 苯。虽无法与立即提取的汽油燃烧残留物中烷基苯类完全匹配，但比受热后的汽油残留物组分种类丰富，所以对汽油燃烧残留物中烷基苯类的检出有较大影响。

(2) 稠环芳烃类组分的分析　稠环芳烃类组分主要为萘（$m/z=128$）、甲基萘（$m/z=142$）、二甲基萘（$m/z=156$）、三甲基萘（$m/z=170$）。通过对三种牌号的丁苯橡胶和工业丁苯垫燃烧残留物的总离子流图中稠环芳烃类组分提取，得到的稠环芳烃类的提取离子流图如图 3.3 所示。

根据图 3.3 可得到四种丁苯橡胶燃烧残留物稠环芳烃类组分的提取情况，四种丁苯橡胶的提取离子流图近乎相同，燃烧残留物中含有的汽油燃烧残留物的稠环芳烃类特征组分类别是完全相同的，保留时间集中在 8～16min。三种原料级丁苯橡胶均检出萘、甲基萘和二甲基萘，保留时间也

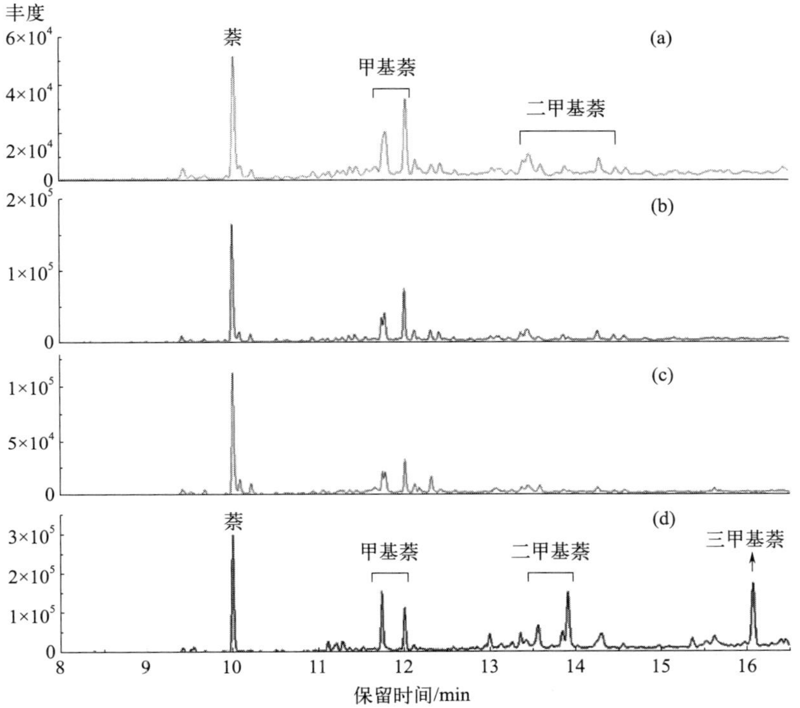

图 3.3 四种丁苯橡胶燃烧残留物稠环芳烃组分（m/z＝128，142，156，170，184）的提取离子流色谱图

(a) 1502；(b) 1502E；(c) 1712；(d) 丁苯垫

完全一致，这与烷基苯的提取情况相同。工业丁苯垫的提取离子流图与其他三种丁苯橡胶也很相近，萘、甲基萘和二甲基萘的出峰相对保留时间几乎一致，在 16min 以后还检出了三甲基萘。由此可见，从特征组分的组分类别来看，四种丁苯橡胶均对汽油的稠环芳烃类的认定存在极大干扰。

三种原料级的丁苯橡胶与立即提取的汽油燃烧残留物相比，缺少三甲基萘和四甲基萘。但与受到 200℃加热 2min 的汽油燃烧残留物的稠环芳烃组分类别完全相同。工业丁苯垫还检出三甲基萘，四种丁苯橡胶的稠环特征组分的出峰时间与汽油的相同，这表明，丁苯橡胶残留物中的稠环芳烃组分对汽油残留物中稠环芳烃的检出有严重干扰。

（3）多环芳烃类组分的分析　将多环芳烃（m/z＝166、178、192、202、206）进行提取，所得到的四种丁苯橡胶燃烧残留物多环芳烃类组分的提取离子流图如图 3.4 所示。

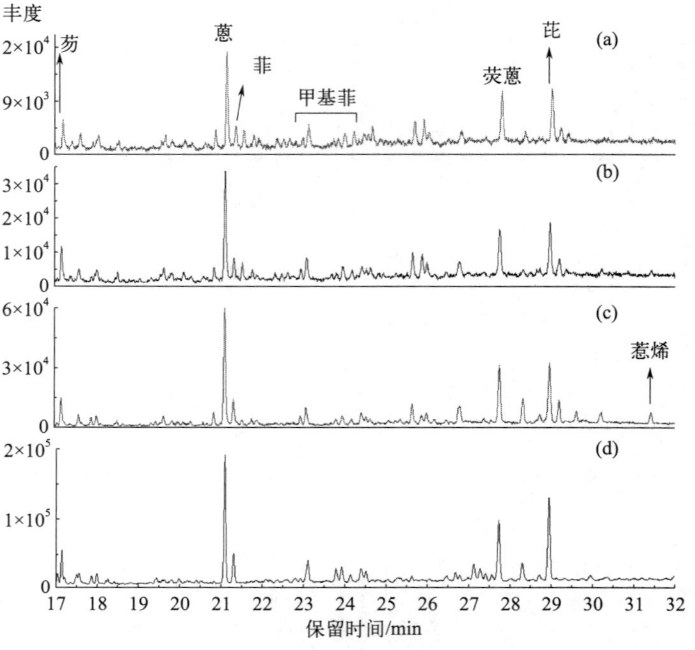

图 3.4　四种丁苯橡胶燃烧残留物多环芳烃组分（m/z=166、178、192、202、206）的提取离子流色谱图

（a）1502；（b）1502E；（c）1712；（d）丁苯垫

从提取离子流图可以看出，四种丁苯橡胶燃烧残留物都检测出芴、蒽、菲、甲基菲、荧蒽和芘，且保留时间也是大致相同的，集中在17～32min。其中SBR1712在31.489min检出惹烯，且丰度高于其他三种物质。丁苯橡胶残留物中多环芳烃组分与立即提取的汽油燃烧残留物相比基本相同，这与芳香烃、稠环芳烃的检出结果相一致，其对汽油残留物中多环芳烃的检出也有严重干扰。

根据图3.4可得到几种常见的丁苯橡胶燃烧残留物多环芳烃类组分的提取情况，将其具体种类、结构式进行对比总结，如表3.2所示。

表 3.2　丁苯橡胶燃烧残留物多环芳烃组分表

类别	特征组分	结构式	1502	1712	1502E	丁苯垫
芴	芴	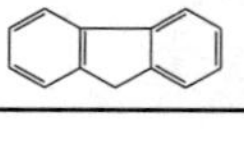	+	+	+	+

续表

类别	特征组分	结构式	1502	1712	1502E	丁苯垫
蒽	蒽	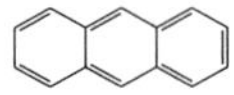	+	+	+	+
菲族	菲	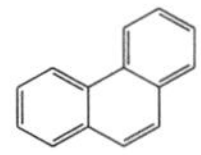	+	+	+	+
	4-甲基菲	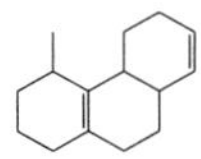	+	+	+	+
	1-甲基菲	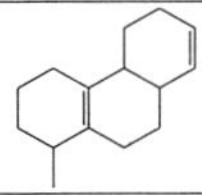	−	+	−	−
	2-甲基菲	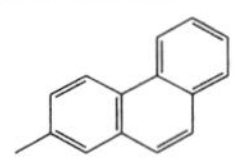	−	+	−	−
	惹烯	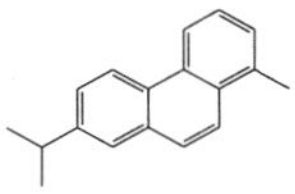	−	+	−	−
荧蒽	荧蒽	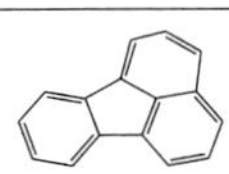	+	+	+	+
芘	芘	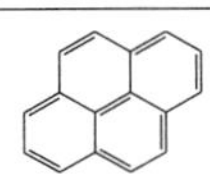	+	+	+	+

从表 3.2 可知，虽然四种丁苯橡胶燃烧残留物都检测出芴、蒽、菲、甲基菲、荧蒽和芘，多环芳烃种类丰富，但还是存在差异，其中较为特殊的为 SBR1712，其菲族种类丰度与汽油燃烧残留物较为相近，这是因为 SBR1712 为充油型丁苯橡胶，而其他三种橡胶为非充油型，所以 SBR1712 的丰度相对较高，物质检出也较为丰富。

（4）茚满类组分的分析　将茚满类（$m/z=116$、117、118、131、132）进行提取，所得到的四种丁苯橡胶燃烧残留物茚满类组分的提取离子流图如图 3.5 所示。

根据图 3.5 可得到四种丁苯橡胶燃烧残留物茚满类组分的提取情况，四种丁苯橡胶燃烧残留物均检出茚满类，保留时间集中在 7～10min，但稍有不同。其中三种牌号的丁苯橡胶特征组分种类以及保留时间完全一致，均为茚、茚满和甲基茚满，而丁苯垫有所不同，检出了茚和二甲基茚

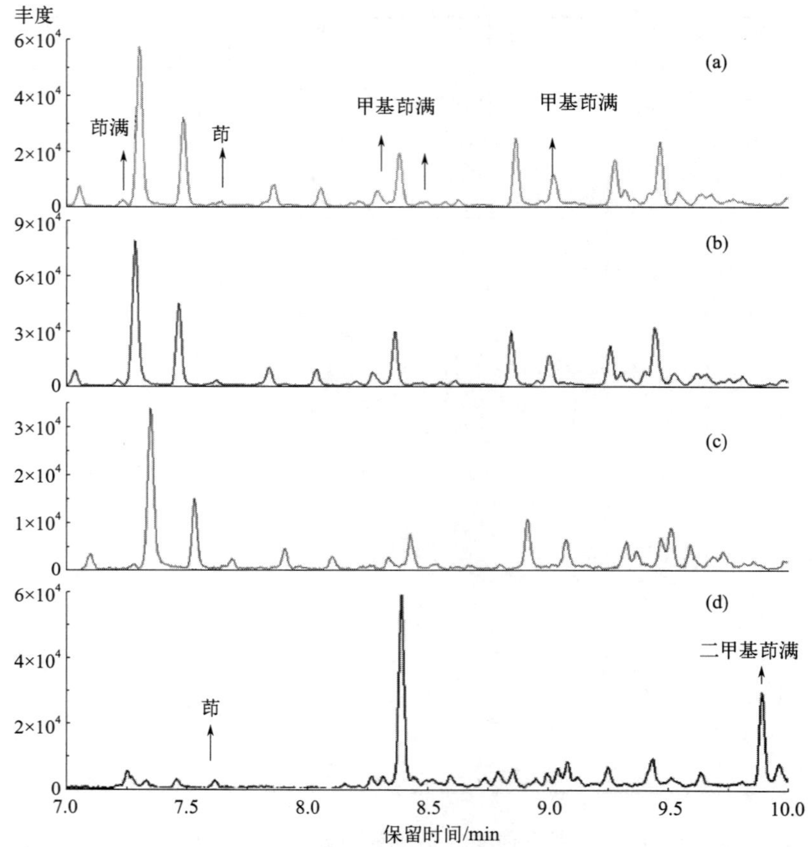

图 3.5 四种丁苯橡胶燃烧残留物茚满类组分的提取离子流色谱图

(a) 1502；(b) 1502E；(c) 1712；(d) 丁苯垫

满。总的来说，丁苯橡胶残留物茚满类对汽油残留物中茚满类的检出存在干扰。

3.1.2 SBR 丁苯橡胶与汽油燃烧残留物特征组分的定量分析

通过上述实验分析后可知，SBR1502、SBR1502E、SBR1712 和工业丁苯垫均会对汽油燃烧残留物的鉴定产生干扰，探究丁苯橡胶与汽油燃烧残留物的区别会成为火灾物证鉴定的实际工作中面临的问题。为进一步对橡胶和汽油燃烧残留物进行区分，将采用定量检测的方法进行相对峰面积的对比分析以及探究丁苯橡胶燃烧残留物是否具有区别于汽油的特殊组分。

通过定性分析发现，丁苯橡胶燃烧残留物中有18种组分种类与汽油相同，这18种组分分别为C_2苯，C_3苯，C_4苯，C_5苯，萘，甲基萘，二甲基萘，三甲基萘，芴，蒽，菲，甲基菲，荧蒽，芘，茚满，甲基茚满，二甲基茚满、茚。我们无法通过定性分析，排除SBR1502、SBR1502E、SBR1712和工业丁苯垫对汽油的干扰，故采用定量检测的方法进行深入分析。为深入分析丁苯橡胶和汽油的相似度，引入相对峰面积S_p，进行定量分析，计算公式如式（3.1）所示。

$$S_p=\frac{S_i}{\sum_{i=1}^{n}S_i} \tag{3.1}$$

式中，S_p为组分相对峰面积；S_i为组分峰面积。

表3.3　汽油和SBR1712、SBR1502E、SBR1502、丁苯垫的相对峰面积表

组分	SBR1712 /%	SBR1502E /%	SBR1502 /%	丁苯垫 /%	汽油 /%
C_2苯	3.81	3.57	4.02	0.31	1.4
C_3苯	2.28	2.05	1.45	0.17	3.76
C_4苯	1.08	1.02	0.92	0.68	5.23
C_5苯	—	—	—	0.33	0.36
萘	1.32	1.28	1.26	3.57	1.51
甲基萘	1.98	1.89	1.81	2.25	2.15
二甲基萘	0.92	0.94	0.89	2.06	1.79
三甲基萘	—	—	—	0.51	0.19
芴	0.42	0.39	0.21	0.23	0.59
蒽	0.68	0.66	0.73	0.86	1.22
菲	0.32	0.29	0.35	0.31	0.42
甲基菲	0.35	0.36	0.41	0.36	0.74
荧蒽	0.41	0.38	0.49	0.55	0.38
芘	1.34	1.31	1.35	0.41	1.43
惹烯	—	—	0.32	—	—
茚满	1.14	1.22	1.03	0.93	1.07
甲基茚满	1.95	1.89	2.13	0.2	1.53
二甲基茚满	—	—	—	0.12	0.92
茚	0.27	0.21	0.2	0.12	0.24

如前所示，汽油的特征组分类别分为四大类。由表 3.3 可以看出，从定量上来看，丁苯橡胶特征组分的相对峰面积与汽油特征组分略有差异，其中三种牌号的丁苯橡胶的各个特征组分的相对峰面积基本一致，与丁苯垫有所不同，为了更直观地比较这几种丁苯橡胶与汽油特征组分相对峰面积的差异，通过计算各类组分中所有常见组分的峰面积与表 3.3 中汇总的各样品的目标组分的所有峰面积之比，得出各组分的比例，结果见表 3.4。

表 3.4 各样品中四大类特征组分的比例

类别	1502/%	1502E/%	1712/%	丁苯垫/%	汽油/%
烷基苯	0.4449	0.43413	0.43663	0.0858	0.46984
稠环芳烃	0.2163	0.2192	0.20318	0.62056	0.2465
多环芳烃	0.18042	0.1808	0.19805	0.20118	0.12981
茚满类	0.15838	0.16587	0.16213	0.09246	0.15385

从表 3.4 可以看出，SBR1502、1502E 和 1712 四大类特征组分的比例分别为 0.44、0.21、0.19 和 0.16 左右。相对而言，汽油残留物中多环芳烃的比例较低（约 0.13），而稠环芳烃的比例略高（约 0.25）。在丁苯垫中，烷基苯类和茚满类的比例明显要低得多，而稠环芳烃的同系物比例则要高得多。

考虑到并非每个样品中都提取了表 3.3 中总结的所有组分，因此选择 11 个典型组分峰面积比例作为评价丁苯橡胶与汽油残留物之间差异的重要参数。同样，通过计算每个样品的典型组分峰面积与表 3.3 中所有目标组分峰面积的比值，得出典型组分的比例，结果汇总在表 3.5 中。

表 3.5 每个样品中典型组分的比例

典型组分	1502/%	1502E/%	1712/%	丁苯垫/%	汽油/%
C_2 苯	0.19528	0.1904	0.20626	0.02293	0.06119
C_3 苯	0.11686	0.10933	0.0744	0.01257	0.16434
C_4 苯	0.05536	0.0544	0.0472	0.0503	0.22858
萘	0.06766	0.06827	0.06465	0.26405	0.066
甲基萘(C_1 萘)	0.10149	0.1008	0.09287	0.16642	0.09397
二甲基萘(C_2 萘)	0.04716	0.05013	0.04566	0.15237	0.07823
芴	0.02153	0.0208	0.01077	0.01701	0.02579

续表

典型组分	1502/%	1502E/%	1712/%	丁苯垫/%	汽油/%
蒽	0.03485	0.0352	0.03746	0.06361	0.05332
菲	0.0164	0.01547	0.01796	0.02293	0.01836
茚满	0.05843	0.06507	0.05285	0.06879	0.04677
甲基茚满	0.09995	0.1008	0.10929	0.01479	0.06687

为了更直观地阐述丁苯橡胶与汽油燃烧残留物在峰面积比例上的差异，根据表 3.4 和表 3.5 的数据分别将四大类特征组分和典型特征组分的比例绘制成图 3.6(a) 和图 3.6(b)。

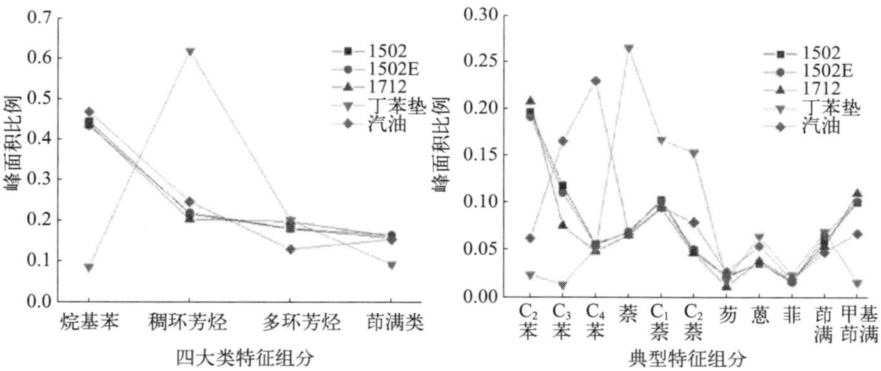

(a) 各样品中四大类特征组分的比例　　(b) 每个样品中典型组分的比例

图 3.6　四种丁苯橡胶与汽油燃烧残留物中四大类特征组分 (a) 和典型组分峰面积比例 (b)

从图 3.6(a) 可以看出，汽油燃烧残留物与 SBR1502、1502E、1712 的情况几乎相同，不同之处在于烷基苯和稠环芳烃的比例较高，多环芳烃的比例较低，但差异很小，可以忽略不计。而丁苯垫与其他样品相比，烷基苯的含量要低得多，稠环芳烃的含量要高得多。

对于图 3.6(b) 所示的每个样品的典型组分比例，SBR1502 与 1502E 的情况几乎相同，SBR1502 与 1712 之间的差异也很小，可以忽略。汽油燃烧残留物与丁苯橡胶相比，烷基苯类组分的比例明显不同，而其他目标组分的比例相似。汽油燃烧残留物中烷基苯类组分 C_2 苯、C_3 苯和 C_4 苯的比例分别为 0.06、0.16 和 0.23，而 SBR1502、1502E 和 1712 的参数分别大约为 0.19、0.1 和 0.05。虽然图 3.6(a) 所示的汽油与原料级丁苯橡胶残留物中烷基苯的比例相近，但烷基苯这一类内 C_2 苯、C_3 苯和 C_4 苯比例差异较大。图 3.6(b) 中，与原料级样品相比，丁苯垫的残留物中 C_2 苯、C_3 苯和甲基茚满的比例较低，而萘、甲基萘和二甲基萘的比例较高，这与图 3.6(a) 四大类比例的结果一致。

基于以上讨论，可以得出结论，汽油和丁苯橡胶在四大类别的峰面积比例上的差别不是很大，而汽油中烷基苯类组分 C_2 苯、C_3 苯和 C_4 苯的比例与丁苯橡胶燃烧残留物有很大不同，其中，汽油的 C_4 苯的比例是与丁苯橡胶明显不同的组分。

3.2 PB、PS 和 SBS 的燃烧残留物干扰组分分析

根据 GB/T 18294.5—2010 中的描述，汽油中主要包括烷烃、烯烃、烷基苯和稠环芳烃等物质，当汽油挥发和过火后，烷烃和烯烃成分发生了较大变化，而烷基苯和稠环芳烃保留较好，汽油燃烧时发生了多种化学反应，生成的新物质中多为多环芳烃物质。基于化学成分的角度，本章将燃烧过程中易生成汽油特征组分（芳香烃）的化学成分——苯环结构作为研究的切入点。

SBR 是苯乙烯-丁二烯的共聚物，化学成分简单，两种单体各自聚合后形成聚苯乙烯（PS）和聚丁二烯（BR）两种物质，研究 PS 和 PB 不同燃烧程度下的残留物组分，探究 SBR 干扰汽油燃烧残留物鉴定的根本化学成分，将丁苯橡胶的化学成分与其对汽油鉴定的干扰性进行关联，如表 3.6 所示。SBS 是苯乙烯、丁二烯、苯乙烯嵌段而成的共聚物，其化学成分与 SBR 相同，故选取 SBS 进行试验验证，可进一步研究此根本化学成分对于丁苯橡胶产生汽油燃烧残留物鉴定干扰性的重要作用。本章将从化学成分的研究角度出发，分析 PS、PB、SBS 燃烧残留物的组分特征，探究化学成分与干扰性的关联性，总结化学成分影响干扰性的规律。

表 3.6　SBR、PS、PB 和 SBS 的化学结构

研究对象	单体	化学结构
SBR	苯乙烯、丁二烯	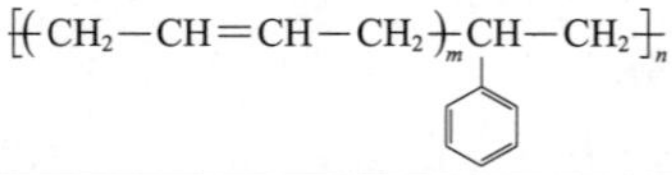

续表

研究对象	单体	化学结构
PS	苯乙烯	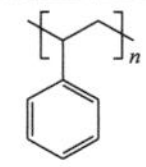
PB	丁二烯	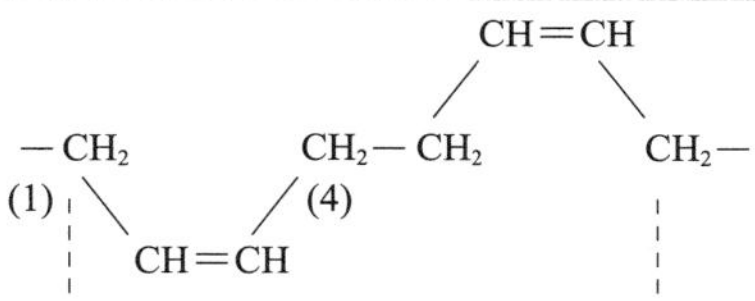
SBS	苯乙烯、丁二烯、苯乙烯	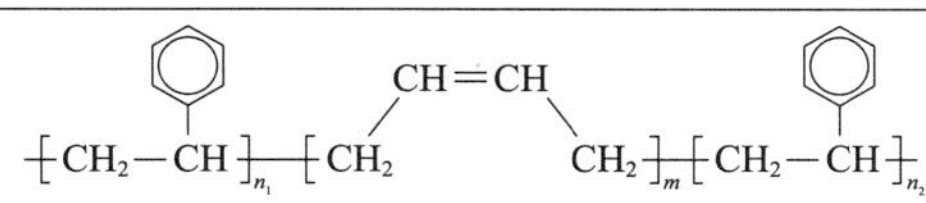

3.2.1　总离子流图分析

将 PB、PS 和 SBS 分别称取 5g 在坩埚中燃烧，得到燃烧残留物的总离子流图如图 3.7 所示。

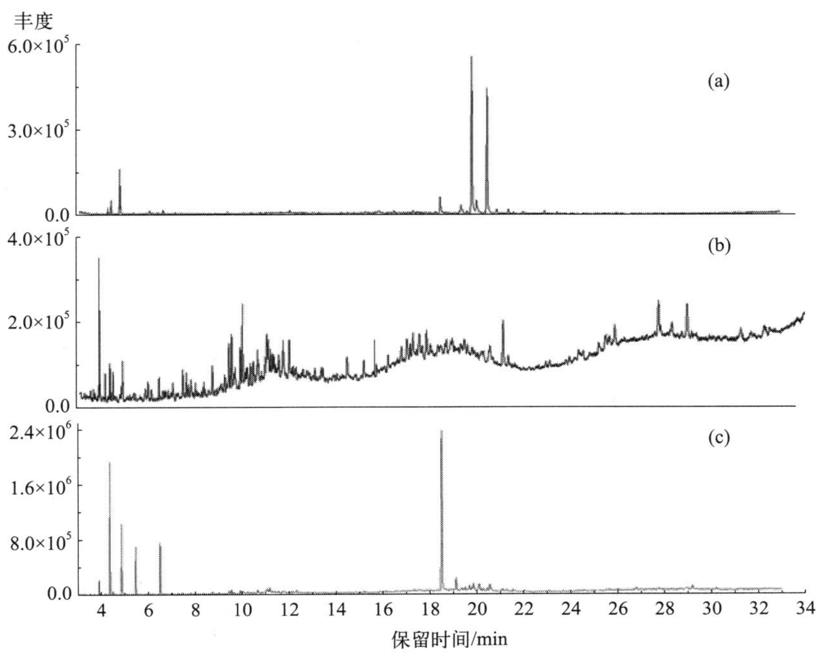

图 3.7　PS、PB 和 SBS 燃烧残留物的总离子流图

(a) PS；(b) PB；(c) SBS

从 PB 和 PS 燃烧残留物的总离子流图来看，PB 检出的物质较多，烷基苯主要集中在前 10min，稠环芳烃出峰在 10～14min，多环芳烃出峰在 20～30min，具有一定的规律性，且在保留时间 8～10min 内检出茚满类组分，具有四大类汽油特征组分。而 PS 的总离子流图只有少数峰，出峰时间在 5min 和 20min 左右处，且只在 4～5min 处检出汽油特征组分烷基苯类。SBS 的总离子流图虽峰数不多，但能检出烷基苯、稠环芳烃、多环芳烃和茚满类，特征组分种类丰富。

3. 2. 2 提取离子流图分析

为进一步探究 PB 和 PS 对苯乙烯和丁二烯的共聚物——丁苯橡胶燃烧残留物各组分的影响情况，结合 GB/T 18294. 5—2010 及 ASTM E1618—2014，对三者残留物样品提取，得到提取离子流图后进行分析。

（1）烷基苯类提取　将烷基苯类组分（$m/z=91$，106，120，134，148）进行提取，所得到的 PS、PB 和 SBS 燃烧残留物烷基苯类组分的提取离子流图如图 3. 8 所示。

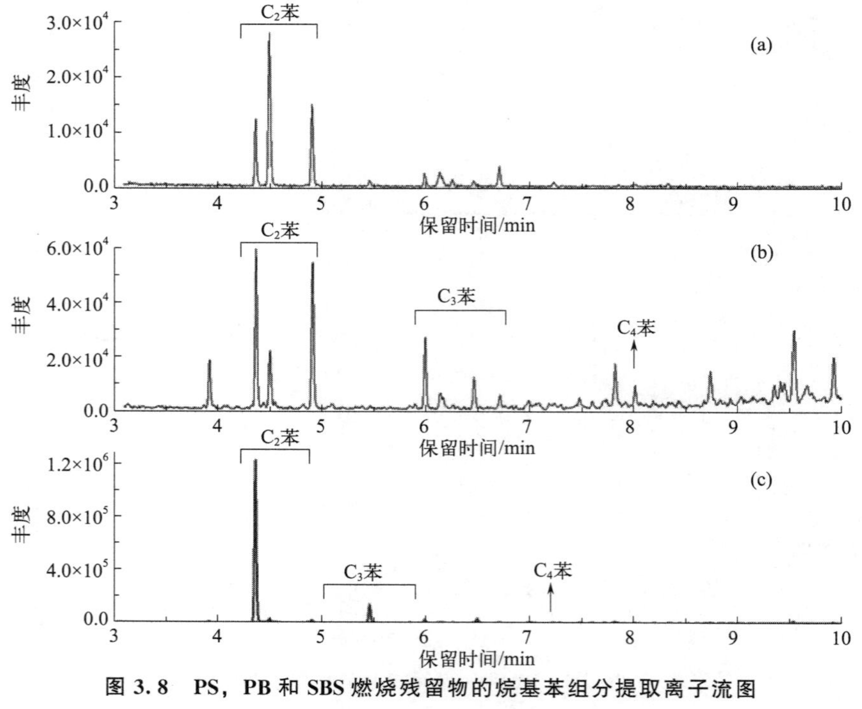

图 3. 8　PS，PB 和 SBS 燃烧残留物的烷基苯组分提取离子流图

（a）PS；（b）PB；（c）SBS

根据图 3.8 可得到 PB、PS 和 SBS 燃烧残留物烷基苯类组分的提取情况，其中 PS 与另外两种物质 PB、SBS 的燃烧残留物中烷基苯类组分检出情况差异较大，只检出 C_2 苯，而 PB 和 SBS 燃烧残留物中都含有 C_2 苯、C_3 苯和 C_4 苯。分别利用标准质谱检索图对烷基苯类逐一进行检索，采用匹配度超过 80 的物质为特征组分，将其具体种类进行对比，总结得到的结果如表 3.7 所示。

表 3.7　PB、PS 和 SBS 燃烧残留物烷基苯组分对比

类别	特征组分	保留时间/min		
		PS	PB	SBS
C_2 苯	乙基苯	4.363	4.357	4.363
	对二甲苯	4.495	4.489	4.495
	间二甲苯	4.907	4.907	4.907
C_3 苯	异丙基苯	—	—	5.462
	丙基苯	—	5.988	5.988
	邻乙基甲苯	—	6.131	—
	对乙基甲苯	—	6.463	—
C_4 苯	丁基苯		—	7.825
	对丙基甲苯	—	8.019	—
C_6 苯	C_6 苯	—	—	11.167

由表 3.7 可知，在 PB 燃烧残留物中，先后检出 C_2 苯 3 种、C_3 苯 3 种和 C_4 苯 1 种，在 SBS 燃烧残留物中，先后检出 C_2 苯 3 种、C_3 苯 2 种和 C_4 苯 1 种且丰度较高。而 PS 燃烧残留物中，只在保留时间 4～5min 内检出 C_2 苯，且丰度低于 PB 的二分之一。

PS 虽含有易产生烷基苯的苯环结构，但其残留物结果中却未检出较多烷基苯，无 C_3、C_4 等重要烷基苯组分，出现较多的为苯乙烯成分。而 PB 虽自身结构简单，为丁二烯聚合物，不含苯环结构，却出现大量烷基苯组分，除甲苯外，与汽油鉴定的烷基苯类特征组分种类吻合。SBS 的烷基苯类包含 C_2 苯、C_3 苯和 C_4 苯，与 SBR 检出情况大致相同。

由此可见，苯乙烯结构较为稳定，与丁二烯相比较，不易生成烷基苯类组分；而丁二烯结构却很活泼，更易成环。由此推想，SBR燃烧残留物对汽油干扰较大的原因可能是丁二烯结构的存在，而不是苯乙烯这种含苯结构。

（2）稠环芳烃类提取　将稠环芳烃类组分（$m/z=128$，142，156，170，184）进行提取，所得到的PS、PB和SBS燃烧残留物稠环芳烃类组分的提取离子流图如图3.9所示。

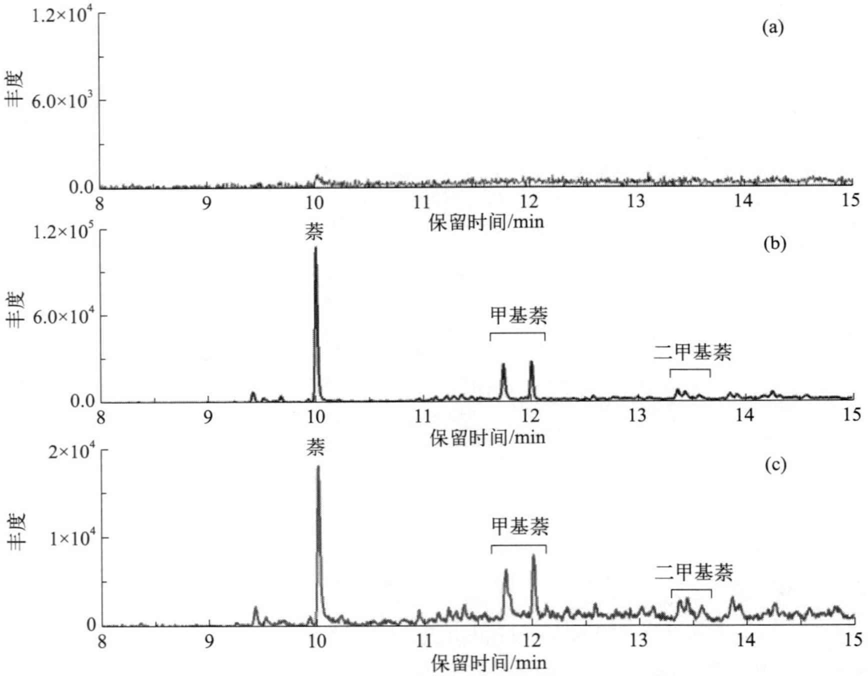

图3.9　PS，PB和SBS燃烧残留物的稠环芳烃提取离子流图

（a）PS；（b）PB；（c）SBS

根据图3.9可得到PB、PS和SBS燃烧残留物稠环芳烃类组分的提取情况，PS与其他两者燃烧残留物中稠环芳烃类组分检出情况差异更为显著。PS中没有检出稠环芳烃，而PB和SBS中均检出萘、甲基萘和二甲基萘，且出峰位置完全一致，与SBR的稠环芳烃的保留时间相一致。将PS、PB和SBS燃烧残留物稠环芳烃组分进行对比，如表3.8所示。

表 3.8　PB、PS 和 SBS 燃烧残留物稠环芳烃组分对比

类别	特征组分	保留时间/min		
		PS	PB	SBS
萘	萘	—	10.022	10.022
甲基萘	1-甲基萘	—	11.762	11.803
	2-甲基萘	—	12.031	12.112
二甲基萘	乙基萘	—	13.375	—
	1,7-二甲基萘	—	13.444	13.444
	1,6-二甲基萘	—	13.682	13.868

在 PB 和 SBS 燃烧残留物中，保留时间约为 10min 时检出萘，12min 左右的两个峰均为甲基萘，13～14min 内，先后检出乙基萘、1,7-二甲基萘、1,6-二甲基萘，且丰度较高。PB 和 SBS 残留物中检出的稠环芳烃类组分，与汽油鉴定的稠环芳烃类特征组分种类吻合。而 PS 燃烧残留物的稠环芳烃提取离子流图中无任何稠环芳烃类检出。

PB 与 PS 的稠环芳烃检出结果再次印证了猜想：苯乙烯结构较为稳定，而丁二烯结构更易成环，丁二烯结构的存在致使 SBR 对汽油鉴定干扰较大。

（3）多环芳烃类提取　将多环芳烃类组分（m/z＝166，178，192，202，206）进行提取，所得到的 PS、PB 和 SBS 燃烧残留物多环芳烃类组分的提取离子流图如图 3.10 所示。

根据图 3.10 可得到 PB、PS 燃烧残留物多环芳烃类组分的提取情况，PS 与 PB、SBS 燃烧残留物中多环芳烃类组分检出情况差异显著。在 PB 和 SBS 燃烧残留物中，保留时间为 21.1min 时检出蒽，23.5～25min 检出甲基菲，28min 左右先后检出荧蒽（27.761min）和芘（28.968min），且丰度较高，匹配度均为 90 以上。PB 和 SBS 残留物中检出的多环芳烃类组分，与汽油鉴定的多环芳烃类特征组分种类吻合。而 PS 燃烧残留物中无多环芳烃类检出。

（4）茚满类提取　将茚满类组分（m/z＝116，117，118，131，132）进行提取，所得到的 PS、PB 和 SBS 燃烧残留物茚满类组分的提取离子流图如图 3.11 所示。

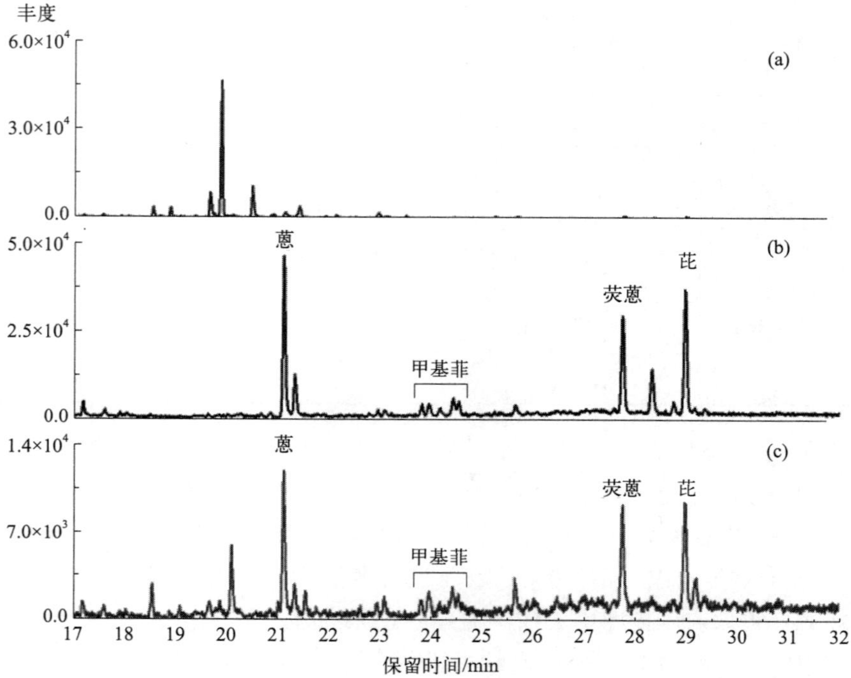

图 3.10　PS，PB 和 SBS 燃烧残留物的多环芳烃提取离子流图

（a）PS；（b）PB；（c）SBS

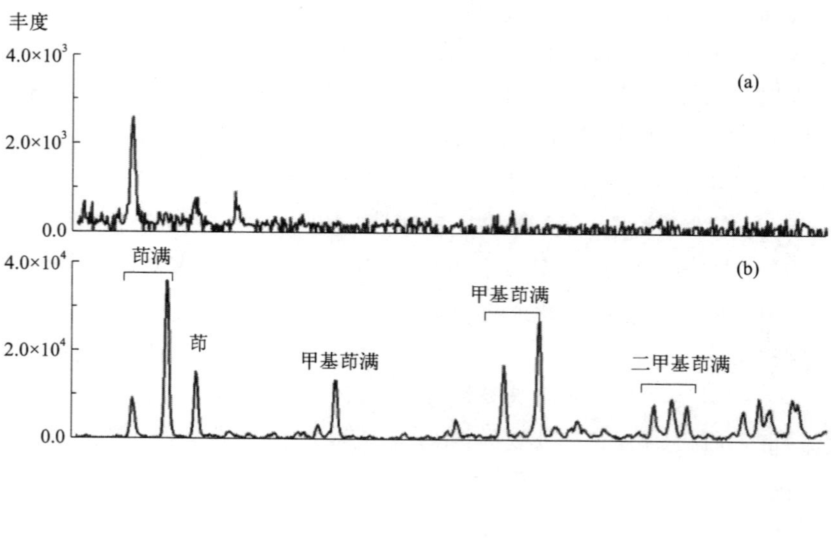

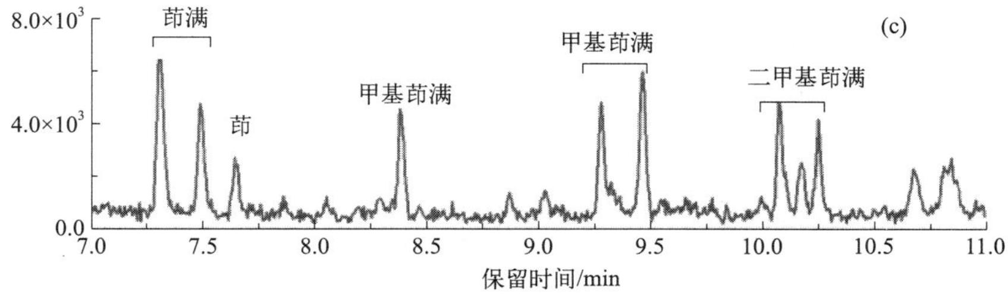

图 3.11　PS，PB 和 SBS 燃烧残留物的茚满类提取离子流图

(a) PS；(b) PB；(c) SBS

根据图 3.11 可得到 PB、PS 和 SBS 燃烧残留物茚满类组分的提取情况，PB 和 SBS 再次出现特征组分一致，保留时间一致的情况，在 PB 和 SBS 燃烧残留物中，保留时间为 7～11min 内检出茚满类组分：茚满、茚、甲基茚满和二甲基茚满。其中茚满的匹配度为 90。PB 残留物中检出的茚满类组分，与汽油的茚满特征组分种类吻合。而 PS 燃烧残留物的茚满类提取离子流图中无任何茚满类组分检出。

3.3　不同苯乙烯含量的丁苯橡胶的燃烧残留物干扰组分分析

3.3.1　不同苯乙烯含量的丁苯橡胶对汽油燃烧残留物的影响

丁苯橡胶是苯乙烯和丁二烯的共聚物，在本章中，我们选择了三种典型丁苯橡胶原料——SBR1502、SBR1502E 和 SBR1712 作为研究对象，上述实验选择的丁苯橡胶原料的苯乙烯含量均在 23.5%（质量分数）左右，经过一系列的研究发现分子结构中含有烷基苯的丁苯橡胶会对汽油燃烧残留物的鉴定造成严重干扰。为了探究丁苯橡胶对汽油燃烧残留物鉴定干扰性与其化学成分之间的关联性，本章节选择苯乙烯含量在 9.5%～40%的丁苯橡胶原料作为研究对象，结合气相色谱-质谱联用技术，分析所有丁苯橡胶单独燃烧残留物和丁苯橡胶加载汽油燃烧残留物，对目标特征组分进行定性和定量分析，分析其对汽油鉴定产生的影响。总结不同苯乙烯含量的丁苯橡胶原料对汽油燃烧残留物鉴定的干扰性规律，探究干扰程度与干扰物化学成分的关联性。

选择五种不同苯乙烯含量的丁苯橡胶原料——SBR1401（苯乙烯含量40%）、SBR303（苯乙烯含量30%）、SBR1502（苯乙烯含量23.5%）、SBR1205（苯乙烯含量18%）和SBR1505（苯乙烯含量9.5%）作为研究对象，得到单独燃烧和加载汽油燃烧残留物的总离子流图和提取离子流图，对各组分进行分析。

对SBR1401、SBR303、SBR1502、SBR1205和SBR1505五种不同苯乙烯含量的丁苯橡胶原料燃烧残留物进行GC-MS分析，得到如图3.12、图3.13所示的总离子流色谱图。

从图3.12中可以得到五种不同苯乙烯含量的丁苯橡胶原料燃烧残留物的总离子流的大致情况，可以明显看到丁苯橡胶1401和303在17～19min保留时间内出现了相对丰度较高的杂质峰，经组分识别为2,4,6-三叔丁基苯酚（抗氧化剂）和1,3-二苯丙烷，为了方便对比分析总离子流色谱图的相同及差异之处，现截取前16min的总离子流色谱图，如图3.13所示。可以发现苯乙烯含量较高的SBR1401、303和1502的总离子流色谱图丰度较高，但是没有相对集中的出峰，只有零散分布的峰，其中SBR1401在保留时间7min后能识别出的组分较少，与1502、303的色谱图也存在些许差异；而苯乙烯含量较低的SBR1205和1505则在全程都有较为规律的出峰，呈现出与汽油燃烧残留物总离子流色谱图相似的曲线，尤其是4～5min内的C_2苯，其峰形和保留时间几乎与汽油一致。因此，随着苯乙烯含量的减少，在保留时间内能提取出的化合物相应增加。

总体上看，所有不同苯乙烯含量的丁苯橡胶原料燃烧残留物中均检出多种与汽油燃烧残留物相同或相似的化合物，但苯乙烯含量不同，各色谱图之间也存在明显差异，无法从总离子流色谱图对其进行准确区分，都对汽油鉴定存在较强的干扰性。因此，还需进一步对各组分的提取离子流色谱图进行分析，以了解不同苯乙烯含量的丁苯橡胶燃烧残留物的特性。

结合GB/T 18294.5—2010及ASTM E1618—2014，对燃烧残留物的样品分别进行烷烃类（$m/z=43$，57，71，85，99）、烷基苯类（$m/z=$ 91，92，105，106，119，120，134）、稠环芳烃类（$m/z=128$，142，156，170，184）、多环芳烃（$m/z=166$，178，192，202，206）及茚满类（$m/z=116$，117，118，131，132）物质的提取，得到提取离子流色谱图，然后对各特征组分进行分析。

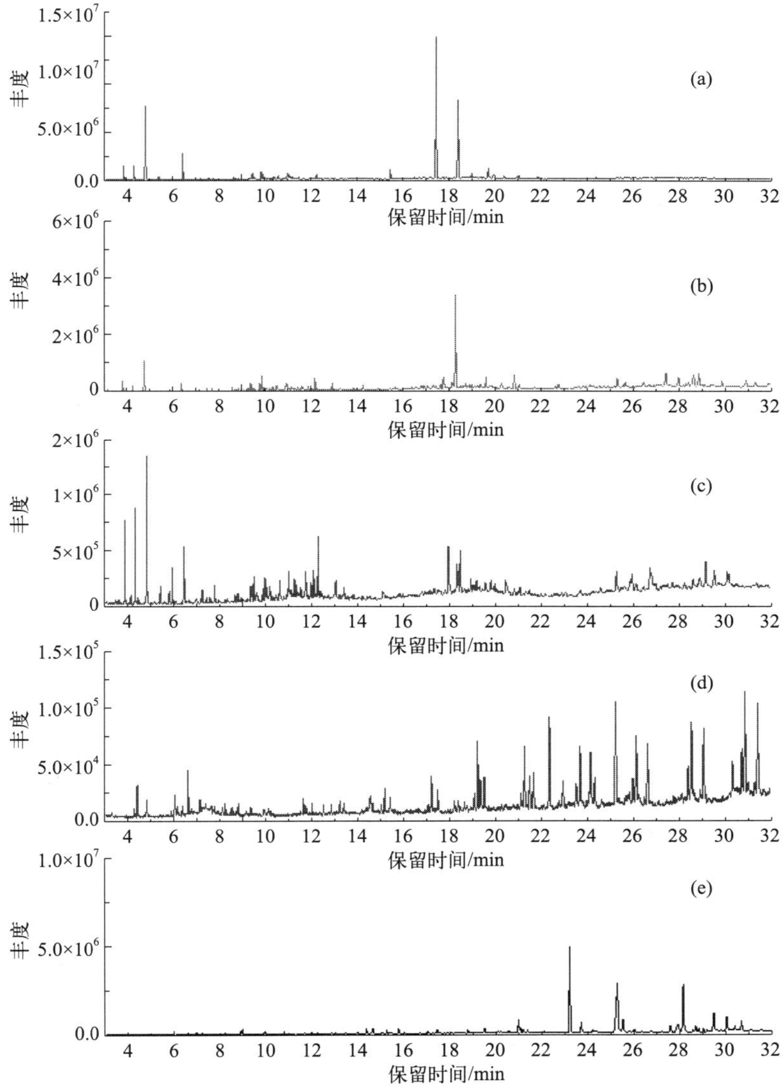

图 3.12　五种不同苯乙烯含量的丁苯橡胶原料燃烧残留物的总离子流色谱图Ⅰ

(a) 1401；(b) 303；(c) 1502；(d) 1205；(e) 1505

保留时间 3～32min

(1) 烷烃类组分的分析　将烷烃类组分（m/z＝43，57，71，85，99）进行提取，所得到的五种丁苯橡胶原料燃烧残留物烷烃类组分的提取离子流图，如图 3.14 所示。

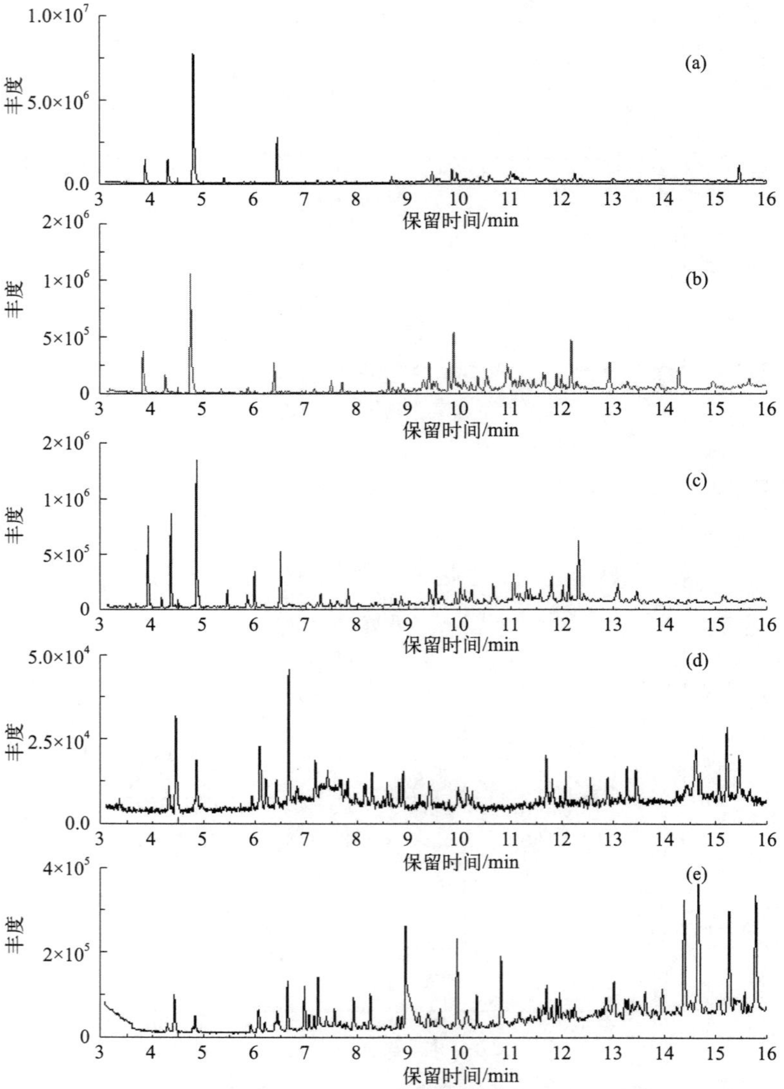

图 3.13　五种不同苯乙烯含量的丁苯橡胶原料燃烧残留物的总离子流色谱图Ⅱ

(a) 1401；(b) 303；(c) 1502；(d) 1205；(e) 1505

保留时间 3～16min

根据图 3.14 可以看出，五种苯乙烯含量的丁苯橡胶原料燃烧残留物的烷烃类组分的提取情况：提取离子流色谱图普遍丰度较低且间隔无

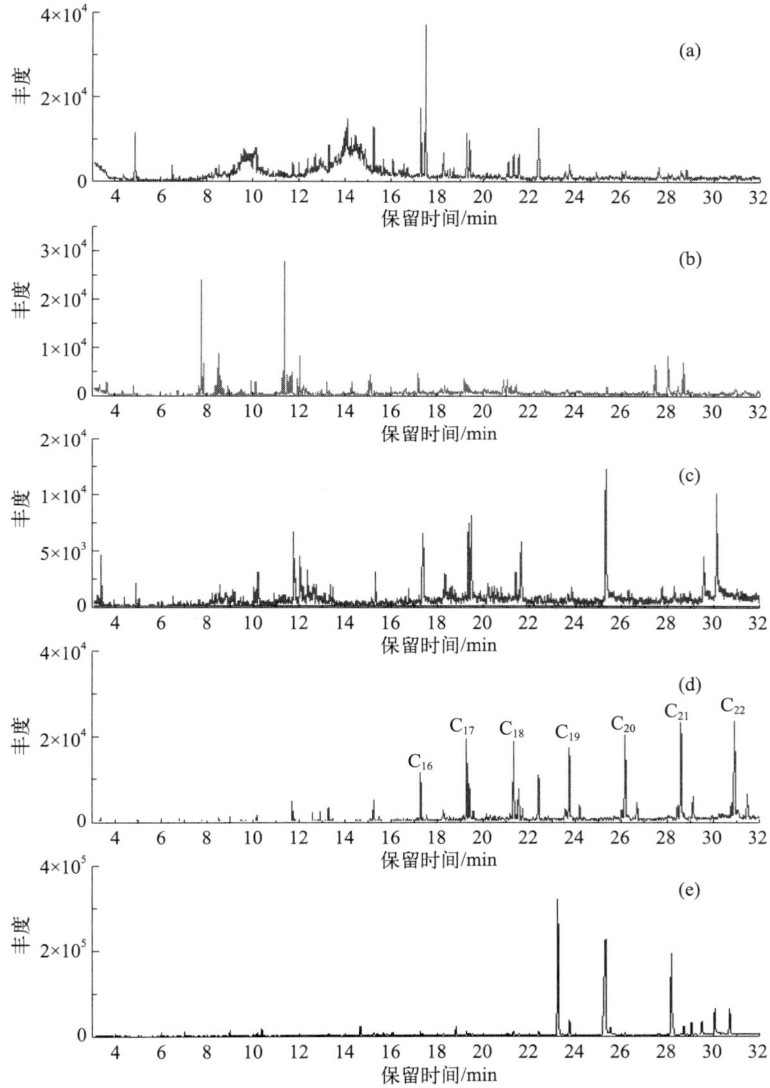

图 3.14　五种苯乙烯含量的丁苯橡胶原料燃烧残留物的烷烃类提取离子流色谱图

(a) 1401；(b) 303；(c) 1502；(d) 1205；(e) 1505

规律，SBR1401、303、1502 和 1505 中均未检出烷烃类组分；SBR1205 燃烧残留物则检出较多直链烷烃类组分，保留时间在 16min 后，且各峰间隔较为均匀，呈典型的“三联峰”特征，主要为 C_{16} 以上的长直链烷烃，与汽油燃烧残留物的烷烃类相比，出峰时间明显延后，且以长直链烷烃组分居多，这是因为 SBR1205 不易燃，在制样过程中采用的是一边用可调高温电热炉加热一边引燃的方式，其燃烧后温度较低，长直链烷烃组分才得以保留。表 3.9 列出了五种苯乙烯含量的丁苯橡胶原料燃烧残留物烷烃类组分的检出物质，SBR1401 和 303 未识别出有效组分；SBR1502 和 1505 能识别出十六烷酸（软脂酸）、顺式十八碳-9-烯酸（油酸）和十八烷酸（硬脂酸），但保留时间有所差别；而 SBR1205 则能识别出烷烃类有效组分，多为 C_{16} 以上的长直链烷烃。因此，烷烃类组分仅能作为鉴定中的参考物质，不能作为区分汽油的关键组分。

表 3.9　五种苯乙烯含量的丁苯橡胶原料燃烧残留物的烷烃类组分

丁苯橡胶种类	物质名称	保留时间/min
SBR1401	无	无
SBR303	无	无
SBR1502	十六烷酸	25.31
	顺式十八碳-9-烯酸(油酸)	29.56
	十八烷酸	30.12
SBR1205	C_{16}	17.27
	C_{17}	19.26
	C_{18}	21.30
	C_{19}	23.73
	C_{20}	26.15
	C_{21}	28.56
	C_{22}	30.89
SBR1505	十六烷酸	23.22
	顺式十八碳-9-烯酸(油酸)	25.29
	十八烷酸	28.17

（2）烷基苯类组分的分析　将烷基苯类组分（$m/z=91$，92，105，106，119，120，134）进行提取，所得到的五种不同苯乙烯含量的丁苯燃

烧残留物烷基苯类组分的提取离子流图，如图 3.15 所示。

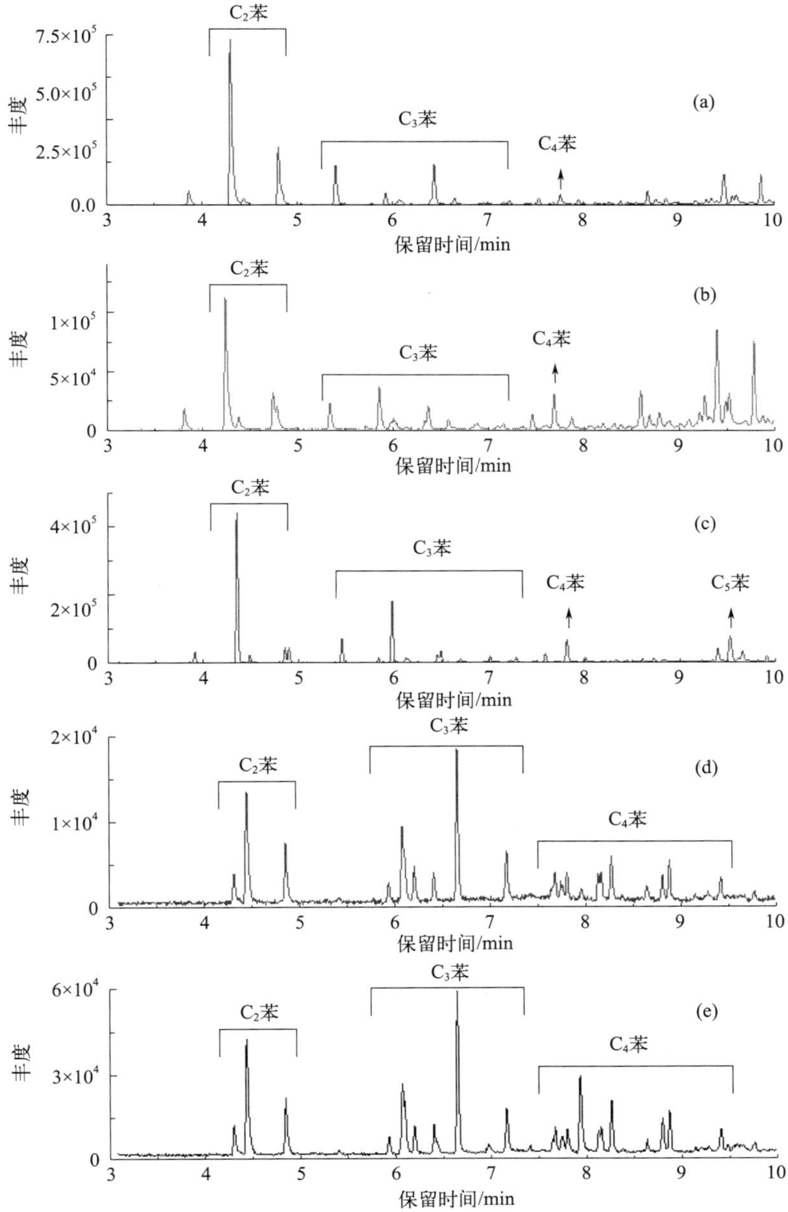

图 3.15　五种苯乙烯含量的丁苯橡胶原料燃烧残留物的烷基苯提取离子流色谱图

(a) 1401；(b) 303；(c) 1502；(d) 1205；(e) 1505

根据图 3. 15 可得到五种不同苯乙烯含量的丁苯橡胶原料燃烧残留物烷基苯类组分的提取情况，可以明显看出 C_2 苯、C_3 苯和 C_4 苯可以从五种丁苯橡胶原料燃烧残留物中提取出来，随着丁苯橡胶中苯乙烯含量的不同，相对峰面积比也有明显变化。根据烷烃类色谱图的趋势，可以将其分为两组：SBR1401、303 和 1502 为一组；SBR1205 和 1505 为另一组。对于SBR1401、303 和 1502，在保留时间 4. 3～5min 均检出了三种 C_2 苯，在 5. 4～7. 4min 均检出了三种及以上 C_3 苯，在 7. 7min 左右均检出了一种 C_4 苯，其中 SBR1502 在保留时间 9. 5min 左右检出一种 C_5 苯，虽然可以从这三种丁苯橡胶燃烧残留物中提取出用于汽油鉴定的目标化合物，但各组分的相对峰比与汽油有较大区别；而对于 SBR1205 和 1505，检出的烷基苯在目标化合物的保留时间与相对峰比方面与汽油几乎相同，均可检测出较为丰富的 C_2 苯（保留时间在 4. 3～5min）、C_3 苯（保留时间在 5. 8～7. 3min）以及 C_4 苯（保留时间在 7. 6～9. 5min）。基于上述结果，从检出物质种类来看，五种不同苯乙烯含量的丁苯橡胶原料均对汽油的烷基苯类认定有极大干扰，其中 SBR1205（苯乙烯含量 18%）和 SBR1505（苯乙烯含量 9. 5%）对汽油的干扰性最强。随着苯乙烯含量的减少，丁苯橡胶原料燃烧残留物的烷基苯类提取离子流图的趋势和各特征组分的出峰时间逐渐与汽油一致。

五种不同苯乙烯含量的丁苯橡胶燃烧残留物与汽油燃烧残留物的烷基苯组分类别大致相同，但特征组分的种类却相差较多，在此列出了如表 3. 10 所示的匹配度超过 70 的特征组分。

表 3. 10　五种苯乙烯含量的丁苯橡胶原料燃烧残留物的烷基苯类组分

丁苯橡胶种类	类别	特征组分	种类
SBR1401	C_2 苯	乙基苯、对二甲苯、邻二甲苯	3
	C_3 苯	异丙基苯、丙基苯、邻乙基甲苯	3
	C_4 苯	丁基苯	1
SBR303	C_2 苯	乙基苯、对二甲苯、邻二甲苯	3
	C_3 苯	异丙基苯、丙基苯、邻乙基甲苯、对乙基甲苯	4
	C_4 苯	丁基苯	1
SBR1502	C_2 苯	乙基苯、对二甲苯、邻二甲苯	3
	C_3 苯	异丙基苯、丙基苯、间乙基甲苯、邻乙基甲苯、1,2,3-三甲基苯	5

续表

丁苯橡胶种类	类别	特征组分	种类
	C_4 苯	丁基苯	1
	C_5 苯	戊基苯	1
SBR1205	C_2 苯	乙基苯、对二甲苯、邻二甲苯	3
	C_3 苯	丙基苯、邻乙基甲苯、对乙基甲苯、1,2,3-三甲苯、1,3,5-三甲苯	5
	C_4 苯	3-丙基甲苯、1,2-二甲基-3-乙基苯、1,4-二甲基-2-乙基苯、1,3-二甲基-7-乙基苯、1,2,3,4-四甲基苯、1,2,4,5-四甲基苯、1,2,3,5-四甲基苯	7
SBR1505	C_2 苯	乙基苯、对二甲苯、邻二甲苯	3
	C_3 苯	丙基苯、邻乙基甲苯、对乙基甲苯、1,2,4-三甲苯、1,2,3-三甲苯、1,3,5-三甲苯	6
	C_4 苯	3-丙基甲苯、4-丙基甲苯、1,3-二甲基-4-乙基苯、1,4-二甲基-2-乙基苯、2,3-二甲基-1-乙基苯、1,2,3,4-四甲基苯、1,2,3,5-四甲基苯、1,2,4,5-四甲基苯	8

从表 3.10 中可以看出，五种不同苯乙烯含量的丁苯橡胶残留物均检出相同种类的 C_2 苯，但是 C_3 苯和 C_4 苯的种类有较大差别，其中 SBR1401 检出三种 C_3 苯和一种 C_4 苯，SBR303 检出四种 C_3 和一种 C_4 苯，SBR1502 检出五种 C_3 和一种 C_4 苯；当苯乙烯含量较低时，则能检出更多的 C_3 苯和 C_4 苯，SBR1205 能检出五种 C_3 苯和七种 C_4 苯，SBR1505 能检出六种 C_3 苯和八种 C_4 苯。由此可见，从特征组分的组分类别来看，五种不同苯乙烯含量丁苯橡胶的烷基苯类组分均对汽油的鉴定有极大干扰，其中 SBR1205 和 1505 对汽油鉴定的影响最为显著。

（3）稠环芳烃类组分的分析　将稠环芳烃类组分（m/z=128，142，156，170，184）进行提取，得到的稠环芳烃类的提取离子流图，如图 3.16 所示。

根据图 3.16 可得到五种不同苯乙烯含量的丁苯橡胶原料燃烧残留物稠环芳烃类组分的提取情况，所有丁苯橡胶的稠环芳烃的色谱图近乎相同，保留时间均在 10～15min。图 3.16 中可观察到丁苯橡胶 1205 的丰度较低，未能识别出二甲基萘特征组分，其余四种苯乙烯含量的丁苯橡胶均能依次检出萘、甲基萘和二甲基萘，具体特征组分如表 3.11 所示。值得

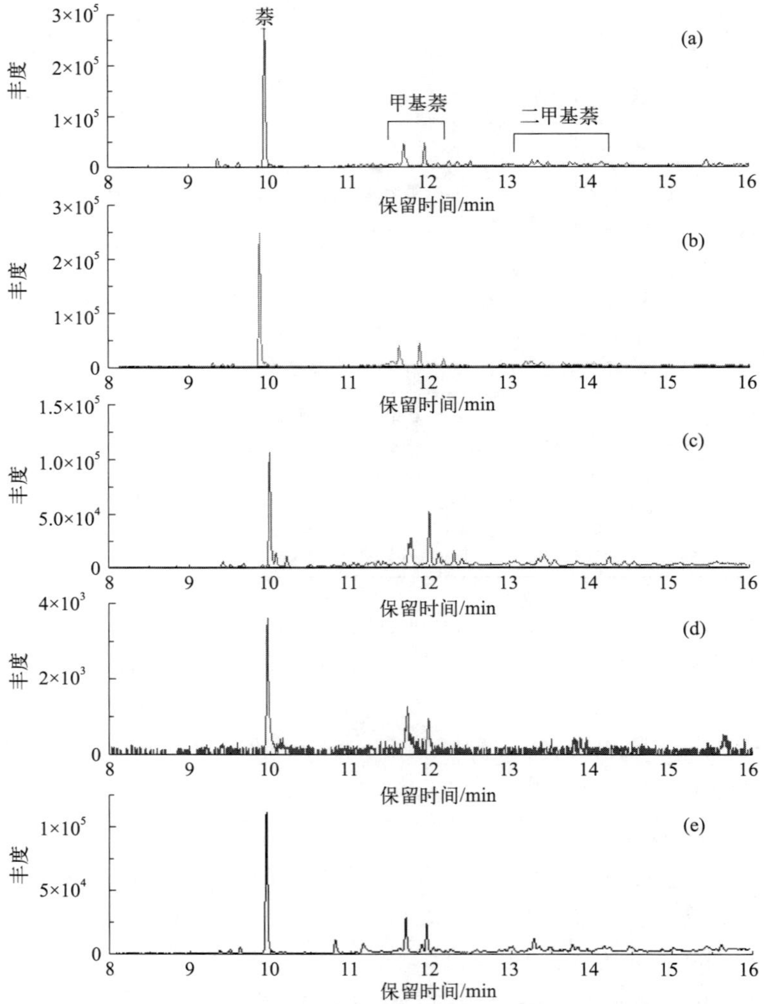

图 3.16　五种苯乙烯含量的丁苯橡胶燃烧残留物的稠环芳烃类提取离子流色谱图

(a) 1401；(b) 303；(c) 1502；(d) 1205；(e) 1505

注意的是 SBR1205 和 1505 两个甲基萘的同分异构体的相对含量，可以看出两甲基萘的比值与汽油的比值大概一致。由此可见，从特征组分的类别和种类来看，五种丁苯橡胶原料对汽油稠环芳烃类组分的检出有较大干扰，其中丁苯橡胶 SBR1205 和 1505 的干扰性最强。

表 3.11　五种苯乙烯含量的丁苯橡胶原料燃烧残留物的稠环芳烃类组分

丁苯橡胶种类	特征组分	种类
SBR1401	萘、2-甲基萘、1-甲基萘、1，3-二甲基萘、2，6-二甲基萘、1，7-二甲基萘	6
SBR303	萘、2-甲基萘、1-甲基萘、1，3-二甲基萘、2，7-二甲基萘	5
SBR1502	萘、2-甲基萘、1-甲基萘、1-乙基萘、1，3-二甲基萘、2，6-二甲基萘、2，7-二甲基萘	7
SBR1205	萘、2-甲基萘、1-甲基萘	3
SBR1505	萘、2-甲基萘、1-甲基萘、1-乙基萘、1，3-二甲基萘、2，3-二甲基萘、1，7-二甲基萘	7

（4）多环芳烃类组分的分析　将多环芳烃（m/z＝166，178，192，202，206）进行提取，所得到的五种不同苯乙烯含量的丁苯橡胶燃烧残留物多环芳烃类组分的提取离子流图，如图 3.17 所示。

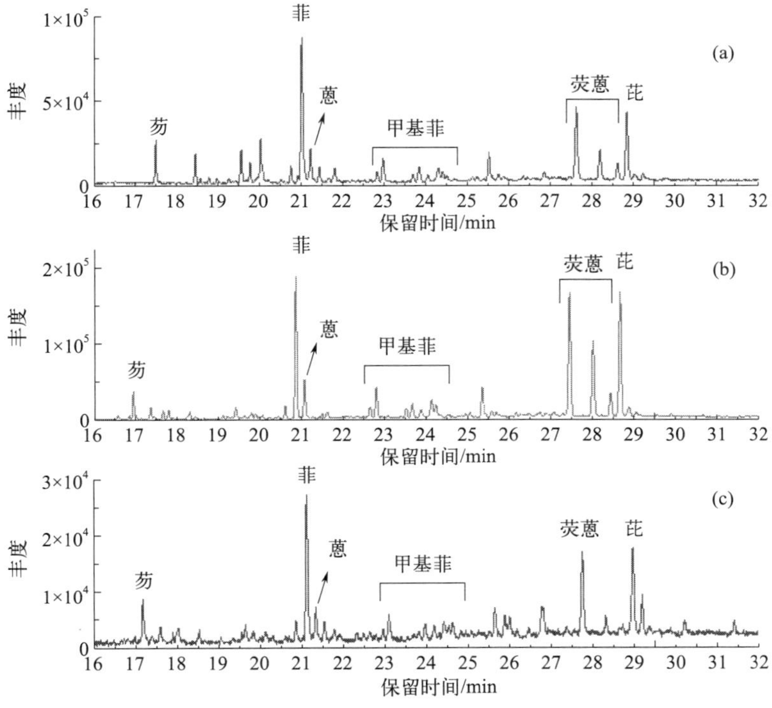

图 3.17

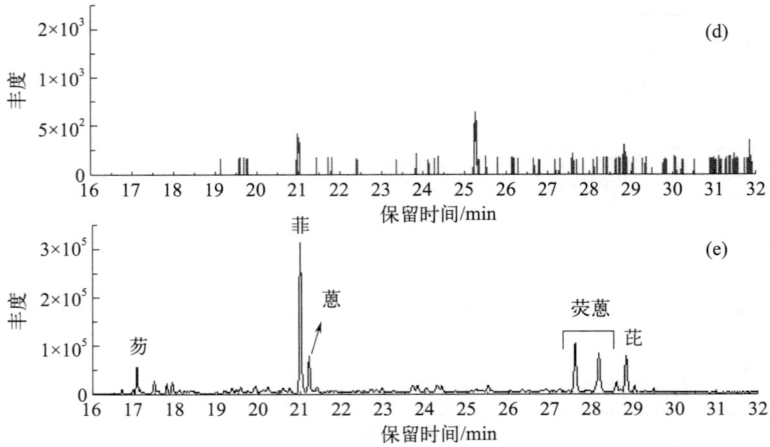

图 3.17　五种不同苯乙烯含量的丁苯橡胶原料燃烧残留物的多环芳烃类提取离子流色谱图

(a) 1401；(b) 303；(c) 1502；(d) 1205；(e) 1505

根据图 3.17 可得到五种不同苯乙烯含量的丁苯橡胶原料燃烧残留物多环芳烃类组分的提取情况，可以直观地看到 SBR1205 色谱图的丰度较低且未检出任何有效目标化合物；而丁苯橡胶 1401、303、1502 和 1505 均检出多环芳烃类组分：菲、蒽、荧蒽和芘。其中 SBR1401、303、1502、1505 还能提取出芴，各组分的保留时间大体一致，四种丁苯橡胶燃烧残留物对汽油的鉴定造成较大干扰。具体特征组分见表 3.12。

表 3.12　五种苯乙烯含量的丁苯橡胶原料燃烧残留物的多环芳烃类组分

丁苯橡胶种类	特征组分	种类
SBR1401	芴、菲、蒽、甲基菲、荧蒽和芘	6
SBR303	芴、菲、蒽、甲基菲、荧蒽和芘	6
SBR1502	芴、菲、蒽、甲基菲、荧蒽和芘	6
SBR1205	无	0
SBR1505	芴、菲、蒽、荧蒽和芘	5

(5) 茚满类组分的分析　将茚满类（$m/z=116$，117，118，131，132）进行提取，所得到的五种不同苯乙烯含量的丁苯橡胶燃烧残留物茚满类组分的提取离子流图，如图 3.18 所示。

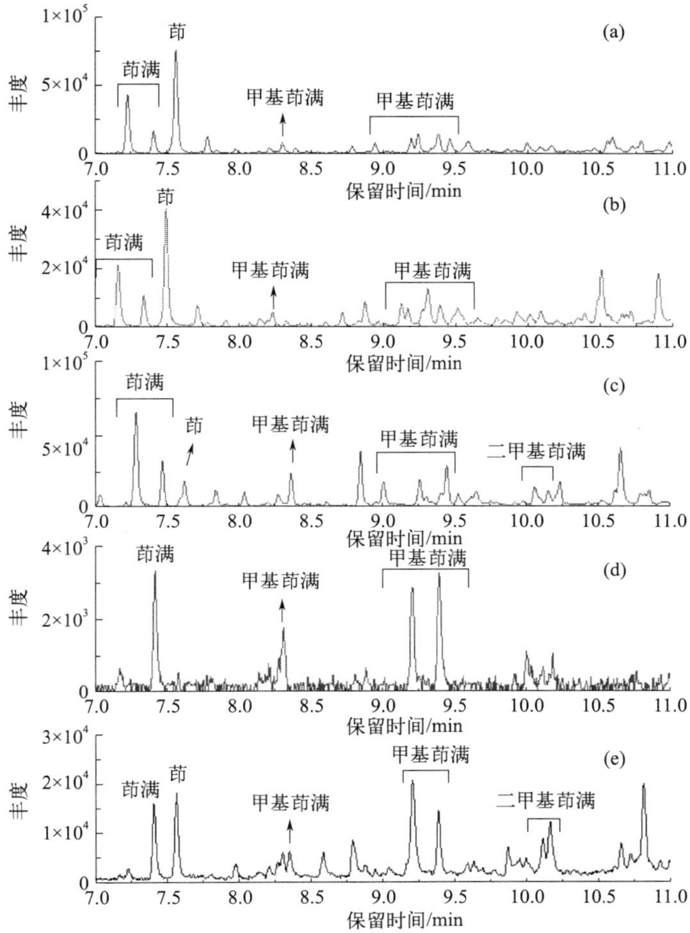

图 3.18　五种苯乙烯含量的丁苯橡胶原料燃烧残留物的茚满类提取离子流色谱图

(a) 1401；(b) 303；(c) 1502；(d) 1205；(e) 1505

根据图 3.18 可得到五种不同苯乙烯含量的丁苯橡胶原料燃烧残留物茚满类组分的提取情况，可以看出丁苯橡胶 1401、303、1502 和 1505 的出峰位置大体一致，且均能在保留时间为 7～11min 内检出茚满类组分：茚满、茚和甲基茚满，与汽油燃烧残留物的茚满类相吻合，对汽油残留物中茚满类的检出存在严重干扰。而丁苯橡胶 1205 燃烧残留物的茚满类组分丰度较低，提取离子流图中未检出二甲基茚满。总之，所研究的五种丁苯橡胶在热解/燃烧时都会生成汽油燃烧时生成的类似的化合物，这可能会在分析茚满类组分时导致假阳性识别。

3.3.2 与汽油特征组分的对比分析

下面列出 ASTM E1618—2014 中作为汽油鉴定的 15 种较为稳定的特征组分，与五种不同苯乙烯含量的丁苯橡胶原料燃烧残留物中所检出的组分进行定性比较，如表 3.13 所示，如果典型丁苯橡胶含有较多 ASTM E1618—2014 中规定的特征组分，则也可判断丁苯橡胶对汽油鉴定存在较强的干扰性。

表 3.13　五种苯乙烯含量的丁苯橡胶原料燃烧残留物与 ASTM E1618—2014 所对应情况

特征组分	SBR1401	SBR303	SBR1502	SBR1205	SBR1505
C_{12}	—	—	—	—	—
1,3,5-三甲基苯	—	—	—	+	+
1,2,4-三甲基苯	—	—	—	—	+
1,2,3-三甲基苯	—	—	+	+	+
1,2,4,5-四甲基苯	—	—	—	+	+
1,2,3,5-四甲基苯	—	—	—	+	+
茚	+	+	+	+	+
5-甲基茚满	+	+	+	+	+
4-甲基茚满	+	+	+	+	+
4,7-二甲基茚满	—	—	—	—	+
2-甲基萘	+	+	+	+	+
1-甲基萘	+	+	+	+	+
乙基萘	—	—	+	—	+
1,3-二甲基萘	+	+	+	—	+
2,3-二甲基萘	—	—	—	—	+
合计	6	6	8	9	14

如表 3.13 所示，可以看出五种不同苯乙烯含量的丁苯橡胶原料燃烧残留物的组分和 ASTM E1618—2014 中所规定的特征组分相差情况：SBR1401 和 303 检出 6 种目标化合物；SBR1502 检出 8 种目标化合物；SBR1205 检出 9 种目标化合物；SBR1505 检出 14 种目标化合物。可以得出结论：丁苯橡胶 1505 对汽油的鉴定造成严重干扰，其次干扰性较强的还有丁苯橡胶 1205。五种丁苯橡胶的茚、甲基茚满、甲基萘的保留情况较好，其中丁苯橡胶 1401、303 和 1502 的 C_3 苯和 C_4 苯较为缺乏，仅在 SBR1502 中检出一种 C_3 苯。

3.3.3　五种不同苯乙烯含量的丁苯橡胶加载汽油燃烧残留物特征组分分析

通过上述对丁苯橡胶单独燃烧实验结果分析后可知，五种不同苯乙烯含量的丁苯橡胶原料均会对汽油燃烧残留物的鉴定产生显著影响，其中苯乙烯含量较少的丁苯橡胶 1505，对汽油鉴定的干扰性最为显著。当背景干扰物和汽油一起燃烧时，背景干扰物的存在会改变汽油识别时的目标化合物的种类或相对含量，尤其是丁苯橡胶这种强干扰性物质，从而难以确认是否有汽油参与燃烧。因此，为进一步探究不同苯乙烯含量的丁苯橡胶对汽油燃烧残留物的干扰性，对 SBR1401、SBR303、SBR1502、SBR1205 和 SBR1505 五种不同苯乙烯含量的丁苯橡胶加载汽油燃烧残留物进行 GC-MS 分析，得到总离子流色谱图，如图 3.19、图 3.20 所示，进一步分析其对汽油鉴定产生的干扰。

从图 3.19 中可以得到五种不同苯乙烯含量的丁苯橡胶原料加载汽油燃烧残留物的总离子流（保留时间在 3～32min）的大致情况，可以明显地看到丁苯橡胶 1401 和 303 加载 0.5mL 汽油燃烧残留物总离子流色谱图在 17～19min 时也提取出相对丰度较高的杂质峰，为了便于分析总离子流色谱图的相同及差异之处，现提取 3～16min 的总离子流色谱图，如图 3.20 所示。可以发现五种不同苯乙烯含量的丁苯橡胶原料加载汽油燃烧残留物的总离子流色谱图之间存在明显差异，其中 SBR1205 加载汽油的总离子流色谱图和其余四种有明显的不同，在保留时间 3～4min 内色谱图出现严重重合现象，且基线在整个保留时间内也存在整体上飘的现象，与 SBR1205 单独燃烧时相比，加载汽油后总离子流色谱图趋于一条直线，说明峰在减少，相对峰比发生改变。也可以发现 SBR1401 加载汽油的总离子流色谱图与 SBR1401 单独燃烧的总离子流色谱图较为相似，在保留时间 7min 后识别出的化合物相对丰度都较低。而 SBR303、1502 和 1505 加载汽油后的色谱图较为相似，与相应的丁苯橡胶原料相比，燃烧残留物发生了较大变化，保留时间内提取出来的组分更多，其色谱图不是丁苯橡胶和汽油总离子色谱图的简单叠加。五种丁苯橡胶对汽油鉴别造成了不同程度的干扰，当丁苯橡胶加载汽油时色谱图发生了显著的变化，这在得出科学的鉴定意见时应该引起特别的注意。

总体上看，所有不同苯乙烯含量的丁苯橡胶原料加载汽油燃烧残留物

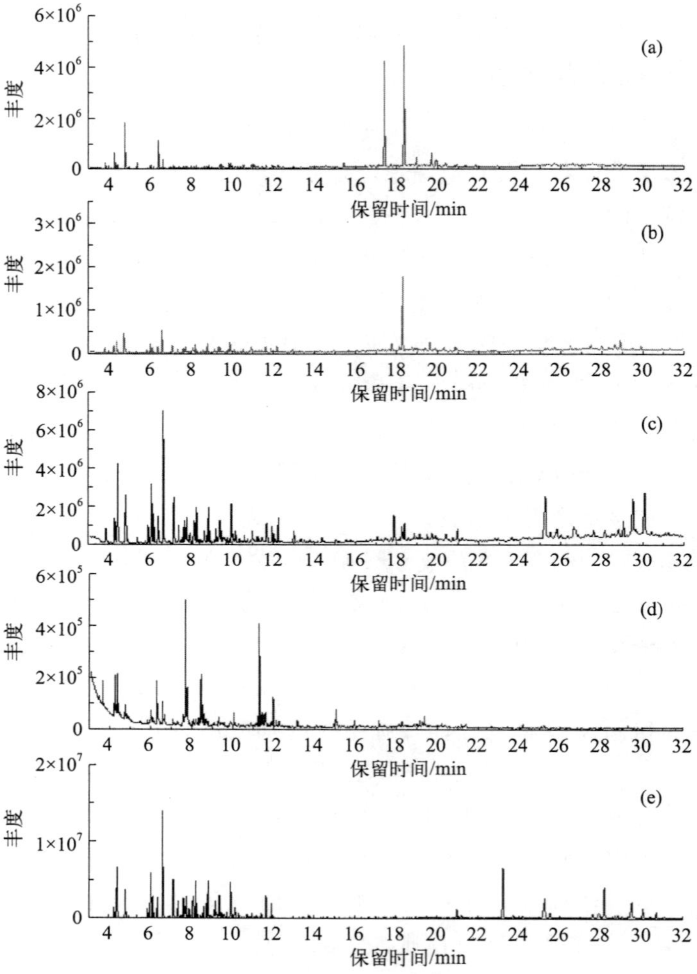

图 3.19　五种苯乙烯含量的丁苯橡胶原料加载汽油燃烧残留物的总离子流色谱图Ⅰ

(a) 1401；(b) 303；(c) 1502；(d) 1205；(e) 1505

保留时间 3～32min

中均检出多种与汽油燃烧残留物相同或相似的化合物，但苯乙烯含量不同，各色谱图之间也存在明显差异。无法从总离子流色谱图对其进行准确区分，都对汽油鉴定存在较强的干扰性，因此，还需进一步对各组分的提取离子流色谱图进行分析，以了解不同苯乙烯含量的丁苯橡胶加载汽油燃烧残留物的特性。

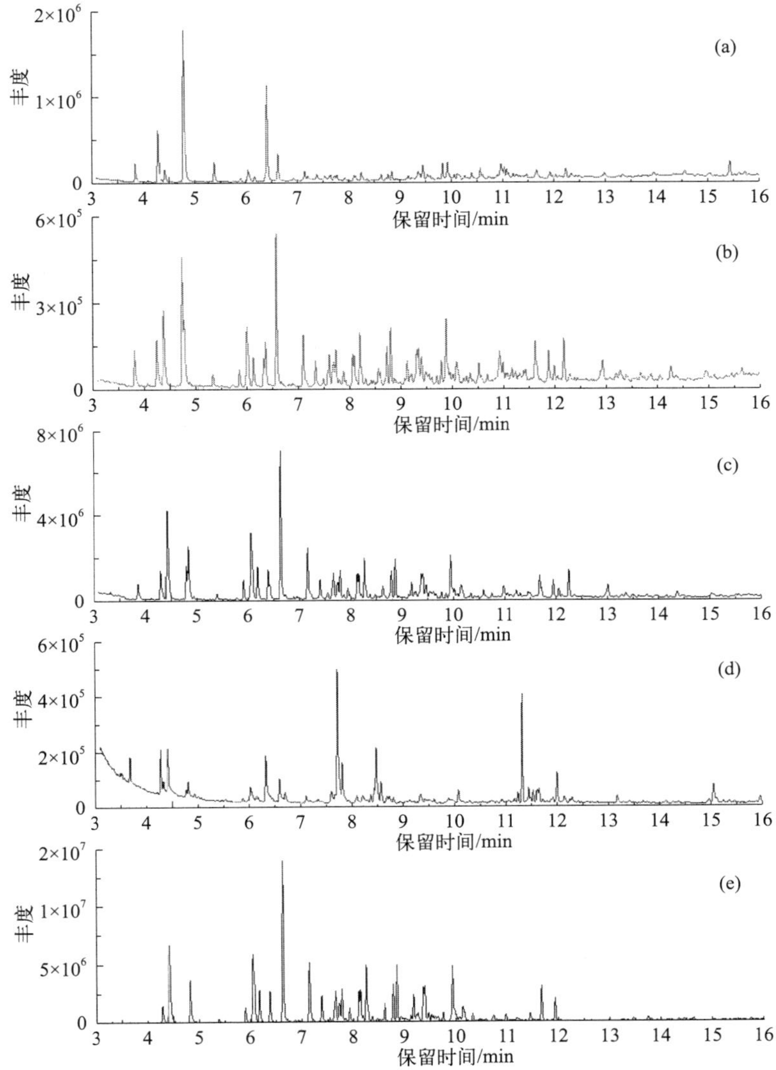

图 3.20　五种苯乙烯含量的丁苯橡胶原料加载汽油燃烧残留物的总离子流色谱图Ⅱ

(a) 1401；(b) 303；(c) 1502；(d) 1205；(e) 1505

保留时间 3～16min

结合 GB/T 18294.5—2010 及 ASTM E1618—2014，对燃烧残留物的样品分别进行烷烃类、烷基苯类、稠环芳烃类、多环芳烃及茚满类组分的提取，得到五种不同苯乙烯含量的丁苯橡胶加载汽油的各提取离子流色谱图，然后对各特征组分进行深入分析。

（1）烷烃类组分的分析　将烷烃类（m/z＝43，57，71，85，99）进行提取，所得到的五种丁苯橡胶原料加载汽油燃烧残留物烷烃类组分的提取离子流图，如图 3.21 所示。

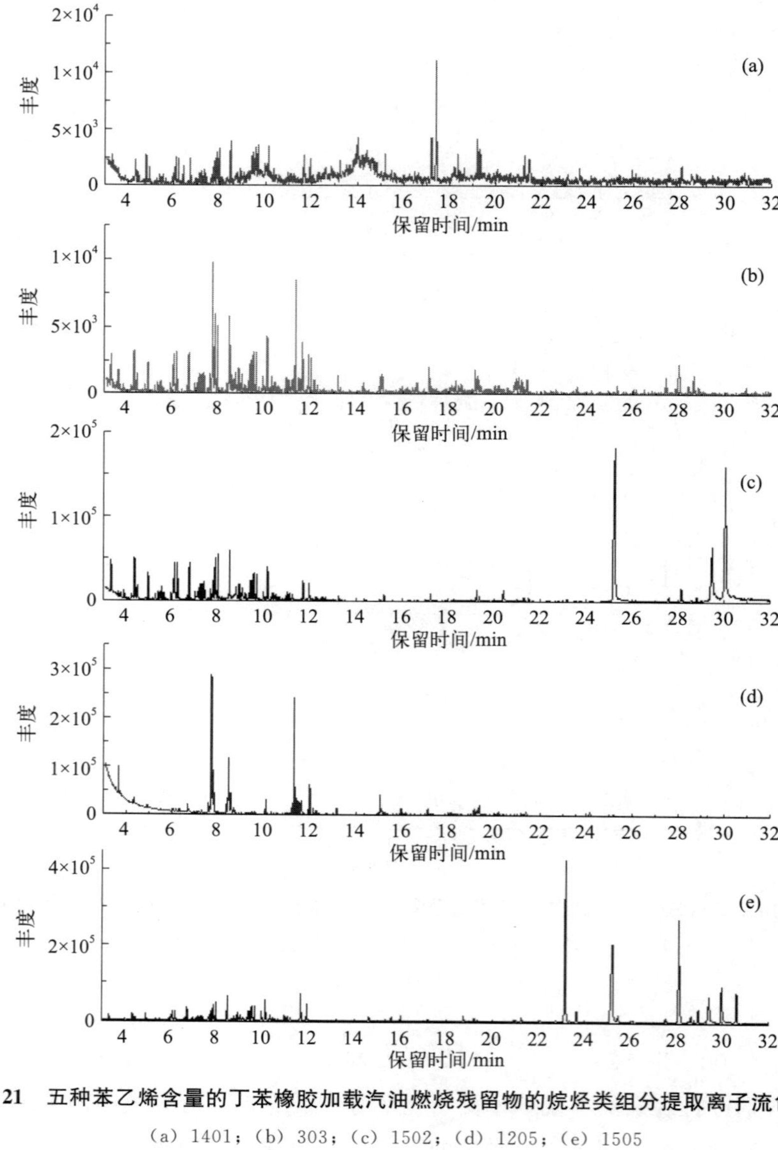

图 3.21　五种苯乙烯含量的丁苯橡胶加载汽油燃烧残留物的烷烃类组分提取离子流色谱图

(a) 1401；(b) 303；(c) 1502；(d) 1205；(e) 1505

根据图 3.21 可以得到五种苯乙烯含量的丁苯橡胶原料加载汽油后烷烃类组分的提取情况，所有提取离子流色谱图无明显规律且丰度较低，列出了如表 3.14 所示的烷烃类组分的检出物质。上述色谱图大致可分为两类：丁苯橡胶 1502 和 1505，在保留时间前 12min 内能检出多种烷烃类组分，经识别为短直链烷烃，在保留时间内还能识别出十六烷酸（软脂酸）、顺式十八碳-9-烯酸（油酸）和十八烷酸（硬脂酸）三种化合物；丁苯橡胶 303、1401 和 1205，在保留时间内未检出烷烃类组分，且 SBR1401 在保留时间 17.32min 识别出 2,4,6-三叔丁基苯酚。丁苯橡胶 1205 加载汽油燃烧与单独燃烧残留物的烷烃类色谱图相比，变化较大，未检出烷烃类组分，这是因为加载汽油后温度较高，直链烷烃被高温破坏。因此烷烃类组分仅能作为汽油鉴定的参考物质，不能作为区分汽油的关键组分，具体情况还得对其他离子流进行分析。

表 3.14　五种苯乙烯含量的丁苯橡胶原料加载汽油燃烧残留物烷烃类组分

丁苯橡胶种类	检出物质	种类
1401＋0.5mL 92＃	2,4,6-三叔丁基苯酚	1
303＋0.5mL 92＃	无	0
1502＋0.5mL 92＃	C_6、C_9、C_{10}、C_{11}、C_{12}、十六烷酸、顺式十八碳-9-烯酸(油酸)、十八烷酸	8
1205＋0.5mL 92＃	无	0
1505＋0.5mL 92＃	C_9、C_{10}、C_{11}、C_{12}、十六烷酸、顺式十八碳-9-烯酸(油酸)、十八烷酸	7

（2）烷基苯类组分的分析　将烷基苯类组分（$m/z=91$，92，105，106，119，120，134）进行提取，所得到的五种丁苯橡胶原料加载汽油燃烧残留物烷基苯类组分的提取离子流图，如图 3.22 所示。

根据图 3.22 可得到五种不同苯乙烯含量的丁苯橡胶原料加载汽油燃烧残留物烷基苯类组分的提取情况，五种丁苯橡胶加载汽油后的烷基苯类组分均能检出 C_2 苯、C_3 苯和 C_4 苯，除丁苯橡胶 1401 和 1205 外，其余三种丁苯橡胶均能检出 C_5 苯，且各组分的保留时间基本一致。对于加载汽油后的 SBR1505 和 1205，色谱图几乎是对应橡胶和汽油两个样本色谱图的叠加。当加载汽油时，汽油信号占优势，导致所有色谱图与汽油燃烧残留物的色谱图相似。然而，对于丁苯橡胶 1502 和 303，C_2 苯和 C_3 苯的比率与汽油不同，这是因为丁苯橡胶在自由燃烧期间的热解或燃烧产

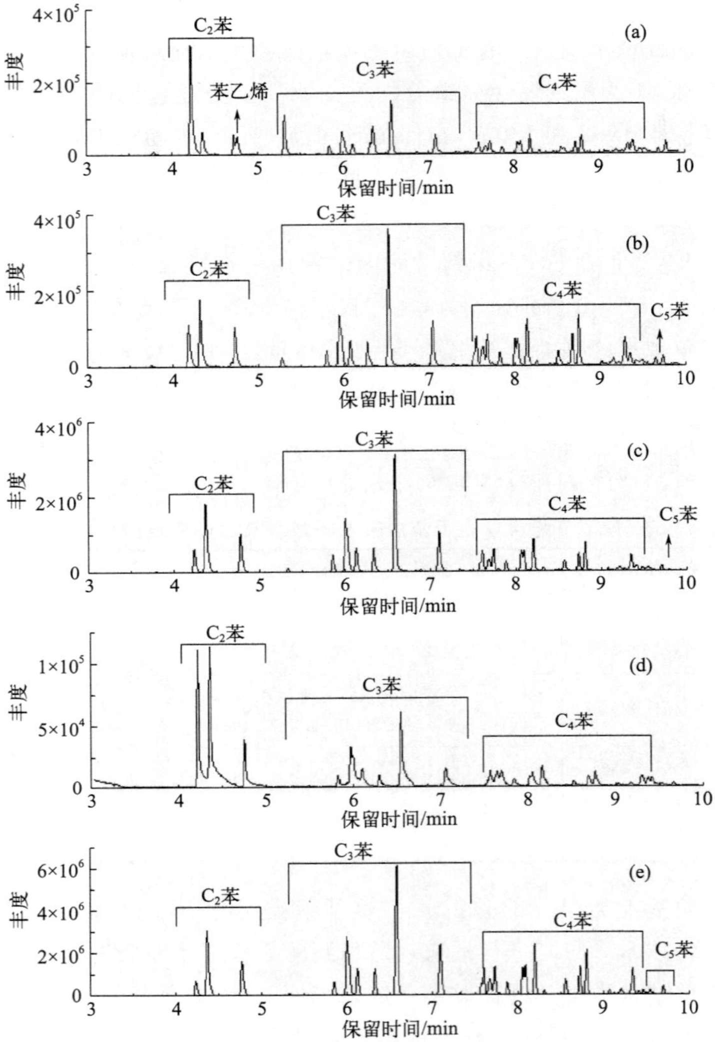

图 3.22　五种苯乙烯含量的丁苯橡胶加载汽油燃烧残留物的烷基苯提取离子流色谱图

(a) 1401；(b) 303；(c) 1502；(d) 1205；(e) 1505

物。对于苯乙烯含量为 40%（质量分数）的 SBR1401，从燃烧残留物中提取了相对含量极高的乙基苯，和单独燃烧时相比，加载汽油后保留了其色谱图的特点。丁苯橡胶 1401、303 和 1502 在加载汽油燃烧后，与相应的丁苯橡胶单独燃烧残留物相比，C_3 苯和 C_4 苯的丰度有所提高，而丁苯橡胶 1505 和 1205 则未呈现出这一趋势。因此单从检出组分来说，很难判断丁苯橡胶、汽油和加载汽油后的丁苯橡胶燃烧残留物。见表 3.15。

表 3.15　五种苯乙烯含量的丁苯橡胶原料加载汽油燃烧残留物烷基苯类组分

丁苯橡胶种类	类别	特征组分	种类
1401＋0.5mL 92#	C_2 苯	乙基苯、对二甲苯、邻二甲苯	3
	C_3 苯	异丙基苯、丙基苯、邻乙基甲苯、对乙基甲苯、1,3,5-三甲苯、1,2,3-三甲苯	6
	C_4 苯	3-丙基甲苯、4-丙基甲苯、丁基苯、1,4-二甲基-2-乙基苯、2,3-二甲基-1-乙基苯、1,2,3,5-四甲基苯	6
303＋0.5mL 92#	C_2 苯	乙基苯、对二甲苯、邻二甲苯	3
	C_3 苯	异丙基苯、丙基苯、邻乙基甲苯、对乙基甲苯、1,3,5-三甲苯、1,2,4-三甲苯	6
	C_4 苯	3-丙基甲苯、4-丙基甲苯、丁基苯、1,3-二甲基-4-乙基苯、2-丙基甲苯、1,4-二甲基-2-乙基苯、2,3-二甲基-1-乙基苯、1,2,3,5-四甲基苯、1,2,4,5-四甲基苯	9
	C_5 苯	对仲丁基甲苯	1
1502＋0.5mL 92#	C_2 苯	乙基苯、对二甲苯、邻二甲苯	3
	C_3 苯	异丙基苯、丙基苯、邻乙基甲苯、对乙基甲苯、1,2,4-三甲苯、1,2,3-三甲苯、1,3,5-三甲苯	7
	C_4 苯	3-丙基甲苯、4-丙基甲苯、丁基苯、1,3-二甲基-4-乙基苯、2-丙基甲苯、1,4-二甲基-2-乙基苯、2,3-二甲基-1-乙基苯、1,2,3,5-四甲基苯、1,2,4,5-四甲基苯	9
	C_5 苯	对仲丁基甲苯	1
1205＋0.5mL 92#	C_2 苯	乙基苯、对二甲苯、邻二甲苯	3
	C_3 苯	丙基苯、邻乙基甲苯、对乙基甲苯、1,3,5-三甲苯	4
	C_4 苯	1,2-二甲基-3-乙基苯、1,4-二甲基-2-乙基苯、1,3-二甲基-7-乙基苯、1,2,3,4-四甲基苯、1,2,4,5-四甲基苯、1,2,3,5-四甲基苯	6
1505＋0.5mL 92#	C_2 苯	乙基苯、对二甲苯、邻二甲苯	3
	C_3 苯	异丙基苯、丙基苯、邻乙基甲苯、对乙基甲苯、1,2,4-三甲苯、1,2,3-三甲苯、1,3,5-三甲苯	7
	C_4 苯	3-丙基甲苯、4-丙基甲苯、1,3-二甲基-4-乙基苯、1,4-二甲基-2-乙基苯、2,3-二甲基-1-乙基苯、1,2,3,4-四甲基苯、1,2,3,5-四甲基苯、1,2,4,5-四甲基苯	8
	C_5 苯	对仲丁基甲苯	1

由此可见，从特征组分的组分类别来看，五种不同苯乙烯含量的丁苯橡胶原料加载汽油燃烧后均对汽油的烷基苯的认定有极大干扰。

（3）稠环芳烃类组分的分析　将稠环芳烃类组分（m/z=128，142，156，170，184）进行提取，得到稠环芳烃类的提取离子流图，如图 3.23 所示。

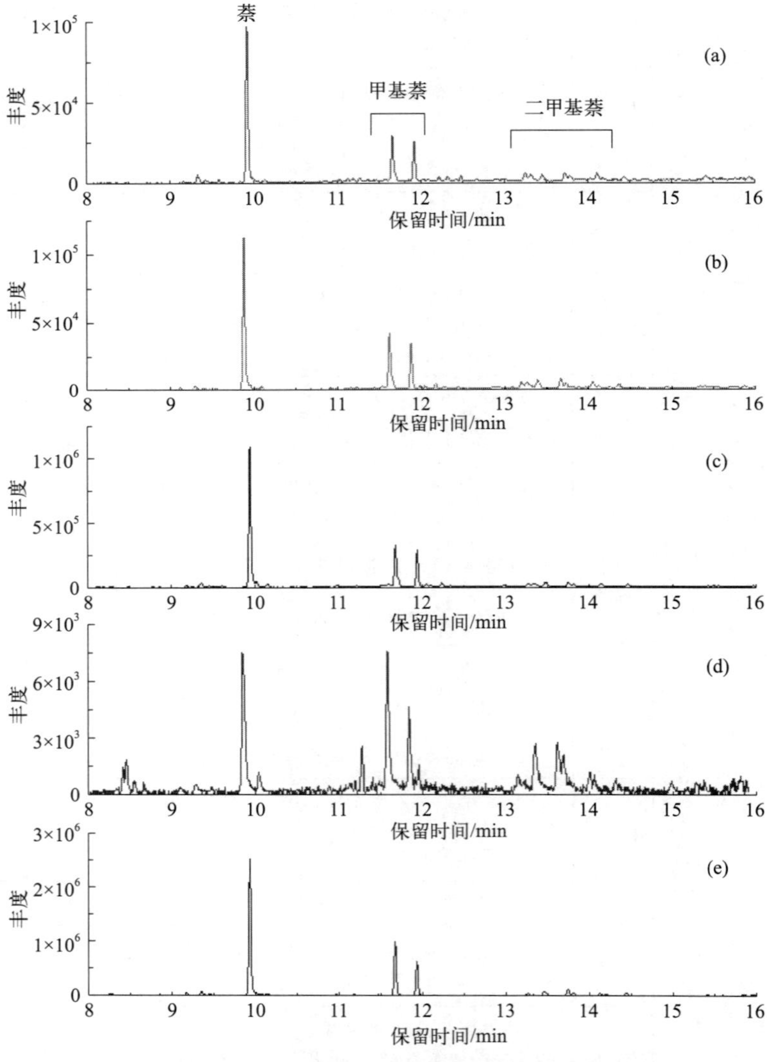

图 3.23　五种苯乙烯含量的丁苯橡胶加载汽油燃烧残留物的稠环芳烃提取离子流色谱图

（a）1401；（b）303；（c）1502；（d）1205；（e）1505

根据图3.23可得到五种不同苯乙烯含量的丁苯橡胶原料加载汽油燃烧残留物稠环芳烃类组分的提取情况，五种丁苯橡胶的提取离子流图近乎相同，燃烧残留物中含有的汽油燃烧残留物的稠环芳烃类特征组分类别也基本是完全相同的，保留时间集中在8～16min。五种丁苯橡胶均检出萘、甲基萘和二甲基萘，保留时间也完全一致。但丁苯橡胶1205的提取离子流中萘和甲基萘丰度较低。由此可见，从特征组分的组分类别来看，五种丁苯橡胶的干扰程度不同，也均对汽油的稠环芳烃类的认定存在极大干扰。

总体而言，从色谱图中可以看出，所有研究样本之间的差异非常有限。在研究的所有样本中均检测到萘、甲基萘和二甲基萘，而在一些样本中二甲基萘的丰度不是很高。需要注意的是，由于装有汽油的丁苯橡胶的燃烧残留物目标化合物和相应的保留时间与汽油、丁苯橡胶几乎相同，因此所有丁苯橡胶都对汽油中稠环芳烃萘的认定产生了显著干扰。

(4) 多环芳烃类组分的分析　将多环芳烃（$m/z=166$，178，192，202，206）进行提取，得到五种丁苯橡胶原料加载汽油燃烧残留物多环芳烃类组分的提取离子流图，如图3.24所示。

根据图3.24可以看出丁苯橡胶1205加载汽油后仍然未检出任何多环芳烃类组分；而丁苯橡胶1401、303、1502和1505均检出芴、菲、蒽、甲基菲、荧蒽和芘多环芳烃类组分，出峰时间也大致相同。加载汽油后多环芳烃类的提取情况，与未加载汽油的多环芳烃类色谱图相比，极为相似，因此可以看出汽油对丁苯橡胶多环芳烃类组分的检出没有影响，从多环芳烃类组分来看，丁苯橡胶对汽油的鉴定造成严重干扰，不能判断出是否添加汽油。

(5) 茚满类组分的分析　将茚满类（$m/z=116$，117，118，131，132）进行提取，得到燃烧残留物茚满类组分的提取离子流色谱图，如图3.25所示。

根据图3.25可得到五种不同苯乙烯含量的丁苯橡胶原料加载汽油燃烧残留物茚满类组分的提取情况，丁苯橡胶1401、303、1502、1205和1505加载汽油燃烧残留物均检测出茚满类组分：茚满、茚、甲基茚满和二甲基茚满。保留时间集中在7～11min，与相应的丁苯橡胶单独燃烧相比，识别出了更多的甲基茚满和二甲基茚满，丰度有显著的提升。同时，当载体为丁苯橡胶时，相对于汽油燃烧残留物的峰比则发生了不同程度的

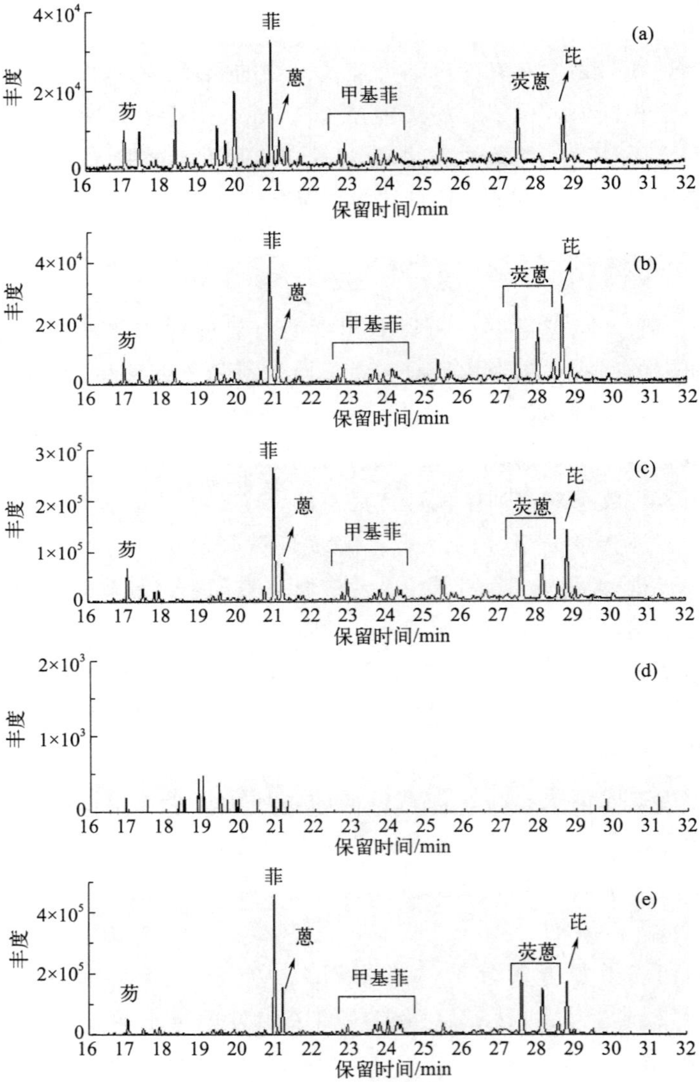

图 3.24　五种苯乙烯含量的丁苯橡胶加载汽油燃烧残留物的多环芳烃提取离子流色谱图

(a) 1401；(b) 303；(c) 1502；(d) 1205；(e) 1505

变化，导致汽油检验鉴定的错误。总的来说，不同苯乙烯含量丁苯橡胶加载汽油燃烧残留物对汽油残留物中茚满类的检出存在干扰。

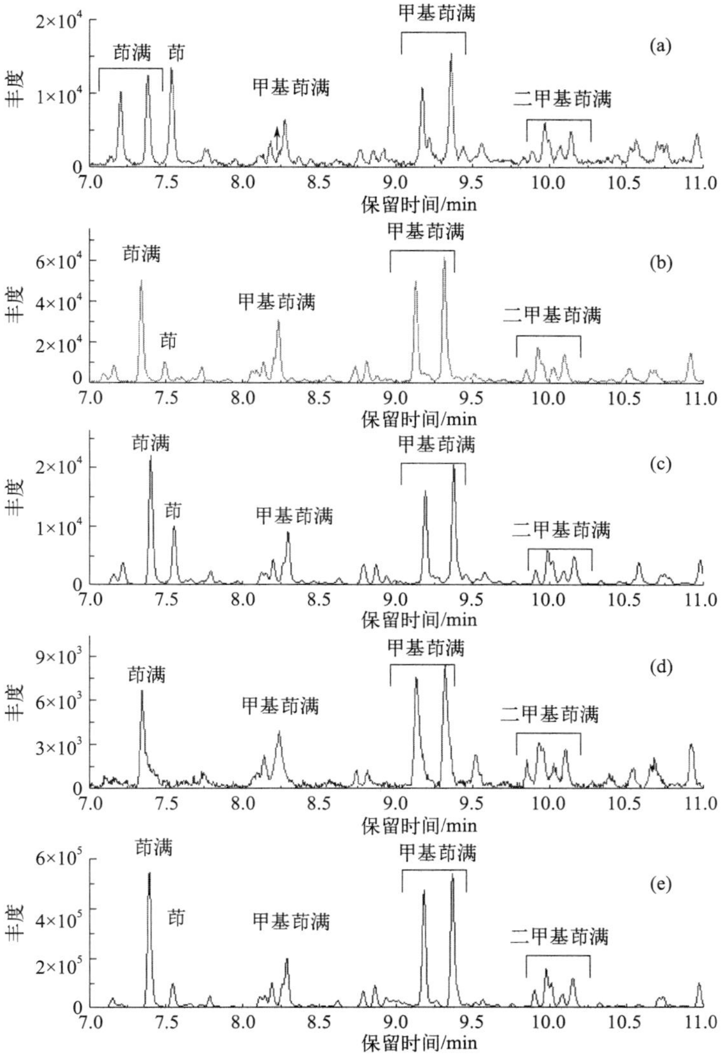

图 3.25　五种苯乙烯含量的丁苯橡胶加载汽油燃烧残留物的茚满提取离子流色谱图

(a) 1401；(b) 303；(c) 1502；(d) 1205；(e) 1505

3.4　定量分析

通过定性分析发现，丁苯橡胶中有 8 种组分种类与汽油几乎相同，很难直观得出区别，这 8 种组分分别为 C_2 苯，C_3 苯，C_4 苯，萘，甲基萘，茚满，茚，甲基茚满。我们无法通过定性分析，排除丁苯橡胶对汽油的干扰，故采用定量检测的方法进行深入分析。为深入分析丁苯橡胶和汽油的相似度，引入相对峰面积 S_p 进行定量分析，计算公式如式(3.1）所示，并绘制趋势图进行分析。

3.4.1 丁苯橡胶单独燃烧残留物特征组分的定量分析

通过上述实验分析后可知，SBR1505 和 SBR1205 均会对汽油燃烧残留物的鉴定产生严重干扰，探究丁苯橡胶与汽油燃烧残留物的区别会成为火灾物证鉴定的实际工作中面临的问题。为进一步区分不同苯乙烯含量的丁苯橡胶和汽油燃烧残留物，现将采用定量检测的方法进行相对峰面积的对比分析，列出了如表 3.16 所示的各特征组分相对峰面积所占比例。

表 3.16 汽油和不同苯乙烯含量的丁苯橡胶特征组分相对峰面积所占比例

编号	特征组分	1401/%	303/%	1502/%	1205/%	1505/%	汽油/%
1	C_2 苯	0.5043	0.2112	0.3725	0.2396	0.1586	0.2698
2	C_3 苯	0.2242	0.1660	0.2962	0.4036	0.2715	0.3013
3	C_4 苯	0.0272	0.0396	0.0716	0.2385	0.2483	0.2750
4	萘	0.0907	0.3154	0.0711	0.0249	0.1554	0.0475
5	甲基萘	0.0329	0.1066	0.0487	0.0209	0.063	0.0377
6	茚满	0.0431	0.0389	0.0617	0.0178	0.0201	0.0130
7	茚	0.0286	0.0553	0.0129	0.0000	0.0232	0.0019
8	甲基茚满	0.0489	0.0671	0.0653	0.0546	0.0599	0.0537

如表 3.16 所示，五种不同苯乙烯含量的丁苯橡胶均含有与汽油燃烧残留物相同的特征组分，丁苯橡胶 C_2 苯、C_3 苯和 C_4 苯的相对峰面积含量与汽油有所不同，其中丁苯橡胶 1401 和 1502 的 C_2 苯相对峰面积所占比例相对偏高，SBR1401 所占比例高达 0.5 以上，而丁苯橡胶 1205 的 C_2 苯相对峰面积所占比例与汽油基本一致。由此可见 C_2 苯相对峰面积含量相差较大，因此为了更直观地比较这五种丁苯橡胶与汽油特征组分相对峰面积的差异，把三种 C_2 苯所占比例列出来加以比较分析，结果见表 3.17 所示。

表 3.17　汽油和不同苯乙烯含量的丁苯橡胶三种 C_2 苯相对峰面积所占比例

组分	物质	1401/%	303/%	1502/%	1205/%	1505/%	汽油/%
C_2 苯	乙基苯	0.3707	0.1651	0.3137	0.0326	0.0208	0.0564
	对二甲苯	0.0227	0.0183	0.0218	0.1407	0.0975	0.1632
	邻二甲苯	0.1109	0.0278	0.0370	0.0663	0.0403	0.0502

从表 3.17 中可以观察到 SBR1401、303 和 1502 的乙基苯所占比例在 0.1 以上，其中丁苯橡胶 1401 和 1502 的比例为 0.37 和 0.31 左右。相对而言，与汽油燃烧残留物相比，SBR1205 和 1505 乙基苯所占比例与汽油相差较小，所占比例在 0.05 以下。SBR1205 和 1505 三种 C_2 苯所占比例与汽油较为相似，因此，这两种苯乙烯含量的丁苯橡胶对汽油燃烧残留物的干扰较强。

为了更直观地阐述丁苯橡胶与汽油燃烧残留物在相对峰面积比例上的差异，根据表 3.16 和表 3.17 的数据，分别将典型特征组分和三种 C_2 苯相对峰面积含量所占比例绘制成图 3.26(a) 和图 3.26(b)，如下所示。

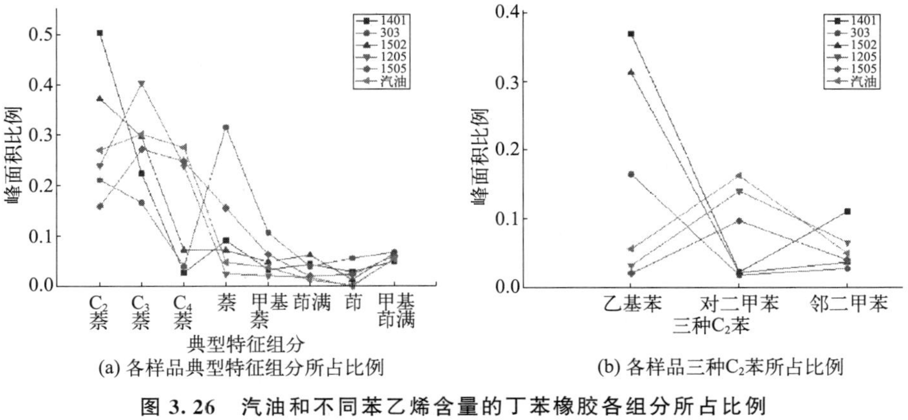

图 3.26　汽油和不同苯乙烯含量的丁苯橡胶各组分所占比例

从图 3.26(a) 中可以看出，五种不同苯乙烯含量的丁苯橡胶的烷基苯与汽油燃烧残留物相比，各组分所占比例相差较大，SBR1401 和 1502 的 C_2 苯组分所占比例比汽油的高，SBR1401、303 和 1502 的 C_4 苯组分所占比例比汽油的低，数值均小于 0.1；SBR1205 和 1505 的烷基苯所占比例与汽油的趋势基本一致。五种不同苯乙烯含量的丁苯橡胶燃烧残留物的萘、甲基萘、茚满、茚和甲基茚满特征组分所占比例与汽油的基本一致，差值可以忽略不计，其中 SBR303 的萘组分所占比例较大，高达 0.3 以上。

对于图 3.26(b) 所示的五种丁苯橡胶样品的三种 C_2 苯组分所占比例，首先就乙基苯特征组分而言，SBR1401、303 和 1502 所占比例较高，均在 0.1 以上，而 SBR1205 和 1505 所占比例与汽油基本相同，均在 0.1 以下；对于对二甲苯特征组分，SBR1401、303 和 1502 所占比例较低，SBR1205 和 1505 所占比例与汽油基本相同；对于邻二甲苯特征组分而言，五种丁苯橡胶所占比例与汽油的基本相同，差值可以忽略不计。图 3.26(b) 中可以看出 SBR1205 和 1505 的三种 C_2 苯所占比例的趋势与汽油所占比例的趋势基本一致，对汽油鉴定造成较大干扰。

基于以上讨论，可以得出结论，五种不同苯乙烯含量的丁苯橡胶和汽油在典型特征组分相对峰面积比例上的差别不是很大，其中丁苯橡胶中烷基苯类组分 C_2 苯、C_3 苯和 C_4 苯所占比例与汽油燃烧残留物有很大不同，C_2 苯和 C_4 苯的相对峰面积含量是差别最为明显的，其中 C_2 苯所占比例与汽油明显不同，对 C_2 苯组分进行单独分析可以看出 SBR1205 和 SBR1505 与汽油的基本相同，因此，丁苯橡胶 1205 和 1505 对汽油的鉴定造成严重干扰。总的来说，SBR1505 各特征组分所占比例与汽油的最为相似，对汽油燃烧残留物的干扰性最强。

3.4.2 丁苯橡胶加载汽油燃烧残留物特征组分的定量分析

根据上述论述不难发现，不同苯乙烯含量的丁苯橡胶加载汽油后各特征组分的含量发生了较大的变化，若仅依靠是否能检出汽油燃烧残留物特征组分，无法准确判断火场中的残留物是否含有汽油燃烧残留物，在丁苯橡胶燃烧残留物存在的情况下，不能过度依赖目标化合物，因此采用定量分析的方法对各典型特征组分进行相对峰面积的对比分析。

表 3.18 所示是不同苯乙烯含量的丁苯橡胶加载汽油后燃烧残留物的 8 种典型特征组分所占比例的情况，可以看出 C_2 苯、C_3 苯和 C_4 苯所占的比例较高，说明丁苯橡胶加载汽油后，烷基苯组分所占比例增加，这时汽油信号占优势，导致丁苯橡胶加载汽油后烷基苯所占比例与汽油燃烧残留物的比例相似。稠环芳烃类和茚满类特征组分所占比例与表 3.16 的数据相比，可以明显地看到所占比例明显降低，其中茚满类特征组分降的幅

度最低。总的来说，五种丁苯橡胶加载汽油燃烧残留物的典型特征组分相对峰面积所占比例与汽油的基本一致，不同含量的丁苯橡胶的 C_2 苯的比例与汽油的数值相差较大，因此对 C_2 苯进行单独分析，三种 C_2 苯相对峰面积所占比例如表 3.19 所示。

表 3.18　汽油和不同丁苯橡胶加载汽油特征组分相对峰面积所占比例

编号	组分	1401＋汽油/%	303＋汽油/%	1502＋汽油/%	1205＋汽油/%	1505＋汽油/%	汽油/%
1	C_2 苯	0.2957	0.1782	0.2039	0.3720	0.1491	0.2698
2	C_3 苯	0.3194	0.3381	0.4119	0.3045	0.3824	0.3013
3	C_4 苯	0.2471	0.3324	0.2590	0.2173	0.3213	0.2750
4	萘	0.0418	0.0448	0.0349	0.0171	0.0399	0.0475
5	甲基萘	0.0234	0.0294	0.0204	0.0227	0.0247	0.0377
6	茚满	0.0229	0.0178	0.0177	0.0186	0.0212	0.0130
7	茚	0.0060	0.0039	0.0038	0.0000	0.0018	0.0019
8	甲基茚满	0.0437	0.0555	0.0485	0.0477	0.0596	0.0537

表 3.19　汽油和不同丁苯橡胶加载汽油三种 C_2 苯相对峰面积所占比例

组分	物质	1401＋汽油/%	303＋汽油/%	1502＋汽油/%	1205＋汽油/%	1505＋汽油/%	汽油/%
C_2 苯	乙基苯	0.2085	0.0478	0.0334	0.1523	0.0174	0.0564
	对二甲苯	0.0534	0.0841	0.1142	0.1723	0.0876	0.1632
	邻二甲苯	0.0338	0.0463	0.0563	0.0474	0.0441	0.0502

从表 3.19 中可以看出，当丁苯橡胶加载汽油后，SBR1401、303 和 1502 整体 C_2 苯组分所占比例均有所下降，SBR1205 的整体 C_2 苯组分所占比例增大，丁苯橡胶 1401、303 和 1502 下降的比例比丁苯橡胶 1205 和 1505 下降得多，其中 SBR1401 和 SBR1502 的 C_2 苯所占比例从 0.5 和 0.37 降到 0.3 和 0.2 左右，SBR1505 所占比例基本没变。与表 3.17 的数据相比，当丁苯橡胶加载汽油后，三种 C_2 苯所占比例与汽油燃烧残留物和丁苯橡胶燃烧残留物有明显的差别。对于丁苯橡胶 1401 而言，乙基苯的比例依旧是三种 C_2 苯中占比最高的；丁苯橡胶 303 和 1502 的乙基苯

所占比例有明显的下降，与汽油的相比差值较小；丁苯橡胶 1205 和 1505 的乙基苯的所占比例基本没变。对于对二甲苯与邻二甲苯的比例，可以发现所有样本中的该比例基本均有所增加，且基本比汽油的比例低。

为了更直观地阐述丁苯橡胶加载汽油后与汽油燃烧残留物在相对峰面积比例上的差异，根据表 3.18 和表 3.19 的数据，分别将典型特征组分和三种 C_2 苯相对峰面积含量所占比例绘制成图 3.27(a) 和图 3.27(b)。

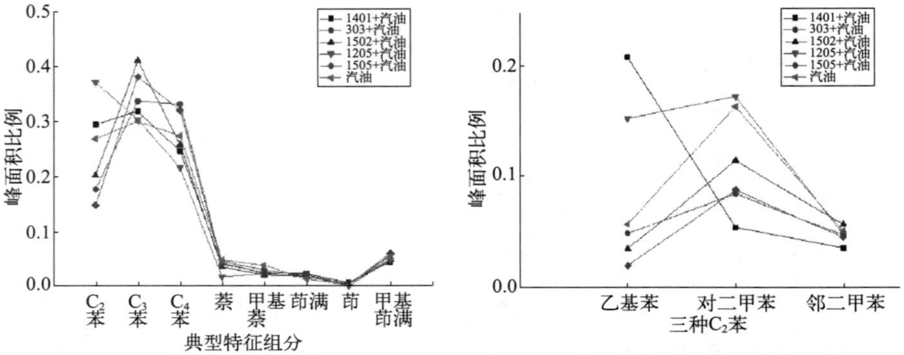

(a) 各样品典型特征组分所占比例　　(b) 各样品三种 C_2 苯所占比例

图 3.27　汽油和不同丁苯橡胶加载汽油各组分所占比例

从图 3.27(a) 中可以看出，五种不同苯乙烯含量的丁苯橡胶加载汽油后各典型特征组分所占比例与汽油燃烧残留物的基本一致，与图 3.26(a) 相比，明显看出，加载汽油后的更有规律性。萘、甲基萘、茚满、茚和甲基茚满的重合度较高；C_2 苯、C_3 苯和 C_4 苯的趋势与汽油的大致相同，其中五种丁苯橡胶加载汽油的 C_2 苯所占比例大多比汽油的低，而 C_3 苯的比例均比汽油的高。从图 3.27(b) 中可以看出，丁苯橡胶 1401、1205 加载汽油的乙基苯比例较高，其余三种丁苯橡胶样品加载汽油的三种 C_2 苯组分所占比例的趋势与汽油的基本一致，且所占比例基本比汽油的低，其中各样品的对二甲苯所占比例差别相对较大。

总的来说，五种不同苯乙烯含量的丁苯橡胶加载汽油后，典型特征组分相对峰面积比例与汽油的基本一致，其中丁苯橡胶 1205 和 1505 基本没变化，对汽油的鉴定造成严重干扰，因此可以探究丁苯橡胶是否具有区别于汽油的特殊组分，从而来区分汽油与丁苯橡胶的差别。

3.5 本章小结

丁苯橡胶 1502、1712、1502E 和丁苯垫中均能检出汽油特征组分，且具备烷基苯、稠环芳烃、多环芳烃和茚满几大类。不同丁苯橡胶虽在合成工艺、制作用途等方面存在差异，但它们的化学成分相同，都是苯乙烯和丁二烯的聚合物，这导致其残留物组分类别和种类也大致相同。大体来看，烷基苯类包含 C_2 苯、C_3 苯、C_4 苯和 C_5 苯，稠环芳烃包含萘、甲基萘和二甲基萘，多环芳烃包含蒽类、菲类、荧蒽和芘，茚满类包含茚、茚满、甲基茚满、二甲基茚满。从类别上，与汽油残留物特征组分基本符合，从特征组分的种类上看，与立即提取的汽油燃烧残留物特征组分存在一定差距，但与 200℃下受热 2min 的汽油残留物特征组分种类基本吻合。丁苯橡胶对火场中提取的汽油燃烧残留物干扰性较大。若鉴定人员仅依靠是否能检出汽油特征组分，无法准确判断火场中的残留物是否为汽油燃烧残留物，在丁苯橡胶燃烧残留物存在的情况下，过度依赖目标化合物可能会导致识别错误。

PB 和 SBS 燃烧残留物组分中均能检出烷基苯、稠环芳烃、多环芳烃和茚满类，且种类丰富，含有的汽油特征组分较为齐全，而 PS 结果与预想差距较大，其虽含有苯环结构，但残留物中几乎不含有汽油的特征组分，仅在烷基苯类组分检出结果中发现 C_2 苯，而所有检出组分中含量最高的为其自身单体结构苯乙烯。SBS 虽与 SBR 不是同一种物质，结构中的苯乙烯含量比 SBR 多，但其化学成分组成与 SBR 相同，都是由苯乙烯和丁二烯聚合而成，故其检出的特征组分也与 SBR 相一致，但苯乙烯的增多并没有给 SBS 带来更大的干扰性，特征组分的种类不如 SBR 丰富，这种结果可能是由丁二烯是干扰原因的关键组分造成的。综上所述，苯乙烯结构较为稳定，对汽油特征组分的检出几乎无干扰，而丁二烯结构更易成环，燃烧反应后产生较多的汽油特征组分，对汽油干扰较大。综上所述，可以得到结论：学者们做出 SBR 燃烧残留物对汽油干扰较大的结果，是由于丁二烯结构的存在。

丁苯橡胶对汽油燃烧残留物的鉴定存在较大干扰，随着丁苯橡胶的苯乙烯含量的降低，检出的烷基苯类组分反而增加，与汽油燃烧残留物极为相似，对汽油鉴定造成严重干扰，丁苯橡胶 1505 最为显著；稠环芳烃类检出萘和甲基萘，与汽油稠环芳烃种类相差甚远，但是却不能作为排除汽油干扰的因素；除了丁苯橡胶 1205 不能检验出茚满类组分，其他含量的丁苯橡胶均能检出，对汽油鉴定造成极大干扰。可以看出不同苯乙烯的含量的丁苯橡胶对汽油鉴定造成不同程度的干扰，苯乙烯含量越低，烷基苯类组分检出种类也随之增加，且与汽油燃烧残留物的种类基本一致，对汽油鉴定有严重干扰。五种不同苯乙烯含量的丁苯橡胶原料加载汽油的燃烧残留物总离子流和提取离子流色谱图与汽油相比，出峰位置极其相似，且存在较多相似的组分，仅在峰高和峰面积上存在差异，能识别出较为丰富的烷基苯组分，尤其需要注意的是 C_3 苯和 C_4 苯的相对含量，当 C_3 苯和 C_4 苯的丰度较高时，说明可能存在汽油残留物，对汽油的鉴定造成了极大的干扰。若仅依靠是否能检出汽油燃烧残留物特征组分，无法准确判断火场中的残留物是否含有汽油燃烧残留物，在丁苯橡胶燃烧残留物存在的情况下，不能过度依赖目标化合物。

第 4 章 典型橡胶制品对汽油鉴定的干扰性

4.1 橡胶垫燃烧产物的干扰组分分析

选择丁苯垫、丁基垫、三元乙丙垫和天然垫四种橡胶垫作为研究对象，其中丁苯橡胶广泛用于轮胎、胶带、胶管、电线电缆、医疗器具及各种橡胶制品的生产等领域；丁基橡胶是合成橡胶的一种，由异丁烯和异戊二烯合成，用于制作各种轮胎的内胎、无内胎轮胎的气密层、各种密封垫圈；三元乙丙橡胶是乙烯、丙烯和非共轭二烯烃的三元共聚物，主要应用于房屋建筑、电线电缆、汽车工业等领域；天然橡胶由橡胶树采集胶乳制成，是异戊二烯的聚合物，但由于其成本过高，市场上的天然垫一般为异戊二烯合成橡胶，其化学成分为合成的异戊二烯。这几种橡胶垫皆为生活用品的重要材料，本章结果也可为汽车轮胎火灾和住宅内卧室火灾中判定是否存在汽油放火情况的鉴定提供借鉴。

4.1.1 橡胶垫燃烧残留物特征组分分析

对丁苯垫、丁基垫、三元乙丙垫和天然垫四种橡胶垫燃烧残留物进行谱图分析，得到总离子流图如图 4.1 所示。

从图 4.1 中可以看出，丁苯垫、丁基垫、三元乙丙垫和天然垫四种橡胶垫总离子流图趋势和出峰时间大体上相似，都依次检出烷烃类、烷基苯类、稠环芳烃类、多环芳烃类和茚满类等汽油特征组分，出峰较为密集，出峰时间集中在 10min 后，所有橡胶垫总离子流色谱图的基线在 10min 后出现上飘的现象，具体情况还应进一步利用提取离子流图分析。

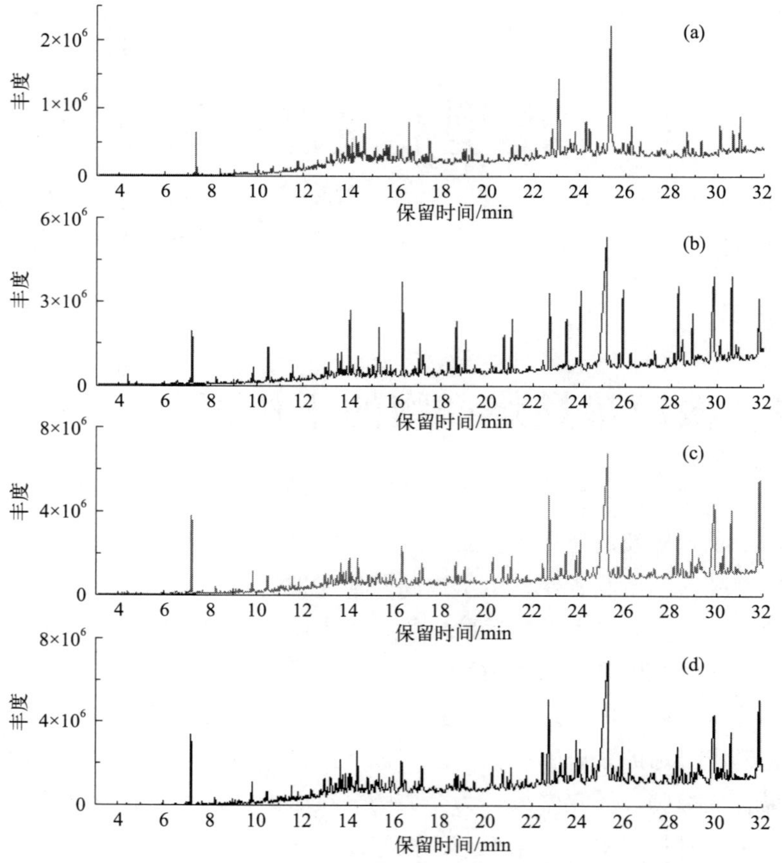

图 4.1　橡胶制品燃烧残留物的总离子流色谱图

(a) 丁苯垫；(b) 丁基垫；(c) 三元乙丙垫；(d) 天然垫

结合 GB/T 18294.5—2010 及 ASTM E1618—2014，对燃烧残留物的样品分别进行烷烃类（m/z=43，57，71，85，99）、烷基苯类（m/z=91，92，105，106，119，120，134）、稠环芳烃类（m/z=128，142，156，170，184）、多环芳烃类（m/z=166，178，192，202，206）及茚满类（m/z=116，117，118，131，132）物质的提取，得到提取离子流色谱图，然后对各特征组分进行分析。

（1）烷烃类组分的分析　将烷烃类（m/z=43，57，71，85，99）进行提取，所得到的四种橡胶垫燃烧残留物烷烃类组分的提取离子流图，如图 4.2 所示。

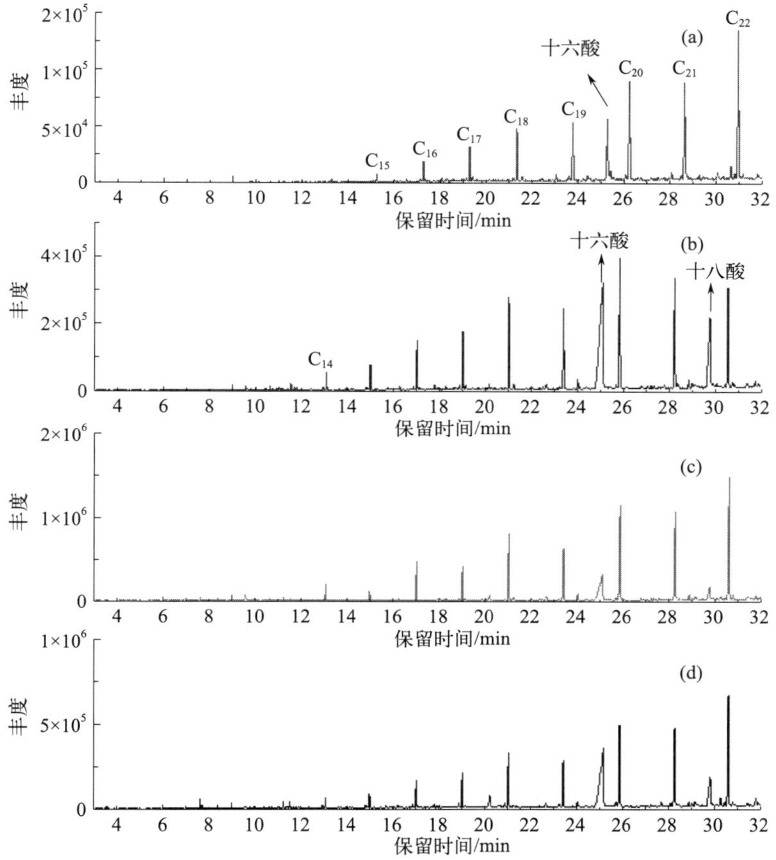

图 4.2　橡胶制品燃烧残留物的烷烃类提取离子流色谱图

（a）丁苯垫；（b）丁基垫；（c）三元乙丙垫；（d）天然垫

根据图 4.2 可以看出丁苯垫、丁基垫、三元乙丙垫和天然垫四种橡胶垫燃烧残留物烷烃类组分提取情况，四种橡胶垫出峰时间基本在 12min 后，出峰比较密集，间隔有明显规律，均检出直链烷烃类组分，呈现典型三联峰现象，烷烃类组分多为 C_{14} 以上的长直链烷烃，这是因为橡胶垫在燃烧时产生的热量较小，不足以破坏长直链烷烃的共价键，导致检出的短直链烷烃类组分较少。四种橡胶垫的烷烃类提取离子流色谱图基本一致，与汽油燃烧残留物烷烃类提取离子流色谱图相比存在差异。四种橡胶垫燃烧残留物在保留时间 25min 左右识别出十六酸，且丁基垫、三元乙丙垫和天然垫燃烧残留物在保留时间 29.8min 识别出十八酸组分。

将四种橡胶垫燃烧残留物烷烃类组分的具体类别和种类进行总结，结果如表 4.1 所示。四种橡胶垫均识别出多种长直链烷烃类组分。因此，烷烃类组分仅能作为鉴别橡胶制品与汽油燃烧残留物的参考物质，不能作为鉴定两者的关键组分。

表 4.1　四种橡胶垫燃烧残留物的烷烃类特征组分

橡胶垫种类	特征组分	种类
丁苯垫	C_{15}、C_{16}、C_{17}、C_{18}、C_{19}、C_{20}、C_{21}、C_{22}	8
丁基垫	C_{14}、C_{15}、C_{16}、C_{17}、C_{18}、C_{19}、C_{20}、C_{21}、C_{22}	9
三元乙丙垫	C_{14}、C_{15}、C_{16}、C_{17}、C_{18}、C_{19}、C_{20}、C_{21}、C_{22}	9
天然垫	C_{14}、C_{15}、C_{16}、C_{17}、C_{18}、C_{19}、C_{20}、C_{21}、C_{22}	9

（2）烷基苯类组分的分析　将烷基苯类组分（m/z＝91，92，105，106，119，120，134）进行提取，所得到的四种橡胶垫燃烧残留物烷基苯类组分的提取离子流图，如图 4.3 所示。

根据图 4.3 可得到四种橡胶垫燃烧残留物烷基苯类组分的提取情况，四种橡胶垫的烷基苯也出现了提取离子流图近乎相同的现象，燃烧残留物中含有的汽油燃烧残留物的烷基苯类特征组分类别是完全相同的，保留时间集中在 4～10min，依次检出 C_2 苯、C_3 苯、C_4 苯和 C_5 苯，且出峰时间也是大致相同的，对汽油残留物中烷基苯类的检出均有干扰性。

（3）稠环芳烃组分的分析　对稠环芳烃类组分进行提取，得到四种橡胶垫燃烧残留物稠环芳烃类的提取离子流图，如图 4.4 所示。

由图 4.4 可知，四种橡胶垫的提取离子流图几乎完全相同，燃烧残留物中含有的汽油燃烧残留物的稠环芳烃类特征组分类别是完全相同的，保留时间集中在 8～16min，依次检出萘、甲基萘、二甲基萘和三甲基萘，保留时间也完全一致，这与烷基苯的提取情况相同，其中丁苯垫未识别出三甲基萘组分。从特征组分的组分类别来看，四种橡胶垫均对汽油的稠环芳烃类的认定存在极大干扰。

（4）多环芳烃组分的分析　通过对总离子流图中的多环芳烃类组分分别提取，得到四种橡胶垫燃烧残留物多环芳烃类的提取离子流图，如图 4.5 所示。

根据图 4.5 可得到四种橡胶垫燃烧残留物多环芳烃类组分的提取情况，四种橡胶垫的提取离子流图也几乎完全相同，燃烧残留物中含有的汽

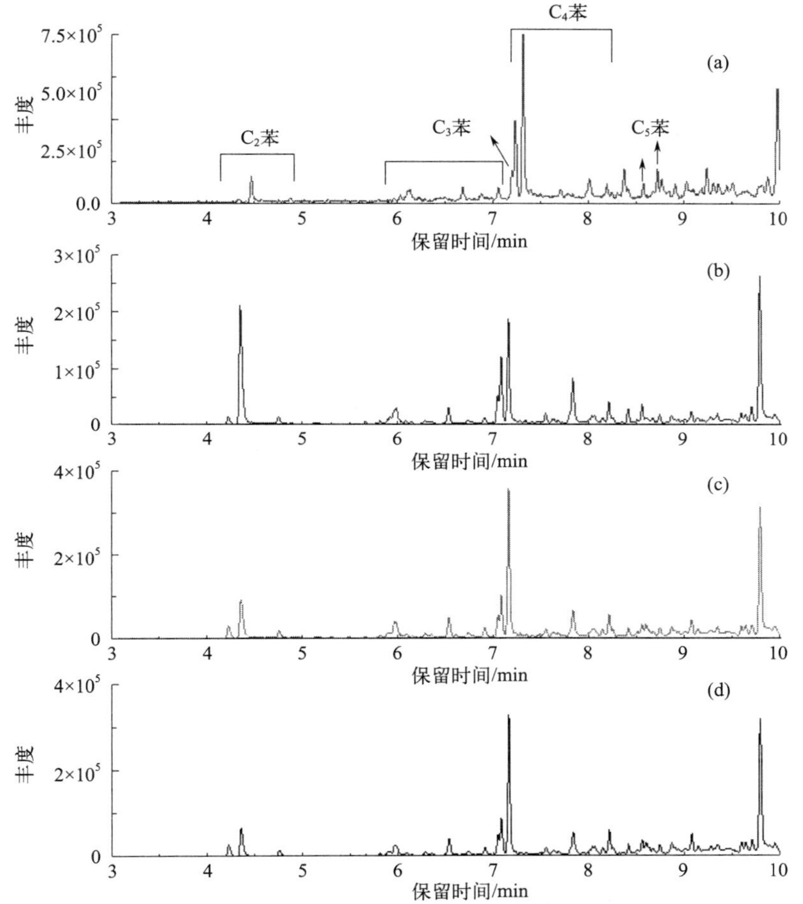

图 4.3　橡胶制品燃烧残留物的烷基苯类提取离子流色谱图

(a) 丁苯垫；(b) 丁基垫；(c) 三元乙丙垫；(d) 天然垫

油燃烧残留物的多环芳烃类特征组分类别是完全相同的，保留时间集中在16～32min，均检出芴、蒽、菲、甲基菲、荧蒽和芘特征组分，保留时间也完全一致。在保留时间 16.5min，四种橡胶垫均识别出 2,5-二叔丁基酚，该组分是橡胶制品制造中的防老剂、抗氧剂和稳定剂。从特征组分的组分类别来看，四种橡胶垫均对汽油的多环芳烃类的认定存在极大干扰。

(5) 茚满类组分分析　通过对总离子流图中的茚满类组分分别提取，得到四种橡胶垫燃烧残留物茚满类的提取离子流图，如图 4.6 所示。

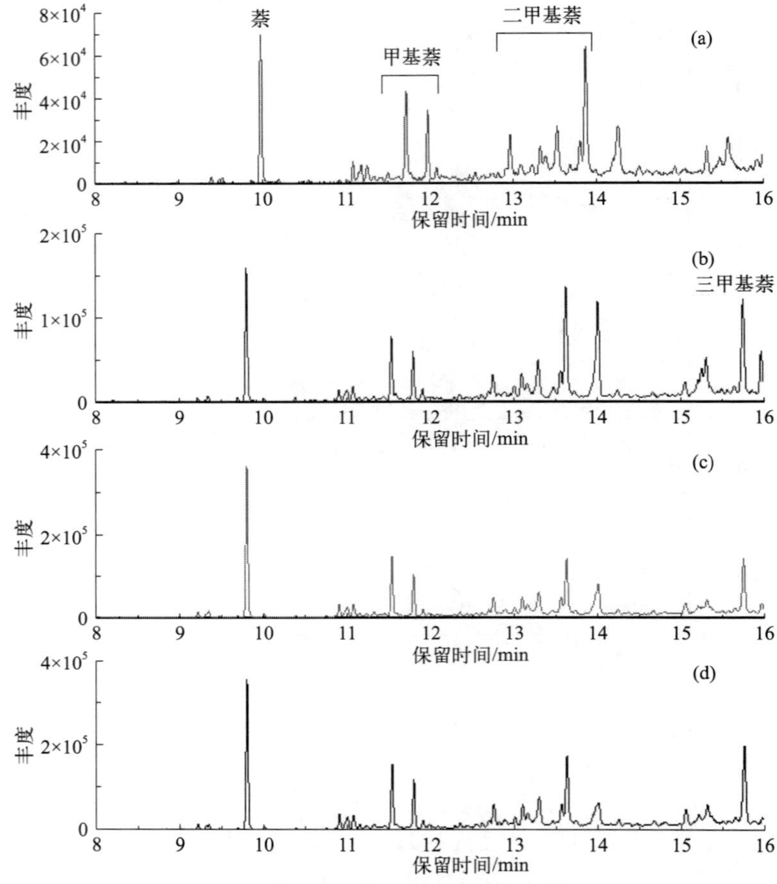

图 4.4 二烯类橡胶制品燃烧残留物的稠环芳烃类提取离子流色谱图

(a) 丁苯垫；(b) 丁基垫；(c) 三元乙丙垫；(d) 天然垫

根据图 4.6 可得到四种橡胶垫燃烧残留物茚满类组分的提取情况，四种橡胶垫燃烧残留物均检出茚满类，保留时间集中在 7～11min，特征组分种类以及保留时间完全一致，均为茚、甲基茚和二甲基茚满，在保留时间 8.2min 左右时，识别出相对丰度较高的组分：2,4-二甲基苯乙烯。从特征组分的组分类别来看，对汽油残留物中茚满类的检出存在严重干扰。

丁苯垫、丁基垫、三元乙丙垫和天然垫四种橡胶垫的特征组分的提取离子流图都很一致，且都具有烷烃类（多为长直链烷烃）、烷基苯类（C_2

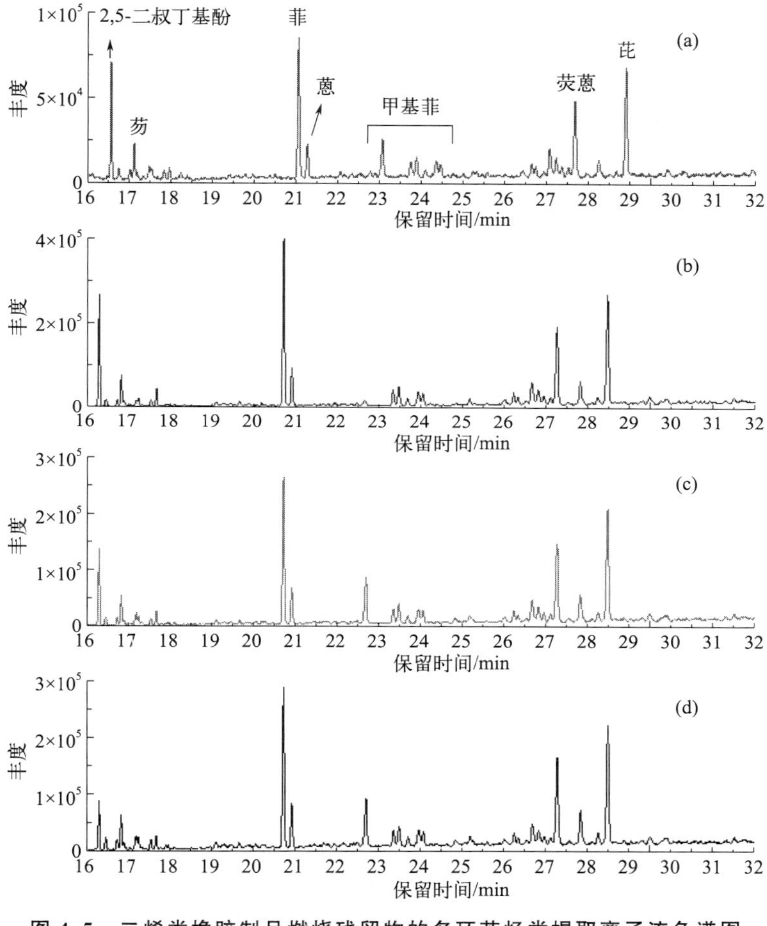

图 4.5　二烯类橡胶制品燃烧残留物的多环芳烃类提取离子流色谱图

（a）丁苯垫；（b）丁基垫；（c）三元乙丙垫；（d）天然垫

苯、C_3 苯、C_4 苯、C_5 苯）、稠环芳烃类（萘、甲基萘、二甲基萘、三甲基萘）、多环芳烃类（芴、蒽、菲、甲基菲、荧蒽、芘）、茚满类（茚、甲基茚、二甲基茚满），保留时间也完全相同，对汽油鉴定的干扰性极大，这个结果印证了导致橡胶对汽油燃烧残留物的鉴定影响极大的是成分中的二烯结构，因此，不难得出结论：橡胶制品中不仅是丁苯橡胶在火场中对汽油鉴定的干扰性极大，易引起误判，所有二烯类橡胶制品都会产生这样的干扰效果。

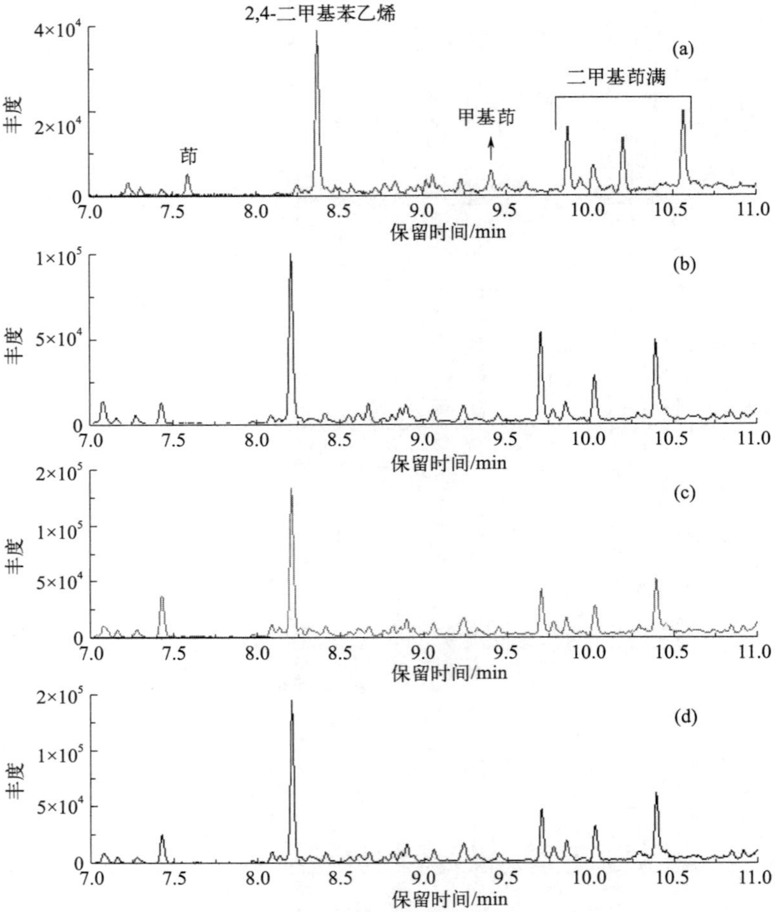

图 4.6　二烯类橡胶制品燃烧残留物的茚满类提取离子流色谱图

（a）丁苯垫；（b）丁基垫；（c）三元乙丙垫；（d）天然垫

4.1.2　橡胶制品加载汽油燃烧残留物特征组分分析

对丁苯垫、丁基垫、三元乙丙垫和天然垫四种橡胶垫加载汽油燃烧残留物总离子流色谱图进行分析，得到的总离子流图如图 4.7 所示。

从图 4.7 中可以看出，四种橡胶垫加载汽油的总离子流图趋势和出峰时间大体相同，前 12min 出峰较为密集，多为烷基苯和稠环芳烃类组分，20min 后多为多环芳烃类组分，总离子流色谱图像是汽油与橡胶垫的结

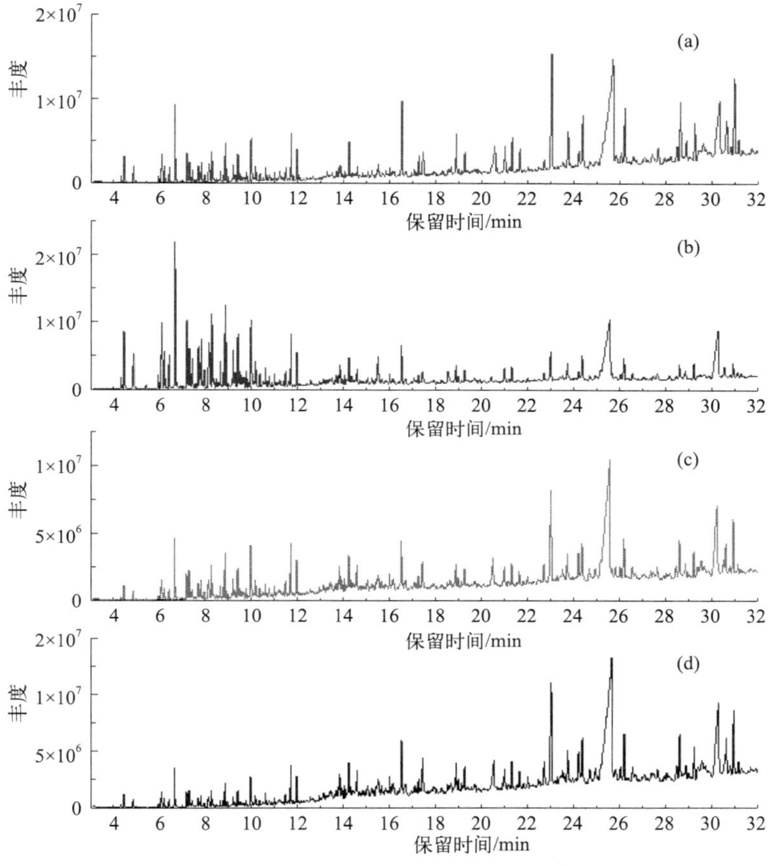

图 4.7　橡胶制品加载汽油燃烧残留物的总离子流色谱图

(a) 丁苯垫；(b) 丁基垫；(c) 三元乙丙垫；(d) 天然垫

合，具体情况还应进一步利用提取离子流图分析。

结合 GB/T 18294.5—2010 及 ASTM E 1618—2014，对四种橡胶垫加载汽油燃烧残留物分别进行烷烃类（m/z=43，57，71，85，99）、烷基苯（m/z=91，92，105，106，119，120，134）、稠环芳烃类（m/z=128，142，156，170，184）、多环芳烃（m/z=166，178，192，202，206）及茚满类（m/z=116，117，118，131，132）物质的提取，得到提取离子流图，然后进行特征组分分析。

（1）烷烃类组分的分析　将烷烃类组分（m/z=43，57，71，85，99）进行提取，所得到的四种橡胶垫加载汽油燃烧残留物烷烃组分的提取离子流图，如图 4.8 所示。

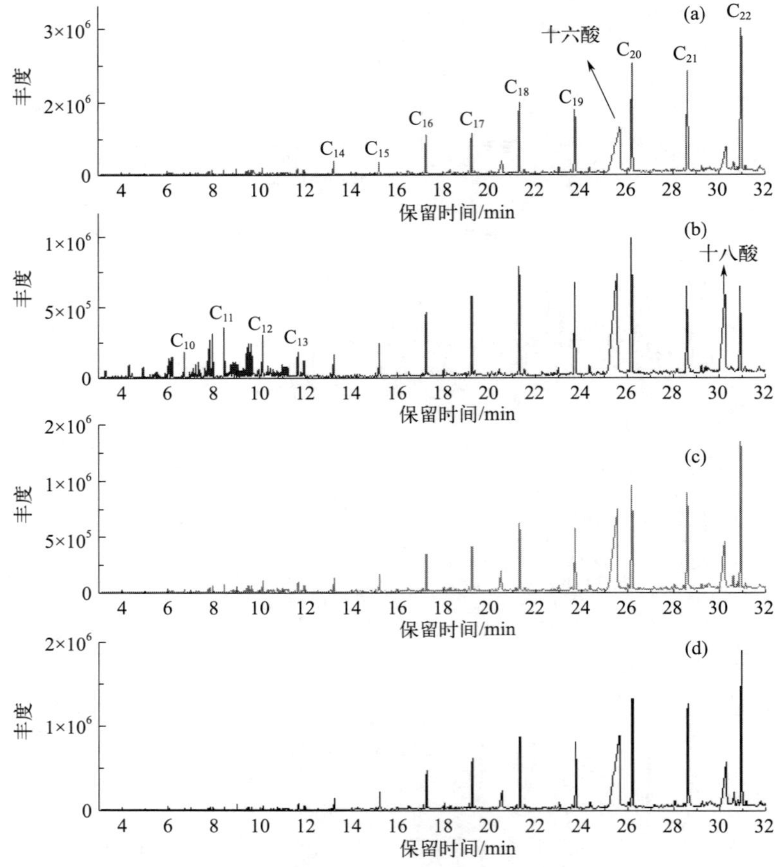

图 4.8　橡胶制品加载汽油燃烧残留物的烷烃类提取离子流色谱图

（a）丁苯垫；（b）丁基垫；（c）三元乙丙垫；（d）天然垫

根据图 4.8 可以看出四种橡胶垫加载汽油烷烃类组分的提取离子流情况，四种橡胶垫燃烧残留物谱图中烷烃出峰大多在 14min 之后，且各峰间隔均匀，呈“三联峰”特征，主要对应的是 C_{14} 及以上直链烷烃；其中丁基垫加载汽油燃烧残留物在全时段均有出峰，12min 之前出峰较为密集，间隔无明显规律，多为 C_{13} 以下的短直链烷烃；与汽油标准谱图相比，橡胶垫加载汽油燃烧残留物的烷烃类谱图中出峰时间明显延后，且以长链烷烃为主。

（2）烷基苯组分的分析　将烷基苯组分（$m/z=91$，92，105，106，

119，120，134）进行提取，所得到的四种橡胶垫加载汽油燃烧残留物烷基苯类组分的提取离子流图，如图 4.9 所示。

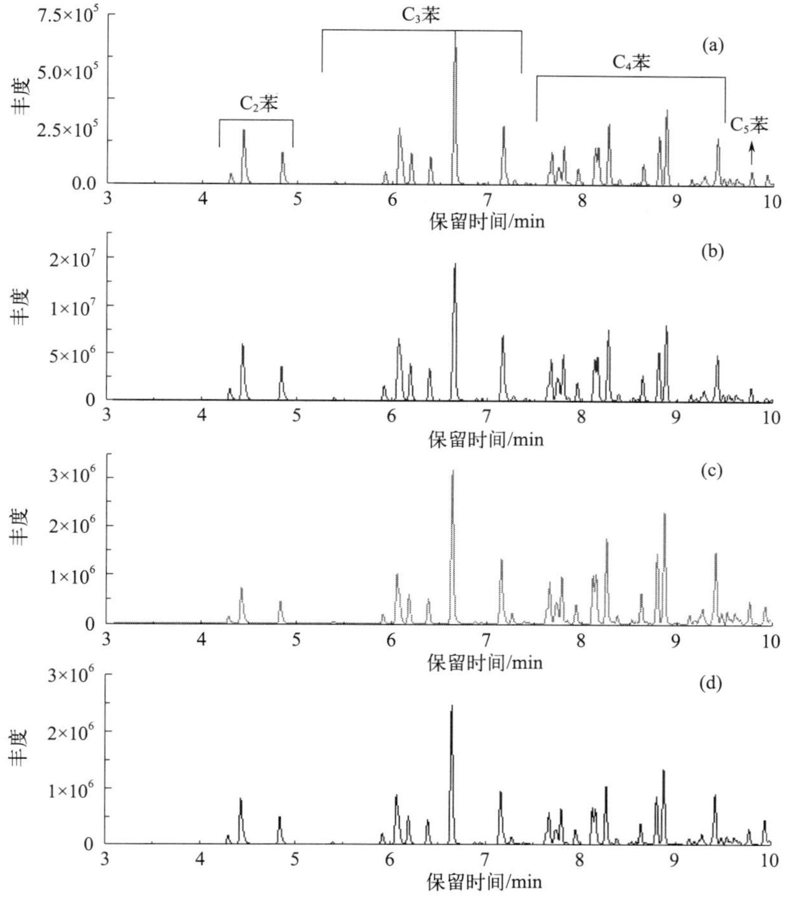

图 4.9　橡胶制品加载汽油燃烧残留物的烷基苯类提取离子流色谱图

（a）丁苯垫；（b）丁基垫；（c）三元乙丙垫；（d）天然垫

根据图 4.9 可得到四种橡胶垫加载汽油燃烧残留物烷基苯类组分的提取情况，四种橡胶垫加载汽油的烷基苯提取离子流图近乎相同，保留时间集中在 4～10min，均检出 C_2 苯、C_3 苯、C_4 苯和 C_5 苯，保留时间也完全一致，其中 C_2 苯的相对含量较低，主要以 C_3 苯和 C_4 苯居多，且含有少量的 C_5 苯。其与汽油燃烧残留物的烷基苯提取离子流图极为相似，且特征组分类别是完全相同的，对汽油的鉴定造成严重的干扰。

（3）稠环芳烃类组分的分析　将稠环芳烃类（m/z＝128，142，156，170，184）进行提取，所得到的四种橡胶垫加载汽油燃烧残留物稠环芳烃类组分的提取离子流图，如图4.10所示。

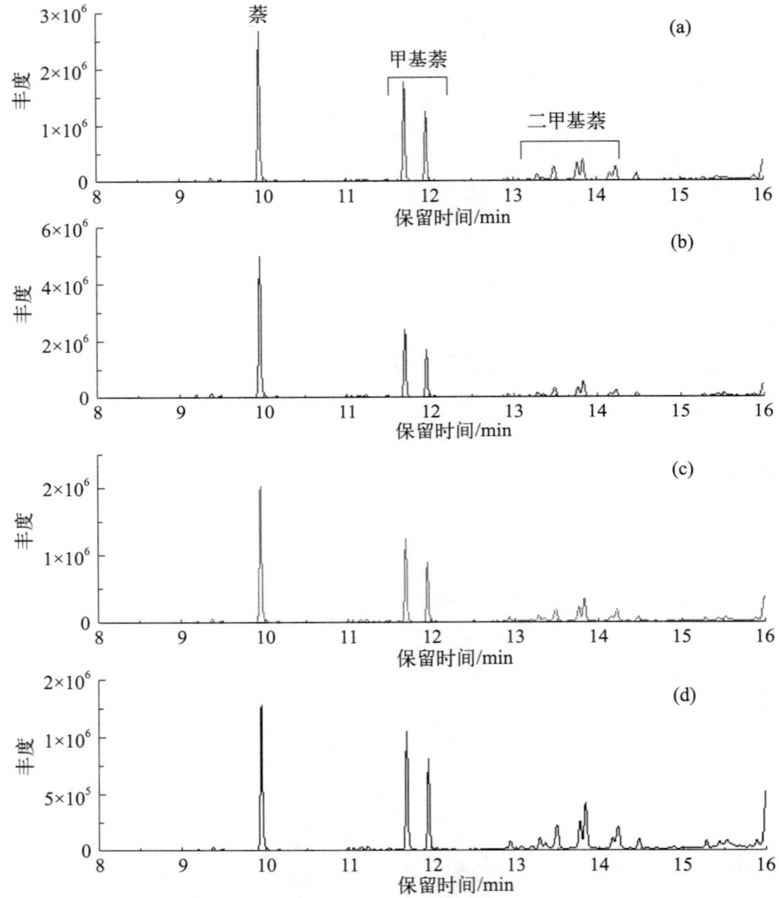

图4.10　橡胶制品加载汽油燃烧残留物的稠环芳烃类提取离子流色谱图

（a）丁苯垫；（b）丁基垫；（c）三元乙丙垫；（d）天然垫

根据图4.10可得到四种橡胶垫加载汽油燃烧残留物稠环芳烃类组分的提取情况，四种橡胶垫加载汽油的提取离子流图近乎相同，燃烧残留物中含有的汽油燃烧残留物的稠环芳烃类特征组分类别是完全相同的，保留时间集中在9～15min。四种二烯类橡胶垫均检出萘、甲基萘和二甲基萘，保留时间也完全一致。由此可见，从特征组分的组分类别来看，四种橡胶垫均对汽油的稠环芳烃类的认定存在极大干扰。

（4）多环芳烃类组分的分析　将多环芳烃类（m/z=166，178，192，202，206）进行提取，所得到的四种橡胶垫加载汽油燃烧残留物多环芳烃类组分的提取离子流图，如图 4.11 所示。

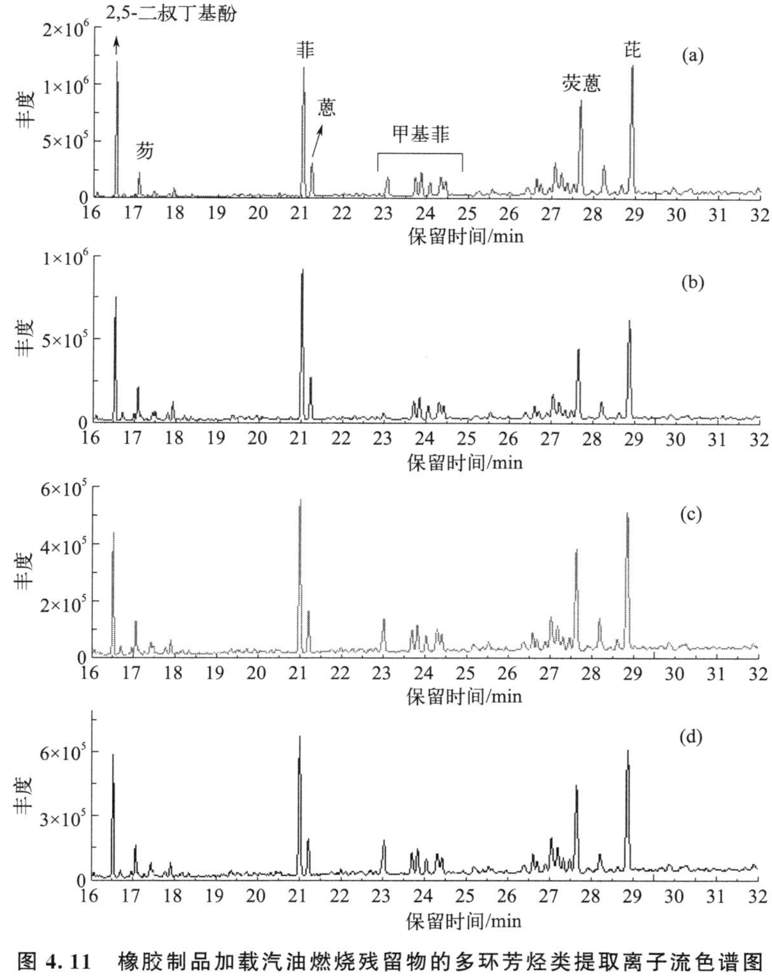

图 4.11　橡胶制品加载汽油燃烧残留物的多环芳烃类提取离子流色谱图

（a）丁苯垫；（b）丁基垫；（c）三元乙丙垫；（d）天然垫

根据图 4.11 可得四种橡胶垫加载汽油燃烧残留物多环芳烃类组分的提取情况，四种橡胶垫加载汽油燃烧残留物均检出多环芳烃类，保留时间集中在 16～30min，且特征组分种类以及保留时间完全一致，均依次检出芴、菲、蒽、甲基菲、荧蒽和芘。加载汽油燃烧后，也在保留时间16.5min时检出2,5-二叔丁基酚。总的来说，四种橡胶垫加载汽油燃烧残留物对汽油残留物中多环芳烃类的检出存在干扰。

（5）茚满类组分的分析　将茚满类（$m/z=116$，117，118，131，132）进行提取，所得到的四种橡胶垫加载汽油燃烧残留物茚满类组分的提取离子流图，如图4.12所示。

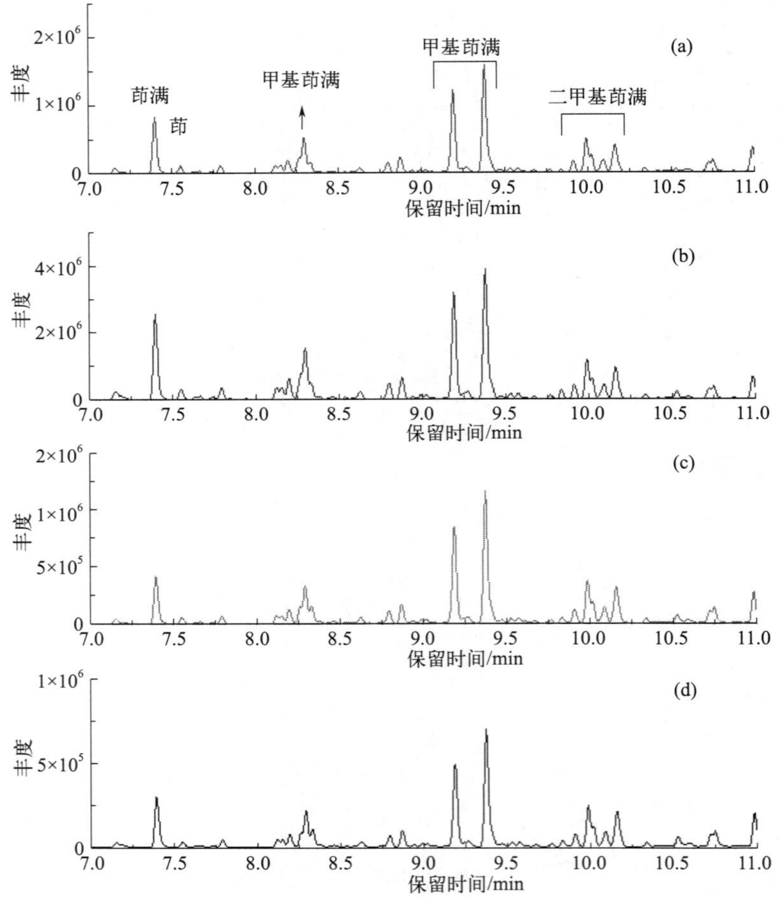

图4.12　橡胶制品加载汽油燃烧残留物的茚满类提取离子流色谱图

（a）丁苯垫；（b）丁基垫；（c）三元乙丙垫；（d）天然垫

根据图4.12可得到四种橡胶垫加载汽油燃烧残留物茚满类组分的提取情况，四种橡胶垫加载汽油燃烧残留物均检出茚满类组分，保留时间集中在 7～11min，且特征组分种类以及保留时间完全一致，均依次检出茚满、茚、甲基茚和二甲基茚，与汽油的茚满类特征组分种类吻合，四种橡胶垫加载汽油对汽油鉴定均造成严重干扰。

综上所述，四种橡胶垫加载汽油燃烧残留特征组分的提取离子流图都很一致，且都具有烷烃类、烷基苯类、稠环芳烃类、多环芳烃类和茚满类，保留时间也完全相同，与汽油燃烧残留物相比，出峰位置极其相似，且存在较多相似的组分，仅在峰高和峰面积上存在差异，能识别出较为丰富的烷基苯组分，尤其需要注意的是 C_3 苯和 C_4 苯的相对含量，当 C_3 苯和 C_4 苯的丰度较高时，说明可能存在汽油残留物。若仅依靠是否能检出汽油燃烧残留物特征组分，无法准确判断火场中的残留物是否含有汽油燃烧残留物，不能过度依赖目标化合物。

4.2　轮胎对汽油鉴定的干扰性

汽油是放火案件中最常见的助燃剂之一。助燃剂的鉴定在放火案件的认定过程中占有举足轻重的地位。因此，有关提高汽油鉴定准确性的相关研究在近年来被广泛关注。其中，基质对汽油鉴定的干扰是研究的热点。汽车轮胎作为一种典型的橡胶类产品，在燃烧过程中会产生大量干扰汽油鉴定的特征物质。为了探究轮胎品牌与提取部位的不同是否会给汽油鉴定带来不同程度的干扰，本章以 92＃汽油为研究对象，采用气相色谱-质谱技术对汽油、轮胎样品以及轮胎与汽油混合物样品进行定性分析。实验结果显示，轮胎在单独燃烧时产生的烷基苯、稠环芳烃以及茚满类物质易对汽油鉴定产生较大的干扰。轮胎和汽油的残留物可通过对苯二胺或 C_{11} 以上的直链烷烃、C_1 茚烷相对峰面积比以及 C_2 萘、C_3 萘和 C_4 苯的物质种类进行较好的区分。此外，汽油以轮胎为载体发生燃烧时其总离子流图和多环芳烃提取离子流图较易因轮胎的存在而发生改变。燃烧残留物可依据 C_8～C_{11} 烷烃相对峰面积和 4,7-二甲基茚烷的保留时间确定是否含有汽油。通过比较不难发现，胎面产生的烷基苯类特征组分比胎侧更多，胎侧更容易使汽油的稠环芳烃提取离子流图发生改变。轮胎品牌对汽油鉴定影响的差异体现在鉴定过程中所检测到的特征物质种类有所不同。本章中一系列实验数据与结论可为实际汽车火灾鉴定工作提供实验支撑，为汽车火灾案件的定性与认定提供一定的参考价值。

4.2.1 总离子流图分析

汽油、轮胎以及轮胎和汽油混合物燃烧后的总离子流图如图 4.13 所示。从总离子流图的谱图形状上来看，尽管汽油的谱图与轮胎单独燃烧的谱图差异性较大、较好区分，但轮胎与汽油混合物的谱图与汽油的谱图存在较大差异，因此可以判断轮胎的存在会给汽油鉴定带来较大的干扰。

通过检索标准质谱检索库可知，对于汽油，出峰时间主要集中于 5～10min 及 20～35min。其中在 4～9min 可检测到 C_2 苯～C_5 苯等烷基苯类物质，从 13～35min，可检测到多种包括萘、甲基萘、芴、菲、荧蒽等一系列的稠环与多环芳烃类物质。轮胎样品除米其林胎面样品出峰时间分布较为均匀以外，其他含橡胶轮胎燃烧残留物的谱图出峰时间可以大致分为两个时间区段，即 4～7min 以及 25min 以后，且大部分出峰集中在 25min 以后。对应的总离子流图基本上都可在 4～8min 检测到 C_2 苯～C_4 苯等一系列烷基苯类物质，从第 23min 起，可检测到 C_{23}～C_{28} 等一系列的直链

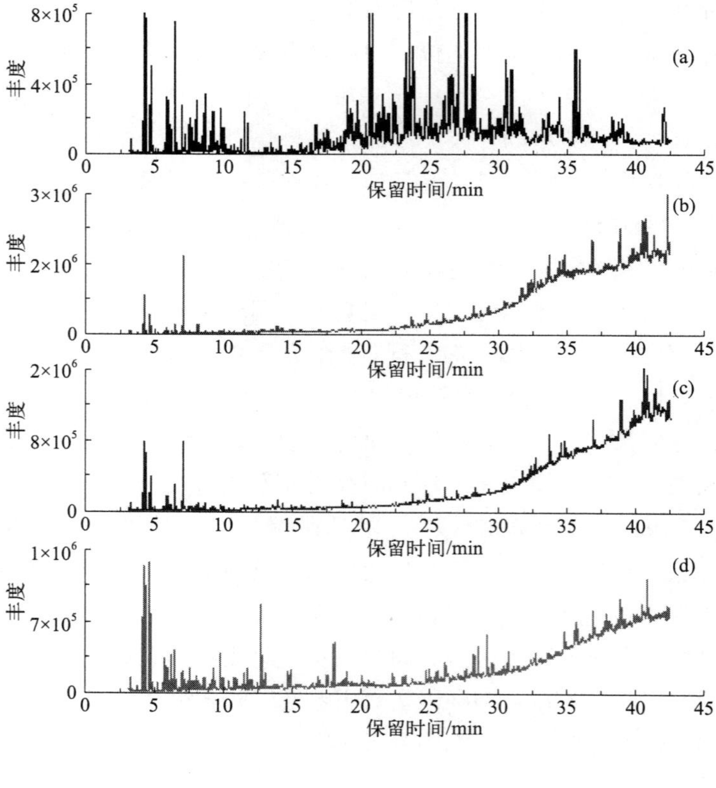

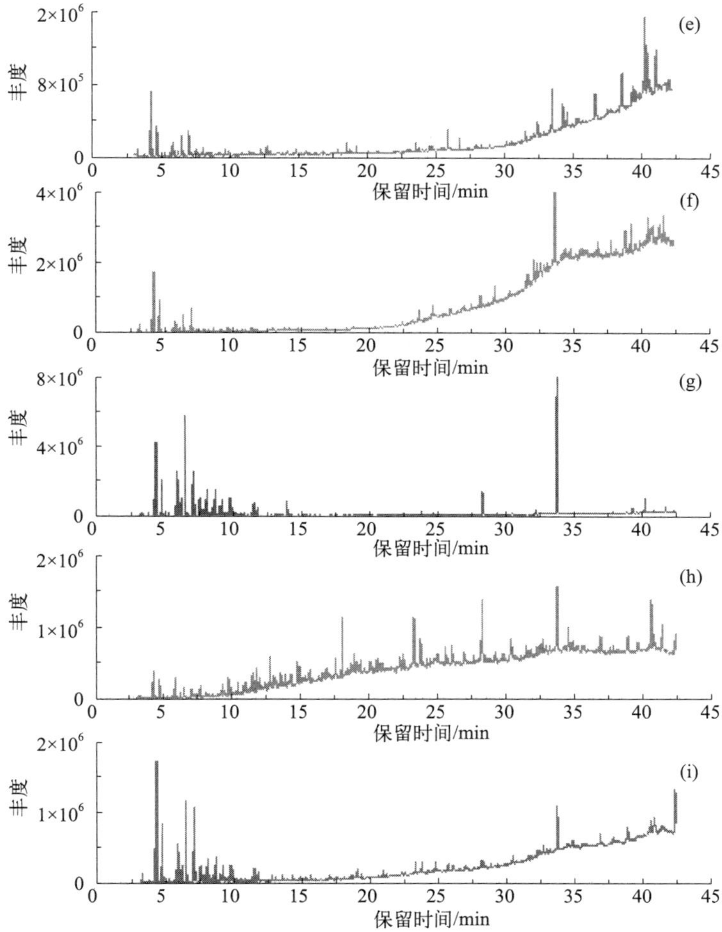

图 4.13　汽油、轮胎、轮胎与汽油混合物的燃烧残留物总离子流图

(a) 汽油；(b) 锦湖胎侧；(c) 锦湖胎侧＋1mL 汽油；(d) 锦湖胎面；(e) 锦湖胎面＋1mL 汽油；(f) 米其林胎侧；(g) 米其林胎侧＋1mL 汽油；(h) 米其林胎面；(i) 米其林胎面＋1mL 汽油

烷烃类重组分。除米其林胎面以外，其他轮胎与汽油混合燃烧残留物的总离子流图反而与载体单独燃烧的谱图更为接近。值得一提的是，两种品牌轮胎的胎面和胎侧样品在添加汽油前后均可在第 33.672min 左右检测到 *N*-(1,3-二甲基丁基)-*N′*-苯基对苯二胺（以下简称 6PPD）。查阅资料可知，6PPD 是一种合成橡胶和天然橡胶常用的抗臭氧剂和抗氧剂，能够对臭氧龟裂和屈挠疲劳起到优良的防护作用。

综合上述分析，可得到以下结论：首先，轮胎的存在会使得汽油的总离子流图发生较大的改变，给鉴定带来较大的干扰；其次，含轮胎的样品与汽油样品在总离子流图中可检测到的物质种类最大的区别就在于轮胎组仅可以检测到烷基苯和含碳量较高的直链烷烃，而汽油组能检测到含碳量较低的烷基苯、茚满、稠环芳烃及多环芳烃等多种物质；最后，6PPD作为轮胎产品的特殊组分，可用于鉴别残留物中是否有轮胎参与燃烧。

4.2.2 烷基苯提取离子流图

图4.14为从各样品总离子流图中提取的烷基苯提取离子流图（m/z：91，92，105，106，119，120，134）。分析图4.14中汽油标准谱图不难发现，汽油燃烧残留物中可提取到的烷基苯特征组分主要包括C_2苯、C_3苯以及C_4苯。其中，C_2苯、C_3苯和C_4苯峰相对峰面积比接近于8∶9∶1。

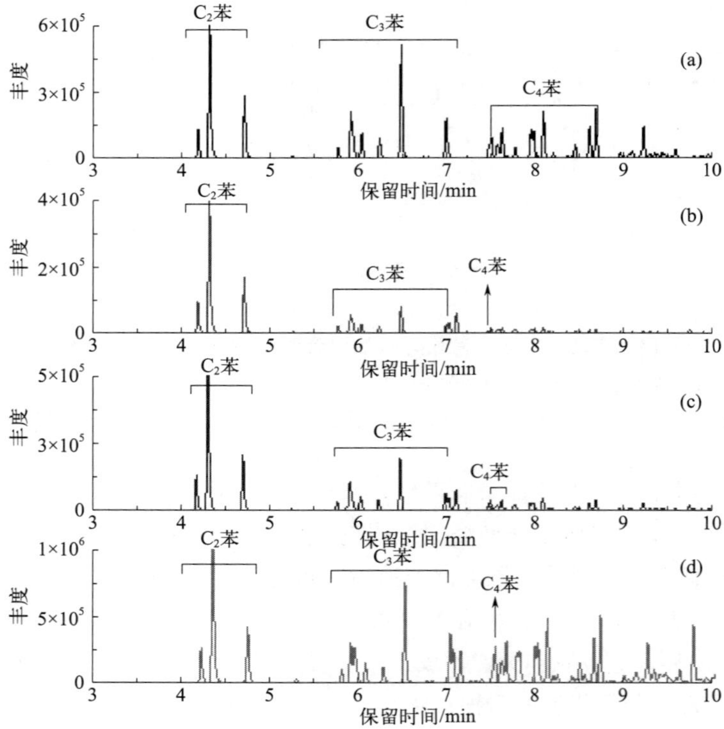

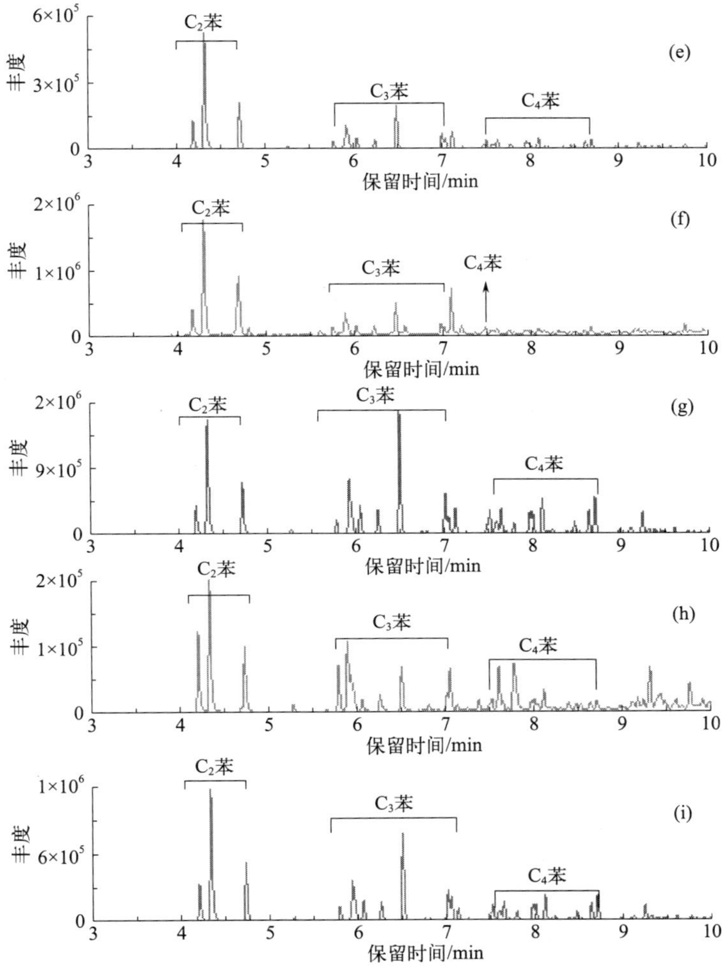

图 4.14　汽油、轮胎、轮胎与汽油混合物燃烧残留物的烷基苯提取离子流图

(a) 汽油；(b) 锦湖胎侧；(c) 锦湖胎侧＋1mL 汽油；(d) 锦湖胎面；(e) 锦湖胎面＋1mL 汽油；(f) 米其林胎侧；(g) 米其林胎侧＋1mL 汽油；(h) 米其林胎面；(i) 米其林胎面＋1mL 汽油

(1) 轮胎单独燃烧残留物的烷基苯提取离子流图分析　从轮胎单独燃烧残留物的烷基苯提取离子流图中可以看出，锦湖胎面对应的烷基苯提取离子流图与汽油的谱图更为接近，C_2 苯、C_3 苯和 C_4 苯的相对峰面积比例同样也接近于 8∶9∶1，而锦湖胎侧和米其林胎侧 C_2 苯、C_3 苯和 C_4 苯的峰面积比例约为 6∶2∶1，米其林胎面对应的占比接近于 9∶6∶1。因此，胎面与胎侧比，胎面峰面积比例与汽油更接近，带来的干扰更大；

在两种胎面中，锦湖胎面带来的干扰性更大。从可检测到的物质种类来看，基本每一种在汽油中可检测到的 C_2 苯均可在每组轮胎样品中相同的保留时间处检测到。故推断轮胎在燃烧过程中生成的 C_2 苯会对汽油的鉴定产生较大的干扰。而对于 C_3 苯和 C_4 苯，轮胎燃烧残留物中检测到的 C_4 苯类物质明显少于汽油残留物中 C_4 苯物质。不同轮胎的不同部位在燃烧过程中可产生的与汽油标准样品相重合的 C_3 苯和 C_4 苯在种类上均有所不同。例如，在锦湖胎面中检测到的 1-甲基-4-丙基苯以及在米其林胎面中检测到的 1-甲基-2-丙基苯从种类上与汽油残留物重合，而锦湖胎侧和米其林胎侧中虽然可检测到 C_4 苯，但其种类并不与汽油残留物重合。从物质出峰时间上来看，各种轮胎样品 C_4 苯类物质出峰与汽油相比均有明显的提前。具体在各类样品中检测到的物质种类与对应的保留时间如表 4.2 所示。

表 4.2　轮胎与汽油燃烧残留物中烷基苯类特征产物及对应保留时间

<table>
<tr><th rowspan="2">特征化合物种类</th><th rowspan="2">特征化合物</th><th rowspan="2">化学式</th><th rowspan="2">m/z</th><th colspan="5">保留时间/min</th></tr>
<tr><th>锦湖胎面</th><th>锦湖胎侧</th><th>米其林胎面</th><th>米其林胎侧</th><th>92#汽油</th></tr>
<tr><td rowspan="3">C_2 苯</td><td>对二甲苯</td><td rowspan="3">C_8H_{10}</td><td rowspan="3">106</td><td colspan="5">4.220</td></tr>
<tr><td>间二甲苯</td><td colspan="5">4.352</td></tr>
<tr><td>邻二甲苯</td><td colspan="5">4.741</td></tr>
<tr><td rowspan="7">C_3 苯</td><td>丙基苯</td><td rowspan="7">C_9H_{12}</td><td rowspan="7">120</td><td>5.874</td><td>5.755</td><td colspan="3">5.811</td></tr>
<tr><td>邻乙基甲苯</td><td colspan="5">5.918</td></tr>
<tr><td>间乙基甲苯</td><td colspan="2">6.424</td><td>—</td><td>6.244</td><td>6.242</td></tr>
<tr><td>对乙基甲苯</td><td colspan="4">5.958</td><td>—</td></tr>
<tr><td>1,2,3-三甲基苯</td><td colspan="4">6.526</td><td>—</td></tr>
<tr><td>1,2,4-三甲基苯</td><td>—</td><td>6.486</td><td>—</td><td>—</td><td>6.560</td></tr>
<tr><td>均三甲苯</td><td colspan="4">7.003</td><td>7.000</td></tr>
<tr><td rowspan="6">C_4 苯</td><td>1-甲基-2-丙基苯</td><td rowspan="6">$C_{10}H_{14}$</td><td rowspan="6">134</td><td>—</td><td>—</td><td>7.545</td><td>—</td><td>7.631</td></tr>
<tr><td>1-甲基-3-丙基苯</td><td>—</td><td>—</td><td>—</td><td>7.504</td><td>—</td></tr>
<tr><td>1-甲基-4-丙基苯</td><td>7.568</td><td>—</td><td>—</td><td>—</td><td>9.673</td></tr>
<tr><td>丁苯</td><td>—</td><td>7.630</td><td>—</td><td>—</td><td>—</td></tr>
<tr><td>1,2-二甲基-4-乙基苯</td><td>—</td><td>—</td><td>—</td><td>—</td><td>8.174</td></tr>
<tr><td>1,2,4,5-四甲基苯</td><td>—</td><td>—</td><td>—</td><td>—</td><td>8.786</td></tr>
</table>

（2）轮胎与汽油混合燃烧残留物的烷基苯提取离子流图分析　从可检测到的物质来看，当轮胎与汽油混合发生燃烧后仅有 C_2 苯类物质种类和出峰时间未发生改变，而 C_3 苯和 C_4 苯物质种类和保留时间都与轮胎单独燃烧时的谱图出现了一定程度的差异，C_4 苯种类明显增多，尤其是米其林胎面在与汽油混合燃烧后能检测到的 C_4 苯类物质与汽油燃烧残留物的重复性更高。因此可以推断 C_4 苯物质种类的增多很有可能是汽油的燃烧所造成的，故可依据 C_4 苯的种类判断轮胎残留物中是否有汽油参与燃烧。从物质保留时间来看，几种在单独燃烧残留物中可检测到的物质在添加汽油后出峰时间明显延后，与汽油残留物中对应物质的保留时间更为接近。在锦湖轮胎和米其林轮胎与汽油混合物燃烧残留物中可检测到的烷基苯类物质如表 4.3 所示。

表 4.3　轮胎与汽油混合物燃烧残留物中烷基苯类特征产物及对应保留时间

<table>
<tr><th rowspan="2">特征化合物种类</th><th rowspan="2">特征化合物</th><th rowspan="2">化学式</th><th rowspan="2">m/z</th><th colspan="5">保留时间/min</th></tr>
<tr><th>锦湖胎面＋1mL汽油</th><th>锦湖胎侧＋1mL汽油</th><th>米其林胎面＋1mL汽油</th><th>米其林胎侧＋1mL汽油</th><th>92#汽油</th></tr>
<tr><td rowspan="3">C_2 苯</td><td>对二甲苯</td><td rowspan="3">C_8H_{10}</td><td rowspan="3">106</td><td colspan="5">4.220</td></tr>
<tr><td>间二甲苯</td><td colspan="5">4.352</td></tr>
<tr><td>邻二甲苯</td><td colspan="5">4.741</td></tr>
<tr><td rowspan="7">C_3 苯</td><td>丙基苯</td><td rowspan="7">C_9H_{12}</td><td rowspan="7">120</td><td colspan="5">5.811</td></tr>
<tr><td>邻乙基甲苯</td><td colspan="2">5.971</td><td>—</td><td>—</td><td>5.971</td></tr>
<tr><td>间乙基甲苯</td><td>—</td><td>—</td><td>—</td><td>5.965</td><td>7.562</td></tr>
<tr><td>对乙基甲苯</td><td>—</td><td>—</td><td>5.977</td><td>5.954</td><td>—</td></tr>
<tr><td>1,2,3-三甲基苯</td><td>6.247</td><td>—</td><td>—</td><td>—</td><td>—</td></tr>
<tr><td>1,2,4-三甲基苯</td><td>—</td><td colspan="2">6.560</td><td>6.532</td><td>6.560</td></tr>
<tr><td>均三甲苯</td><td colspan="4">7.003</td><td>7.000</td></tr>
<tr><td rowspan="8">C_4 苯</td><td>1-甲基-2-丙基苯</td><td rowspan="8">$C_{10}H_{14}$</td><td rowspan="8">134</td><td>—</td><td colspan="3">7.634</td><td>7.631</td></tr>
<tr><td>1-甲基-3-丙基苯</td><td colspan="5">7.545</td></tr>
<tr><td>1-甲基-4-丙基苯</td><td>—</td><td>—</td><td>8.140</td><td>—</td><td>9.673</td></tr>
<tr><td>丁苯</td><td>7.631</td><td>—</td><td>—</td><td>—</td><td>—</td></tr>
<tr><td>1,3-二甲基-2-乙基苯</td><td>—</td><td>—</td><td>—</td><td>—</td><td>8.277</td></tr>
<tr><td>1,3-二甲基-4-乙基苯</td><td>—</td><td>—</td><td>8.031</td><td>—</td><td>—</td></tr>
<tr><td>1,2-二甲基-4-乙基苯</td><td>—</td><td>—</td><td>8.172</td><td>—</td><td>8.174</td></tr>
<tr><td>1,2,4,5-四甲基苯</td><td>8.712</td><td>—</td><td colspan="2">8.766</td><td>8.786</td></tr>
</table>

综合上述分析可知，轮胎在燃烧的过程中可产生 C_2 苯、C_3 苯和 C_4 苯等组分对汽油鉴定产生干扰。胎面燃烧残留物与汽油组分重合更大。由于轮胎品牌不同、提取部位不同，C_3 苯和 C_4 苯物质种类和出峰时间均有所区别。故此，轮胎残留物和汽油残留物可通过 C_3 苯和 C_4 苯的种类进行区分，但不同轮胎品牌和不同部位所依据的特征物质种类会有所区别。

4.2.3 稠环芳烃提取离子流图

图 4.15 为在各样品中提取到的稠环芳烃（m/z：128，142，156，170，184）离子流图。在汽油标准样品中检测到的稠环芳烃主要为萘、C_1 萘、C_2 萘和 C_3 萘。其中萘和 C_1 萘的相对丰度较高，C_2 萘和 C_3 萘的相对丰度较低。

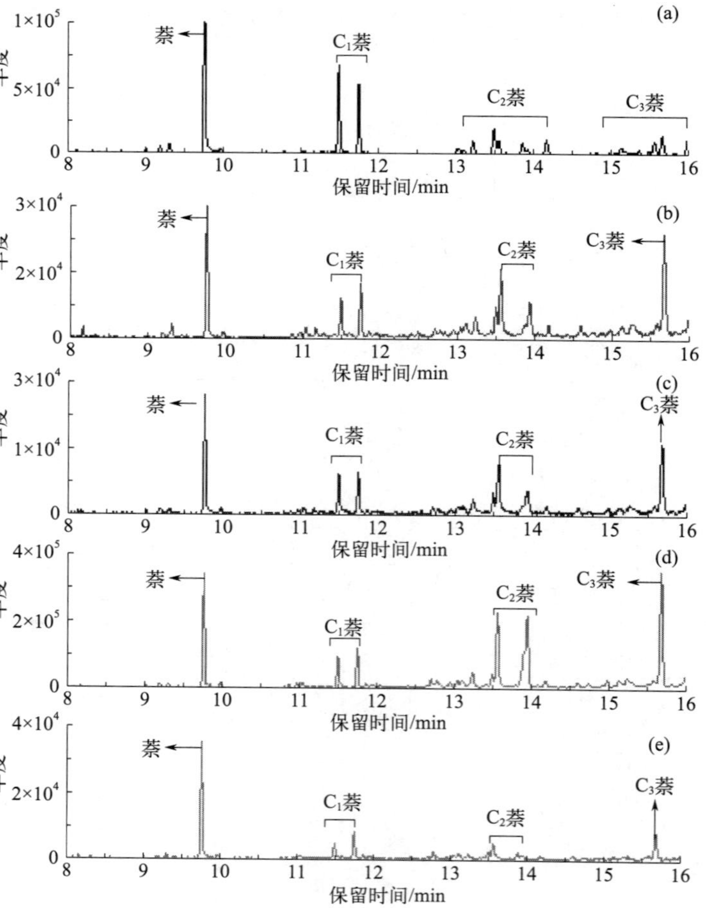

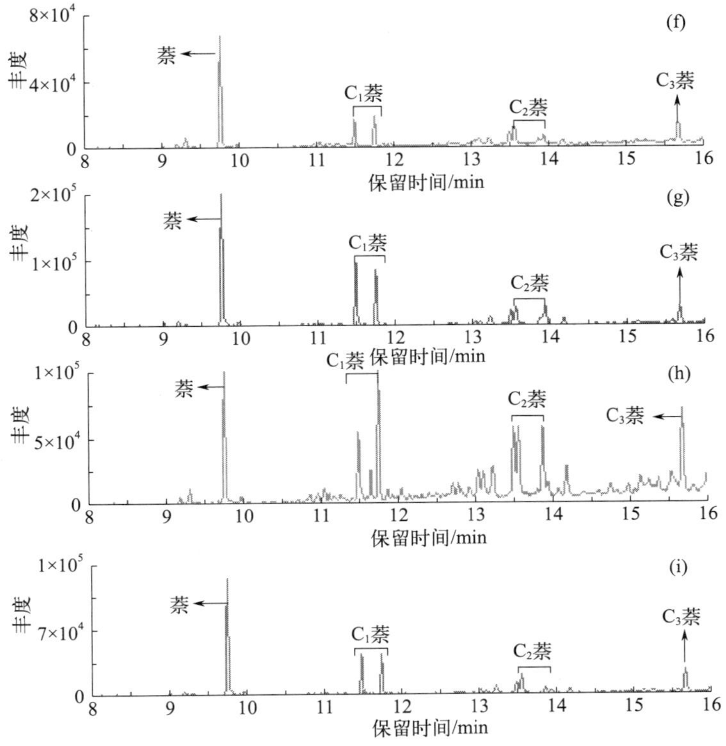

图 4.15　汽油、轮胎、轮胎与汽油混合物燃烧残留物的稠环芳烃提取离子流图

(a) 汽油；(b) 锦湖胎侧；(c) 锦湖胎侧＋1mL 汽油；(d) 锦湖胎面；(e) 锦湖胎面＋1mL 汽油；(f) 米其林胎侧；(g) 米其林胎侧＋1mL 汽油；(h) 米其林胎面；(i) 米其林胎面＋1mL 汽油

在含有轮胎燃烧残留物的实验组及汽油空白组中检测到的稠环芳烃类物质如表 4.4 所示。将谱图与表格结合分析可知，基本上每个实验组样品均可提取到萘、C_1 萘、C_2 萘和 C_3 萘等物质且对应的保留时间均一致。因此轮胎品牌与轮胎部位的不同不会造成燃烧后提取到的稠环芳烃类物质的不同，但由于胎侧的两组样品在添加汽油后各组分的相对峰面积比例与载体单独燃烧时更为接近，因此胎侧更容易使汽油的稠环芳烃提取离子流图发生改变。轮胎单独燃烧残留物的谱图与汽油空白组的谱图比较接近，但最主要的区别体现在实验组的 C_2 萘和 C_3 萘两类物质种类明显少于空白组且物质种类重合性不大，因此，汽油与轮胎的残留物可通过 C_2 萘和 C_3 萘的物质种类进行区分。在添加汽油后，轮胎与汽油混合物的样品谱图基本上与载体单独燃烧的谱图相近。

表 4.4　实验组与空白组燃烧残留物稠环芳烃类特征产物及对应保留时间

特征化合物种类	特征化合物	化学式	m/z	保留时间/min	
				实验组	空白组
萘		$C_{10}H_8$	128	9.605	9.753
C_1 萘	2-甲基萘	$C_{11}H_{10}$	142	11.492	11.544
	1-甲基萘			11.751	11.792
C_2 萘	1,5-二甲基萘	$C_{12}H_{12}$	156	—	13.221
	2,7-二甲基萘			13.494	13.864
	2,6-二甲基萘			—	13.553
	2,3-二甲基萘			13.560	14.173
C_3 萘	1,6,7-三甲基萘	$C_{13}H_{14}$	170	15.750	—
	1,4,6-三甲基萘			—	15.584
	2,3,6-三甲基萘			—	15.676

4.2.4　茚满提取离子流图

图 4.16 为在各样品中提取到的茚满（m/z：116，117，118，131，

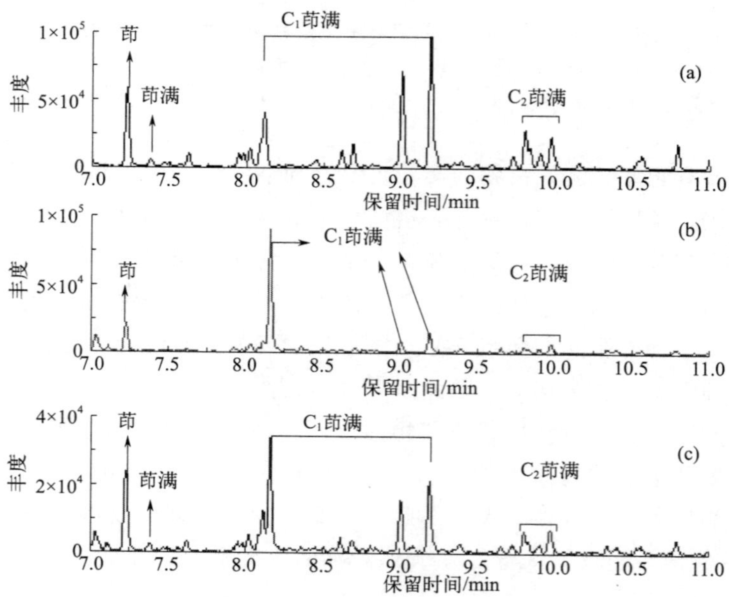

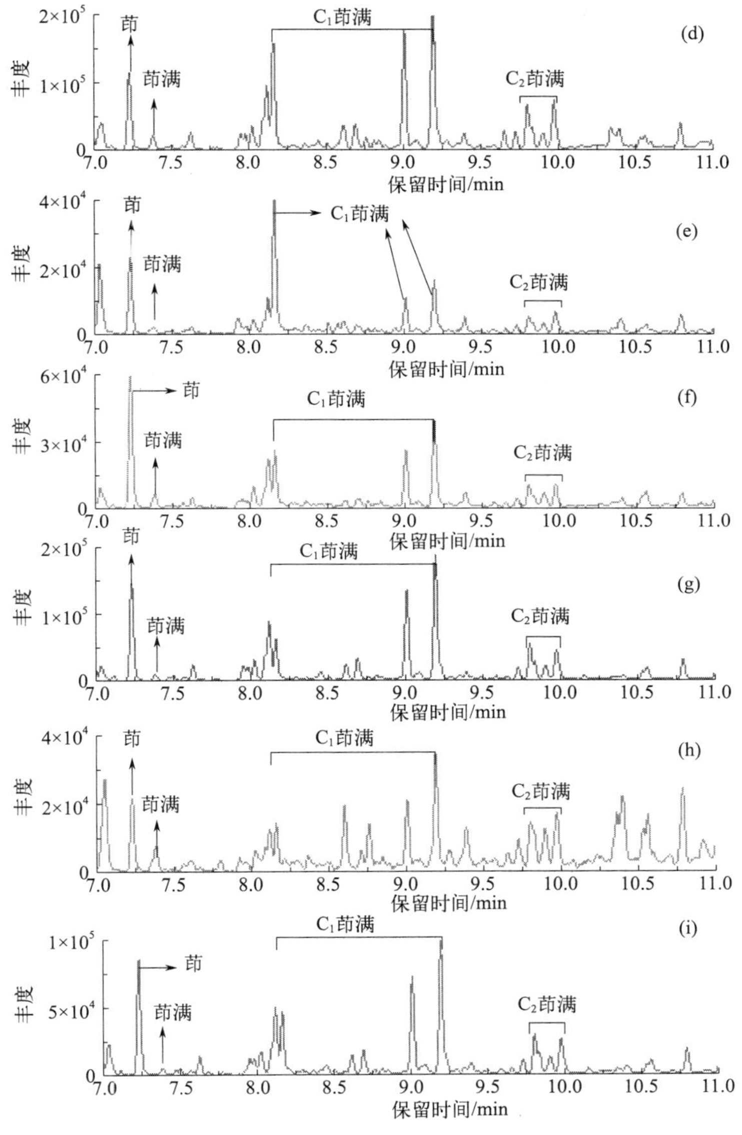

图 4.16 汽油、轮胎、轮胎与汽油混合物燃烧残留物的茚满提取离子流图

(a) 汽油；(b) 锦湖胎侧；(c) 锦湖胎侧＋1mL 汽油；(d) 锦湖胎面；(e) 锦湖胎面＋1mL 汽油；(f) 米其林胎侧；(g) 米其林胎侧＋1mL 汽油；(h) 米其林胎面；(i) 米其林胎面＋1mL 汽油

132）离子流图。在汽油标准样品中检测到的茚满类物质种类较多，主要包括茚、茚满、C_1 茚满和 C_2 茚满。

（1）轮胎单独燃烧残留物的茚满类物质提取离子流图分析　从物质种类上来看，常用来鉴定汽油的茚、5-甲基茚满、4-甲基茚满和4,7-二甲基茚满等物质同样可在轮胎燃烧残留物中检测到，因此不能仅依据物质种类将二者进行区分。除4,7-二甲基茚满外，其他三种特征物质的保留时间与汽油残留物的对应的保留时间较为接近。轮胎残留物中4,7-二甲基茚满在第9.979min可被检测到，而汽油中4,7-二甲基茚满可在第10.798min检测到。锦湖轮胎燃烧残留物茚满提取离子流图与汽油残留物最大的区别体现在甲基茚满类物质的相对峰面积上：汽油残留物中的甲基茚满类组分中5-甲基茚满相对峰面积远超过1-甲基茚满，4-甲基茚满次之；而在锦湖轮胎残留物中，5-甲基茚满和4-甲基茚满相对峰面积接近甚至远小于1-甲基茚满。米其林轮胎的两组燃烧残留物出峰谱图与汽油残留物更为接近。在轮胎单独燃烧残留物中可检测到的茚满类物质及其对应时间具体如表4.5所示。

表 4.5　轮胎残留物与汽油残留物茚满类特征产物及对应保留时间

<table>
<tr><th rowspan="2">特征化合物种类</th><th rowspan="2">特征化合物</th><th rowspan="2">化学式</th><th rowspan="2">m/z</th><th colspan="5">保留时间/min</th></tr>
<tr><th>锦湖胎面</th><th>锦湖胎侧</th><th>米其林胎面</th><th>米其林胎侧</th><th>92#汽油</th></tr>
<tr><td colspan="2">茚</td><td>C_9H_8</td><td>116</td><td colspan="4">7.235</td><td>7.321</td></tr>
<tr><td colspan="2">茚满</td><td>C_9H_{10}</td><td>118</td><td>7.388</td><td>—</td><td colspan="2">7.388</td><td>7.453</td></tr>
<tr><td rowspan="3">C_1 茚满</td><td>1-甲基茚满</td><td rowspan="3">$C_{10}H_{12}$</td><td rowspan="3">132</td><td colspan="5">8.123</td></tr>
<tr><td>4-甲基茚满</td><td colspan="5">9.013</td></tr>
<tr><td>5-甲基茚满</td><td colspan="4">9.198</td><td>9.196</td></tr>
<tr><td rowspan="2">C_2 茚满</td><td>1,2-二甲基茚满</td><td rowspan="2">$C_{11}H_{14}$</td><td>146</td><td colspan="4">9.809</td><td>9.979</td></tr>
<tr><td>4,7-二甲基茚满</td><td>117</td><td colspan="4">9.979</td><td>10.798</td></tr>
</table>

（2）轮胎与汽油混合燃烧残留物的茚满类物质提取离子流图分析　从谱图来看，以轮胎为载体的汽油发生燃烧后其茚满类提取离子流图与汽油空白组的相差较大，有的甚至与载体本身发生燃烧的谱图更为接近。含有汽油的样品与不含汽油的样品相比，最主要的区别体现在4,7-二甲基茚满的出峰时间从第9.979min推后至第10.800min，明显更接近于汽油空白样品组的出峰时间。因此，以4,7-二甲基茚满的出峰时间判断轮胎样品中是否含有汽油。在轮胎与汽油混合燃烧残留物中可检测到的茚满类物

质及其对应时间具体如表 4.6 所示。

表 4.6　轮胎与汽油混合物燃烧残留物的茚满芳烃类特征产物及对应保留时间

<table>
<tr><th rowspan="2">特征化合物种类</th><th rowspan="2">特征化合物</th><th rowspan="2">化学式</th><th rowspan="2">m/z</th><th colspan="5">保留时间/min</th></tr>
<tr><th>锦湖胎面＋1mL汽油</th><th>锦湖胎侧＋1mL汽油</th><th>米其林胎面＋1mL汽油</th><th>米其林胎侧＋1mL汽油</th><th>92＃汽油</th></tr>
<tr><td colspan="2">茚</td><td>C_9H_8</td><td>116</td><td colspan="4">7.235</td><td>7.321</td></tr>
<tr><td colspan="2">茚满</td><td>C_9H_{10}</td><td>118</td><td colspan="4">7.386</td><td>7.453</td></tr>
<tr><td rowspan="3">C_1 茚满</td><td>1-甲基茚满</td><td rowspan="3">$C_{10}H_{12}$</td><td rowspan="3">132</td><td colspan="5">8.123</td></tr>
<tr><td>4-甲基茚满</td><td colspan="4">9.015</td><td>9.013</td></tr>
<tr><td>5-甲基茚满</td><td colspan="4">9.200</td><td>9.196</td></tr>
<tr><td rowspan="2">C_2 茚满</td><td>1,2-二甲基茚满</td><td rowspan="2">$C_{11}H_{14}$</td><td>131</td><td colspan="4">9.811</td><td>9.979</td></tr>
<tr><td>4,7-二甲基茚满</td><td>117</td><td colspan="4">10.800</td><td>10.798</td></tr>
</table>

4.3　本章小结

综合上述分析可知，探讨了含苯乙烯和二烯类结构的橡胶制品对汽油鉴定的干扰。选择四种橡胶垫——丁苯垫、丁基垫、三元乙丙垫和天然垫，深入探讨了化学成分不同的橡胶制品对汽油鉴定的干扰，对四种橡胶垫燃烧残留物进行 GC-MS 分析，比较了橡胶垫与汽油燃烧残留物组分的相同和不同之处；同时探究加载汽油时，四种橡胶垫燃烧残留物组分是否存在改变。在丁苯垫、丁基垫、三元乙丙垫和天然垫燃烧残留物中，均检测到了烷烃、烷基苯、稠环芳烃、多环芳烃和茚满类组分，特征组分的种类和保留时间与汽油的基本一致，其中含丁二烯结构多的橡胶能识别出较多的特征组分，如丁基橡胶垫，对汽油的认定造成的干扰较强，因此，含二烯类结构的橡胶制品对汽油鉴定干扰有关联性，二烯类结构的有机物越多，则生成含苯环类的物质也越多，对汽油鉴定造成的影响也越强。

实验结果表明，分子结构中含有二烯类结构的橡胶制品也会对汽油鉴别造成干扰，且化学成分会影响干扰程度。研究结果很好地支持了汽油燃烧残留物干扰性与其化学成分的关联性。通过实验分析后可知，橡胶制品均会对汽油燃烧残留物的鉴定产生干扰，为进一步对橡胶和汽油燃烧残留物进行区分，发现这几种橡胶共同的特征组分，即 2,5-二叔丁基酚，可作为区分橡胶制品与汽油的特殊组分。轮胎样品在单独燃烧的过程中可产生多种干扰汽油鉴定的茚满类物质。然而，轮胎样品和汽油样品的茚满类提取离子流图可根据 C_1 茚满类物质的出峰面积比例进行较好的区分。尽管轮胎的参与会导致汽油谱图发生较大的改变，但可通过 4,7-二甲基茚满的出峰时间来判别载体中是否含有汽油。

同时本文将橡胶对火场助燃剂鉴定的干扰研究进一步具体到实际橡胶产品——轮胎对汽油检验鉴定的影响。实验结果对实际的汽车放火案件的鉴定工作更具有实践参考价值。结合具体实验数据与分析结论，具体可得出以下结论：

① 锦湖和米其林轮胎燃烧残留物可产生烷基苯、稠环芳烃以及茚满类物质对汽油鉴定产生干扰。轮胎与汽油燃烧残留物可依据是否存在 C_{11} 以上的直链烷烃或对苯二胺，C_1 茚满相对峰面积比以及 C_2 萘、C_3 萘和 C_4 苯的物质种类进行辨别。

② 轮胎作为底物时，汽油的总离子流图和多环芳烃提取离子流图较易发生改变。通过 C_8～C_{11} 烷烃相对峰面积、4,7-二甲基茚满的出峰时间可确定汽油的存在性。此外，米其林轮胎还可通过多环芳烃提取离子流图中是否存在甲基菲来确定汽油存在与否。

③ 提取部位对汽油鉴定影响的不同主要体现在胎面燃烧产生的烷基苯类物质与汽油重合性更大，而胎侧更容易使汽油的稠环芳烃提取离子流图发生改变。轮胎品牌对汽油鉴定影响的差异体现在鉴定过程中所检测到的特征物质种类有所不同。

在涉及轮胎参与燃烧的汽油放火案件鉴定的过程中，不能仅依靠是否存在特征产物来简单判断送检样品中是否含有汽油。同时，由于不同品牌、不同部位的轮胎样品对各类提取离子流图的干扰性都有所不同，汽车放火案件的助燃剂鉴定结论不能依据针对特定品牌轮胎特定提取部位的实验结果同一而论。

第 5 章 干扰性官能团的溯源研究

基于第 3 章和第 4 章结果发现，丁苯橡胶会对汽油鉴定造成严重干扰，由于丁苯橡胶是由苯乙烯和丁二烯构成的共聚物，且苯乙烯含量较少时造成的干扰强，其中苯乙烯含量为 9.5%的 SBR1505 造成的干扰最强，因此猜测，丁二烯才是造成严重干扰的结构，含二烯类结构的橡胶都会对汽油鉴定的结果造成较大干扰。针对此类猜想，展开本章研究和讨论。

本章将选择市面上常见的五种含二烯结构的橡胶原料，分别为天然、聚异戊二烯、丁基、三元乙丙和顺丁橡胶原料，其中天然橡胶是从橡胶树采集制成的一种“天然”的高分子物质，主要成分为异戊二烯，是应用最广的通用橡胶；聚异戊二烯橡胶是由异戊二烯聚合而成的“人造”高分子化合物，分子结构和天然橡胶类似，主要用于制造轮胎、鞋靴等工业制品；丁基橡胶由异丁烯和少量异戊二烯聚合而成，主要用于生产轮胎的内胎、密封垫圈等；三元乙丙橡胶是乙烯、丙烯和少量的非共轭二烯烃的共聚物，主要用于汽车部件、建筑用防水材料、电线电缆护套等领域；顺丁橡胶由丁二烯聚合而成，主要用于制造汽车轮胎、耐寒制品和缓冲材料[47-50]。上述五种橡胶原料均由一种或多种二烯类物质构成，下文将从化学成分的角度出发，验证二烯类橡胶原料是否会对汽油鉴定造成干扰，并探究化学成分与干扰性的关联性，总结化学成分影响汽油鉴定干扰性的规律。

5.1 二烯类橡胶原料对火场汽油鉴定的干扰性

对天然、聚异戊二烯、丁基、三元乙丙和顺丁五种二烯类橡胶原料燃烧残留物进行 GC-MS 分析，得到总离子流图，如图 5.1 所示。

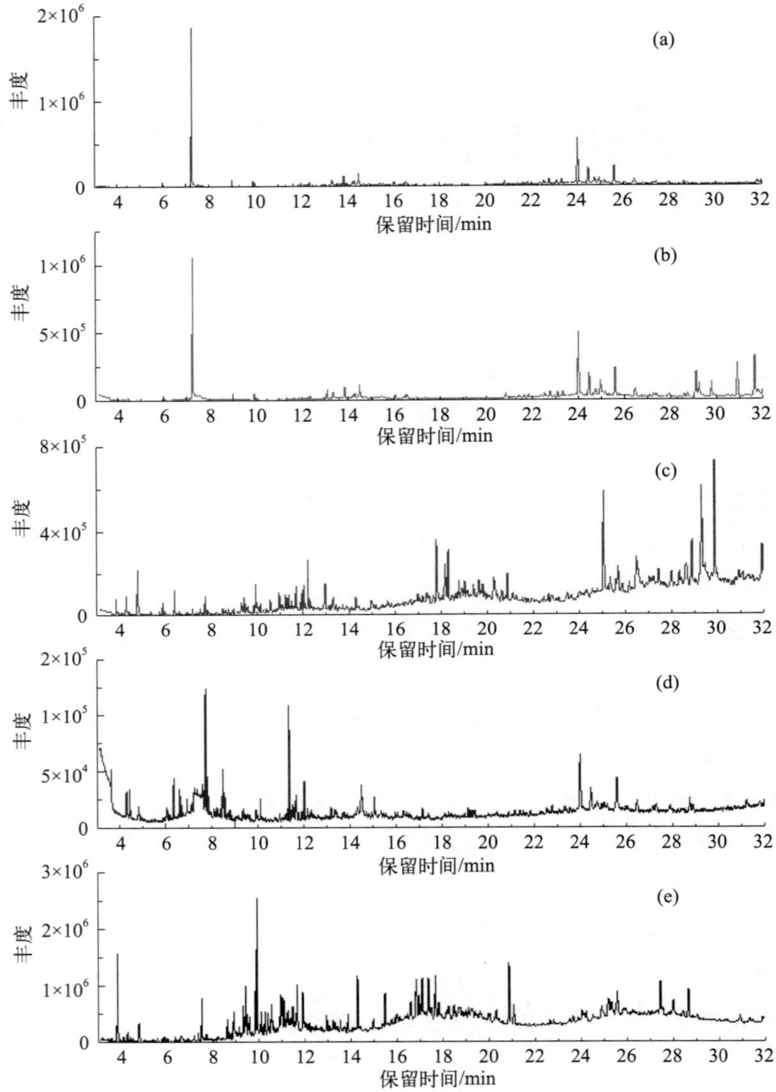

图 5.1　二烯类橡胶原料燃烧残留物的总离子流色谱图

（a）天然橡胶；（b）聚异戊二烯橡胶；（c）丁基橡胶；（d）三元乙丙橡胶；（e）顺丁橡胶

5.1.1　二烯类橡胶原料燃烧残留物的谱图分析

从图 5.1 中可以得到不同二烯类橡胶原料燃烧残留物的总离子流图的大致情况，图中可以明显地看到天然橡胶和聚异戊二烯橡胶的总离子流图基本一致，出峰较少且普遍丰度较低，均在 7min 左右检出一种与其他组分相比相对丰度较高的物质，经组分识别为右旋萜二烯（别名柠檬烯），在 24min 后检出的特征峰的丰度较高，识别出为多环芳烃类组分。丁基、三元乙丙和顺丁橡胶原料总离子流色谱图，在保留时间前 20min 内出峰密集，但是基线存在不同程度的上飘现象。

总体上看，五种二烯类橡胶原料的燃烧残留物总离子流图与汽油的色谱图有较大差异，但燃烧残留物中均检出多种与汽油燃烧残留物相同或相似的化合物。虽然各色谱图之间也存在明显差异，但都对汽油鉴定存在较强的干扰性，无法从总离子流色谱图对其进行准确区分，因此，还需进一步对各组分的提取离子流色谱图进行分析，以了解二烯类橡胶原料燃烧残留物的特性。

结合 GB/T 18294.5—2010 及 ASTM E1618—2014，对燃烧残留物的样品分别进行烷烃类（$m/z=43$，57，71，85，99）、烷基苯类（$m/z=91$，92，105，106，119，120，134）、稠环芳烃类（$m/z=128$，142，156，170，184）、多环芳烃类（$m/z=166$，178，192，202，206）及茚满类（$m/z=116$，117，118，131，132）物质的提取，得到相应物质的提取离子流图，然后对各特征组分进行分析。

（1）烷烃类组分的分析　将烷烃类（$m/z=43$，57，71，85，99）进行提取，所得到的五种二烯类橡胶原料燃烧残留物烷烃类组分的提取离子流图，如图 5.2 所示。

根据图 5.2 可以看出五种二烯类橡胶原料燃烧残留物的烷烃类组分的提取情况，其中五种残留物的烷烃提取离子流图普遍丰度较低，为 10^4 级别，且出峰间隔无规律，无典型“三联峰”特征，五种二烯类橡胶原料烷烃类组分出峰时间均在前 15min 内，与汽油残留物相比，组分出峰时间提前。所有二烯类橡胶原料均检出烷烃类组分，主要为 C_{16} 以内的直链烷烃，其中天然橡胶、聚异戊二烯橡胶和顺丁橡胶都仅检出一种直链烷烃类组分，分别为 C_{12}、C_{10} 和 C_9；丁基橡胶和三元乙丙橡胶则检出多种烷烃类组分，丁基橡胶检出 C_9、C_{10} 和 C_{12}，三元乙丙橡胶检出 C_{11}、C_{12} 和 C_{16}，两者均含有 C_{12} 烷烃类组分。C_{12} 是 ASTM E1618—2014 中所规定的鉴定汽油的唯一的烷烃类特征组分，所以天然橡胶、丁基橡胶和三元乙丙橡胶在烷烃类特征组分上，对汽油的干扰性强于其余两种二烯类橡胶原料。但是直链烷烃容易受火场高温热环境的影响而发生较大的变化，因此，烷烃类组分仅能作为鉴定中的参考物质，不能作为区分汽油的关键组分。

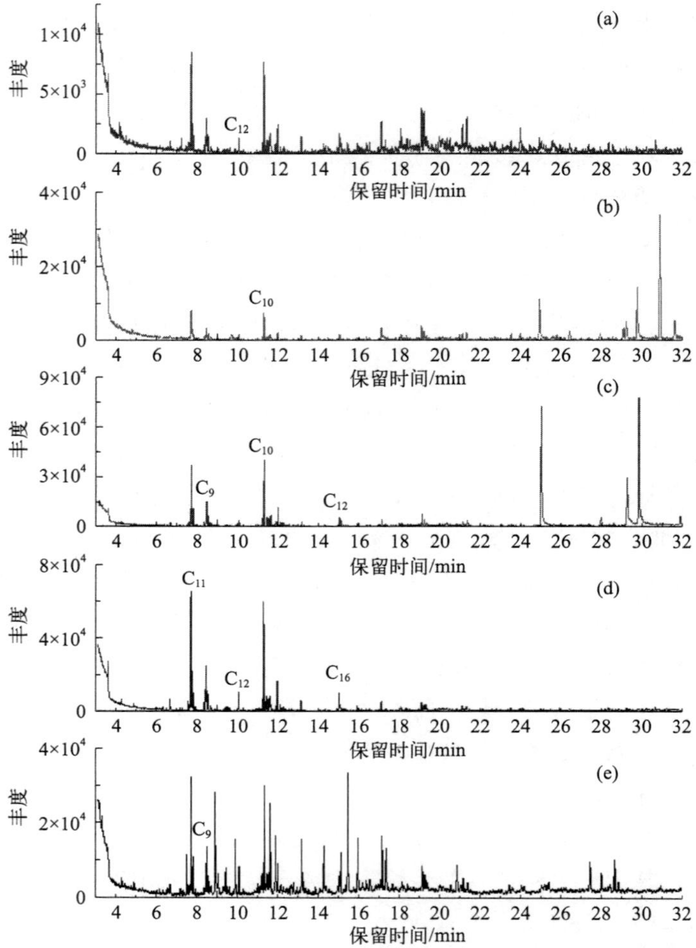

图 5.2　二烯类橡胶原料燃烧残留物的烷烃类提取离子流色谱图

（a）天然橡胶；（b）聚异戊二烯橡胶；（c）丁基橡胶；（d）三元乙丙橡胶；（e）顺丁橡胶

（2）烷基苯类组分的分析　将烷基苯类组分（m/z＝91，92，105，106，119，120，134）进行提取，所得到的五种二烯类燃烧残留物烷基苯类组分的提取离子流图，如图 5.3 所示。

根据图 5.3 可得到五种二烯类橡胶原料燃烧残留物烷基苯类组分的提取情况，可以明显看到天然橡胶和聚异戊二烯橡胶烷基苯类提取离子流色谱图基本相同，均依次检出 C_2 苯、C_3 苯和 C_4 苯，但相对丰度较低，在保留时间 7.2min 左右均识别出右旋萜二烯。丁基橡胶、三元乙丙橡胶和顺丁橡胶也依次检出 C_2 苯、C_3 苯和 C_4 苯组分，保留时间大致相同，三

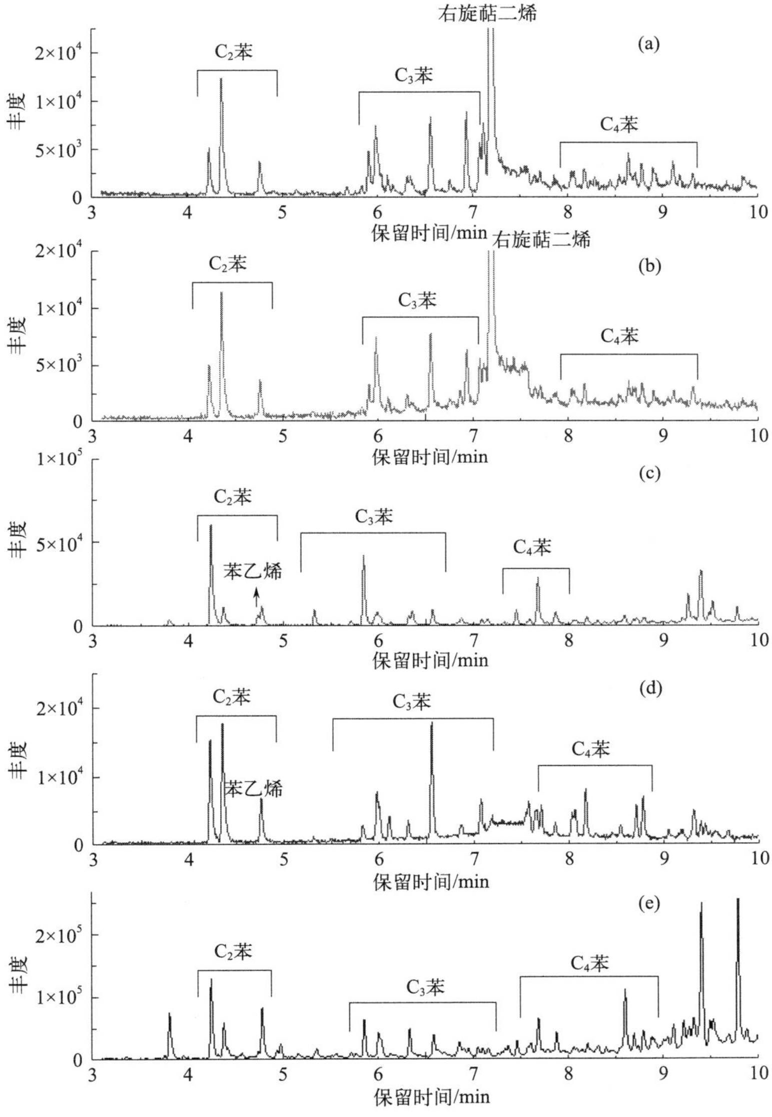

图 5.3　二烯类橡胶原料燃烧残留物的烷基苯类提取离子流色谱图

(a) 天然橡胶；(b) 聚异戊二烯橡胶；(c) 丁基橡胶；(d) 三元乙丙橡胶；(e) 顺丁橡胶

种橡胶原料烷基苯的组内同分异构体的比例各不相同，其中丁基橡胶的乙基苯的相对含量较高，三元乙丙橡胶烷基苯组分整体的相对丰度偏低，顺丁橡胶的 C_3 苯和 C_4 苯的相对丰度较低，三种二烯类橡胶原料与汽油燃烧残留物还是存在一定的差别。下面利用软件对各橡胶原料烷基苯进行逐一识别，列出匹配度超过70的组分定位特征组分，如表5.1所示。

表5.1　五种二烯类橡胶原料燃烧残留物的烷基苯类组分

橡胶种类	类别	特征组分	种类
天然橡胶	C_2 苯	乙基苯、对二甲苯、邻二甲苯	3
	C_3 苯	邻乙基甲苯、1,2,3-三甲苯、1,3,5-三甲苯	3
	C_4 苯	4-丙基甲苯、1,3-二甲基-4-乙基苯、1,2-二甲基-3-乙基苯、2,3-二甲基-1-乙基苯	4
聚异戊二烯橡胶	C_2 苯	乙基苯、对二甲苯、邻二甲苯	3
	C_3 苯	邻乙基甲苯、1,3,5-三甲苯	2
	C_4 苯	4-丙基甲苯、1,4-二甲基-2-乙基苯、2,3-二甲基-1-乙基苯、1,2,4,5-四甲基苯	4
丁基橡胶	C_2 苯	乙基苯、对二甲苯、邻二甲苯	3
	C_3 苯	异丙基苯、丙基苯、邻乙基甲苯、1,2,4-三甲苯	4
	C_4 苯	1,2-二甲基-3-乙基苯、丁基苯、1,4-二甲基-2-乙基苯	3
三元乙丙橡胶	C_2 苯	乙基苯、对二甲苯、邻二甲苯	3
	C_3 苯	丙基苯、邻乙基甲苯、对乙基甲苯、间乙基甲苯、1,3,5-三甲苯	5
	C_4 苯	3-丙基甲苯、丁基苯、1,3-二甲基-5-乙基苯、1,2-二甲基-3-乙基苯、1,2,3,5-四甲基苯	5
顺丁橡胶	C_2 苯	乙基苯、对二甲苯、邻二甲苯	3
	C_3 苯	丙基苯、邻乙基甲苯、对乙基甲苯、1,2,3-三甲苯、1,3,5-三甲苯	5
	C_4 苯	3-丙基甲苯、丁基苯、1,3-二甲基-4-乙基苯、2,3-二甲基-1-乙基苯、1,2,4,5-四甲基苯	5

由表5.1可知，在天然橡胶原料燃烧残留物中，先后检出 C_2 苯3种、C_3 苯3种和 C_4 苯4种；在聚异戊二烯橡胶原料燃烧残留物中，先后检出 C_2 苯3种、C_3 苯2种和 C_4 苯4种；在丁基橡胶原料燃烧残留物中，先后检出 C_2 苯3种、C_3 苯4种和 C_4 苯3种；在三元乙丙和顺丁橡胶原料燃烧残留物中，先后检出 C_2 苯3种、C_3 苯5种和 C_4 苯5种。这些组分中有一种或多种ASTM E1618—2014中所列出判定汽油的特征组分。基于上述结果，从检出物质种类来看，五种二烯类橡胶原料均对汽油的烷基苯类认定有极大干扰。

上述五种橡胶原料均含二烯类结构的物质，二烯烃为不饱和烃，在发生燃烧或者热解时，容易发生环化反应生成含苯环的物质，其中相对含量较多的物质有 C_2 苯、C_3 苯和 C_4 苯，其中丁二烯和异戊二烯化合物生成较多的烷基苯组分，对汽油的鉴定造成严重干扰，由此可见，从特征组分的组分类别来看，五种二烯类橡胶原料均对汽油的烷基苯类组分鉴定造成不同程度的干扰，不能单从检出物种类来判别是否存在汽油残留物。

（3）稠环芳烃类组分的分析　将稠环芳烃类组分（m/z=128，142，156，170，184）进行提取，得到的稠环芳烃类的提取离子流图，如图 5.4 所示。

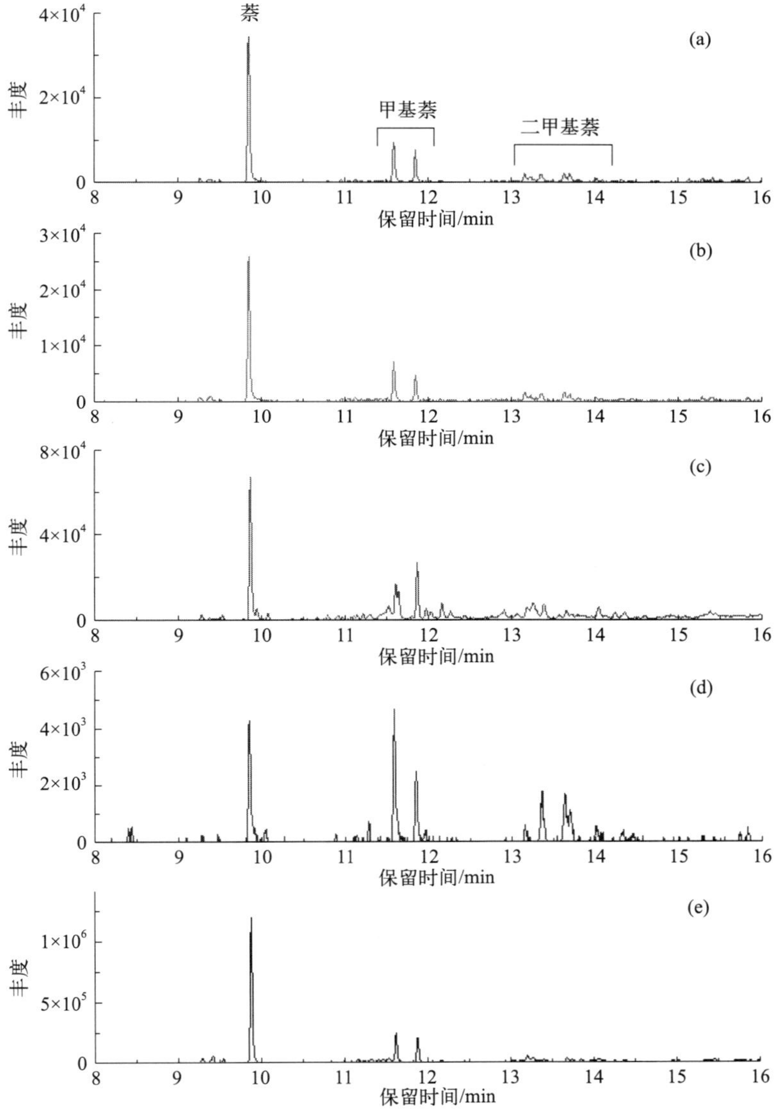

图 5.4　二烯类橡胶原料燃烧残留物的稠环芳烃类提取离子流色谱图

（a）天然橡胶；（b）聚异戊二烯橡胶；（c）丁基橡胶；（d）三元乙丙橡胶；（e）顺丁橡胶

根据图 5.4 可得到五种二烯类橡胶原料燃烧残留物稠环芳烃类组分的提取情况，所有橡胶的稠环芳烃的色谱图近乎相同，均能依次检出萘、甲基萘和二甲基萘，在保留时间 10min 左右检出萘组分，在保留时间 11.5～12min 时检出两种甲基萘组分，在保留时间 13～14min 检出多种二甲基萘组分。三元乙丙橡胶的甲基萘组分相对丰度较高，但提取离子流色谱图丰度比其余四种二烯类橡胶低，为 10^3 级别。五种二烯类橡胶原料与汽油燃烧残留物相比，均能检出稠环芳烃类特征组分，与汽油鉴定的稠环芳烃类特征组分种类吻合。二烯类结构容易被破坏，重组生成萘系物质，由此可见，从特征组分的类别和种类来看，五种二烯类橡胶原料对汽油稠环芳烃类组分的检出有较大干扰。

（4）多环芳烃类组分的分析　将多环芳烃（m/z＝166，178，192，202，206）进行提取，所得到的五种二烯类橡胶燃烧残留物多环芳烃类组分的提取离子流图，如图 5.5 所示。

根据图 5.5 可得到五种二烯类橡胶原料燃烧残留物多环芳烃类组分的提取情况，可以看到天然橡胶、聚异戊二烯橡胶、丁基橡胶和顺丁橡胶均检出

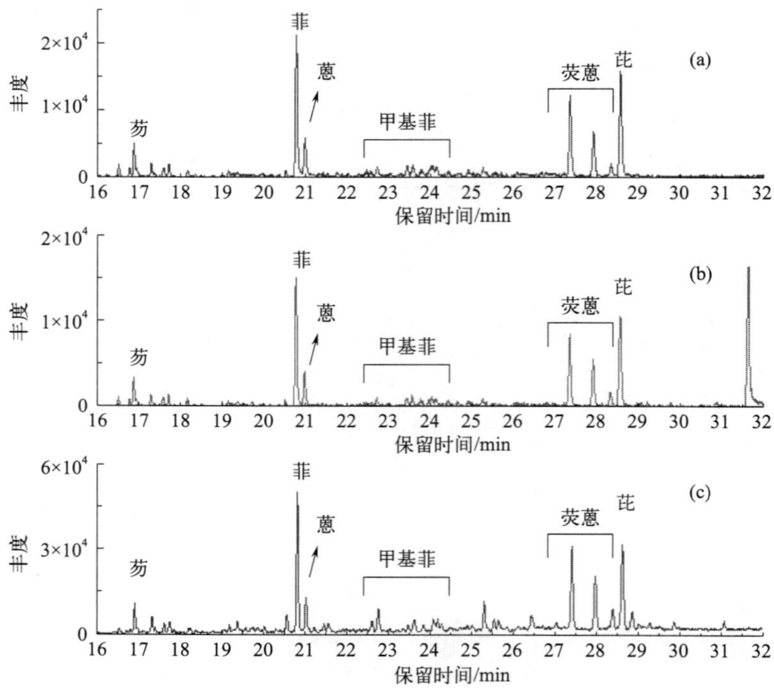

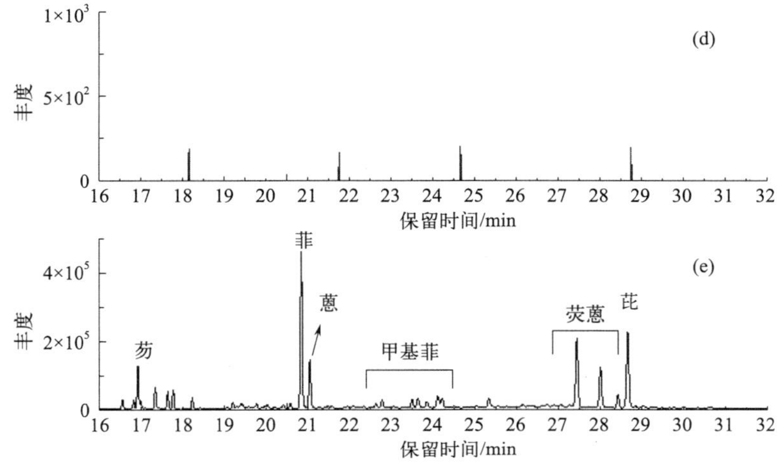

图 5.5　二烯类橡胶原料燃烧残留物的多环芳烃类提取离子流色谱图

(a) 天然橡胶；(b) 聚异戊二烯橡胶；(c) 丁基橡胶；(d) 三元乙丙橡胶；(e) 顺丁橡胶

多环芳烃类组分，丰度较高且保留时间基本一致，在保留时间 16.89min 时检出芴，在保留时间 20.81min 时检出菲，在保留时间 21.01min 时检出蒽，在保留时间 22.55～24.43min 内检出甲基菲，在保留时间 27.32～28.4min 内检出荧蒽，在保留时间 28.57min 时检出芘，和汽油多环芳烃类组分种类相吻合，四种二烯类橡胶残留物对汽油的鉴定造成较大干扰。而三元乙丙橡胶原料的多环芳烃类色谱图丰度较低，且未识别出任何有效目标化合物。五种二烯类橡胶原料燃烧残留物的具体多环芳烃类组分见表 5.2。

表 5.2　五种二烯类橡胶原料燃烧残留物的多环芳烃类组分

橡胶种类	特征组分	种类
天然橡胶	芴、菲、蒽、甲基菲、荧蒽和芘	6
聚异戊二烯橡胶	芴、菲、蒽、甲基菲、荧蒽和芘	6
丁基橡胶	芴、菲、蒽、甲基菲、荧蒽和芘	6
三元乙丙橡胶	无	0
顺丁橡胶	芴、菲、蒽、甲基菲、荧蒽和芘	6

(5) 茚满类组分的分析　将茚满类 (m/z = 116，117，118，131，132) 进行提取，所得到的五种二烯类橡胶燃烧残留物茚满类组分的提取离子流图，如图 5.6 所示。

根据图 5.6 可得到五种二烯类橡胶原料燃烧残留物茚满类组分的提取

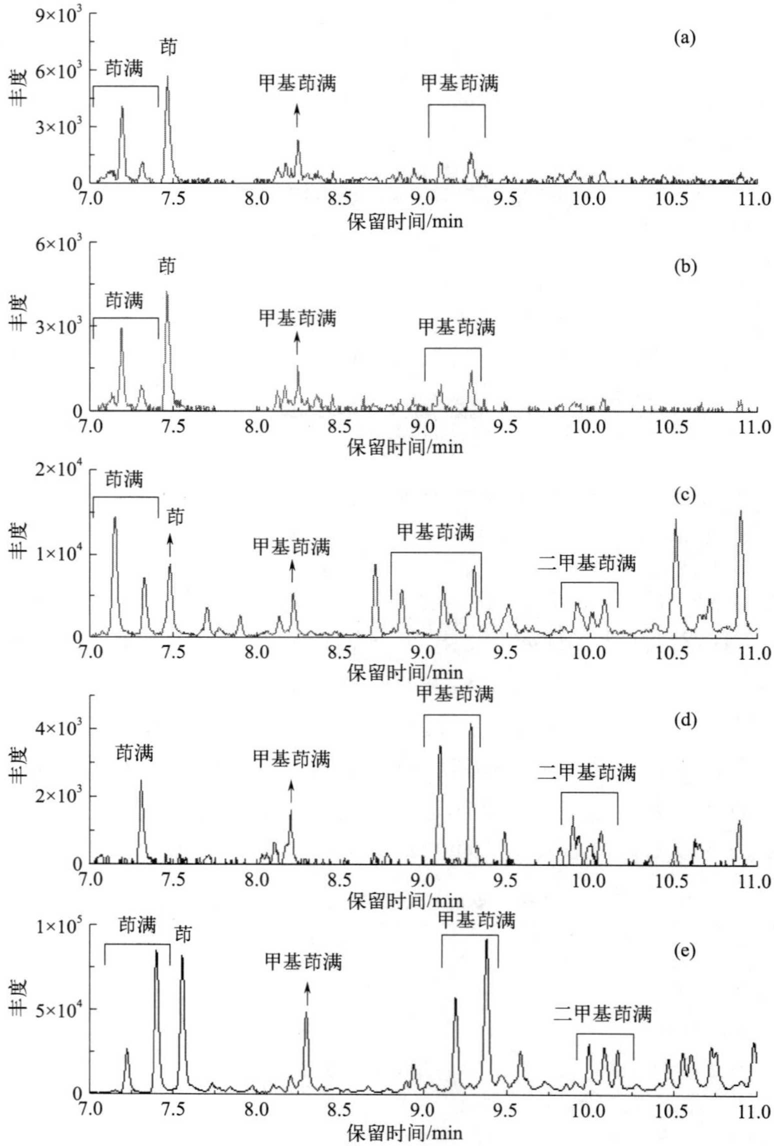

图 5.6　二烯类橡胶原料燃烧残留物的茚满类提取离子流色谱图

（a）天然橡胶；（b）聚异戊二烯橡胶；（c）丁基橡胶；（d）三元乙丙橡胶；（e）顺丁橡胶

情况，天然橡胶和聚异戊二烯橡胶原料再次出现了提取离子流色谱图一致的情况，特征组分种类、特征组分相对丰度和出峰时间都完全一致，均在保留时间 7.1～7.4min 内检出茚满，在保留时间 7.5min 左右时检出茚，在保留时间 9.1～9.3min 内检出甲基茚满，说明天然橡胶和聚异戊二烯橡胶在检出物种类上没有差别，“天然”或“人造”对有机化合物的特征组分检出没有影响；丁基橡胶原料能依次检出茚满、茚和甲基茚满，且能在 10min 左右检出多种二甲基茚满，与汽油燃烧残留物的茚满类相吻合；三元乙丙橡胶在保留时间为 7～11min 内检出茚满类组分——茚满、甲基茚满和二甲基茚满，未检出茚组分；顺丁橡胶也依次检出茚满、茚、甲基茚满和二甲基茚满。总之，五种二烯类橡胶在燃烧期间都会生成与汽油燃烧类似的化合物，这可能会在分析茚满类组分时导致假阳性识别，对汽油残留物中茚满类的检出存在严重干扰。

5.1.2　与汽油特征组分进行对比

下面列出 ASTM E1618—2014 中作为汽油鉴定的 15 种较为稳定的特征组分，与五种二烯类橡胶原料燃烧残留物中所检出的组分进行定性比较，如表 5.3 所示，如果五种二烯类橡胶原料含有较多 ASTM E1618—2014 中规定的特征组分，则也可判断五种二烯类橡胶对汽油鉴定的干扰性。

表 5.3　五种二烯类橡胶原料燃烧残留物中 ASTM E1618—2014 特征组分数量

特征组分	天然橡胶	聚异戊二烯橡胶	丁基橡胶	三元乙丙橡胶	顺丁橡胶
C_{12}	+	—	+	+	—
1,3,5-三甲基苯	+	+	—	+	+
1,2,4-三甲基苯	—	—	+	—	—
1,2,3-三甲基苯	+	—	—	—	+
1,2,4,5-四甲基苯	—	+	—	—	+
1,2,3,5-四甲基苯	—	—	—	+	—
茚	+	+	+	—	+
5-甲基茚满	+	+	—	+	+
4-甲基茚满	+	+	+	+	+
4,7-二甲基茚满	—	—	—	—	—
2-甲基萘	+	+	+	+	+
1-甲基萘	+	+	+	+	+
乙基萘	—	+	—	—	—
1,3-二甲基萘	+	+	—	—	+
2,3-二甲基萘	—	—	+	—	+
合计	9	9	7	7	10

如表5.3所示，天然橡胶和聚异戊二烯橡胶均检出9种特定的化合物，两者总离子流和各提取离子流色谱图极为相似；丁基橡胶和三元乙丙橡胶则只检出7种目标化合物；顺丁橡胶共检出10种目标化合物。可以看出五种橡胶均对汽油的鉴定造成不同程度的干扰，其中干扰性较强的橡胶有天然橡胶、聚异戊二烯橡胶和顺丁橡胶，这三种橡胶均是由二烯烃类化合物聚合而成，二烯烃在加热条件下容易发生断链重组反应，生成较多的含苯环类物质，在橡胶燃烧时环化反应更为剧烈。

综上所述，二烯类橡胶对汽油燃烧残留物的鉴定存在较大干扰，与汽油燃烧残留物极为相似，对汽油鉴定造成严重干扰。上述结果证明了化学成分与燃烧/热解产物以及对汽油鉴别的干扰程度有一定的关联性，在一定程度上可以根据干扰物的化学组成来预测干扰程度。

5.1.3 二烯类橡胶原料加载汽油燃烧残留物的谱图分析

对天然、聚异戊二烯、丁基、三元乙丙和顺丁五种二烯类橡胶原料加载汽油燃烧残留物进行谱图分析，得到总离子流图，如图5.7所示。

从图5.7中可以看出，天然、聚异戊二烯、丁基和顺丁橡胶原料加载汽油后自由燃烧所得残留物的总离子流图的趋势和出峰时间大致相同，在前12min内有集中的出峰，丰度普遍较高，且依次检出多种汽油鉴定的目标化合物，之后又检出多环芳烃类组分。而三元乙丙橡胶原料加载汽油后自由燃烧所得残留物的总离子流图与其余四种二烯类橡胶原料略有不同，前8min内的峰出现部分重合现象，基线在保留时间内出现整体上飘的现象，且丰度较低。五种橡胶原料加载汽油后自由燃烧所得残留物的总离子流图与相应的橡胶原料单独燃烧残留物相比，发生了较大的变化，保留时间内提取出来的组分更多，其色谱图不是橡胶燃烧残留物和汽油燃烧残留物总离子流图的简单叠加，具体情况还需进一步对提取离子流图进行分析。总体上看，二烯类橡胶原料加载汽油后的燃烧残留物中均检出多种与汽油燃烧残留物相同或相似的化合物，各色谱图之间的差异较小。无法从总离子流色谱图对其进行区分，都对汽油鉴定存在较强的干扰性，因此，还需进一步对各组分的提取离子流色谱图进行分析，以了解二烯类橡胶原料加载汽油燃烧残留物的特性。

结合GB/T 18294.5—2010及ASTM E1618—2014，对燃烧残留物的样品分别进行烷烃类、烷基苯类、稠环芳烃类、多环芳烃及茚满类组分的提取，得到五种二烯类橡胶原料加载汽油后的燃烧残留物的各提取离子流

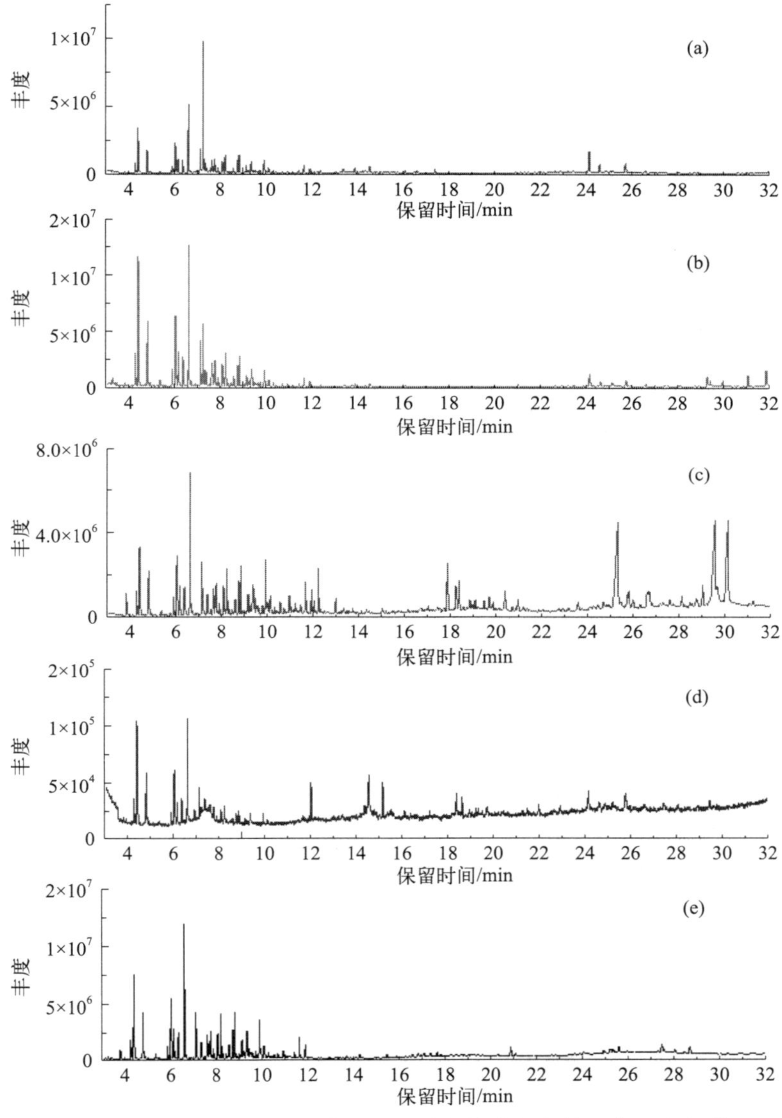

图 5.7　二烯类橡胶原料加载汽油后的燃烧残留物的总离子流色谱图

(a) 天然橡胶；(b) 聚异戊二烯橡胶；(c) 丁基橡胶；(d) 三元乙丙橡胶；(e) 顺丁橡胶

色谱图，然后对各特征组分进行深入分析。

(1) 烷烃类组分的分析　将烷烃组分（$m/z=43, 57, 71, 85, 99$）进行提取，所得到的五种二烯类橡胶原料加载汽油后的燃烧残留物烷烃组分的提取离子流图，如图 5.8 所示。

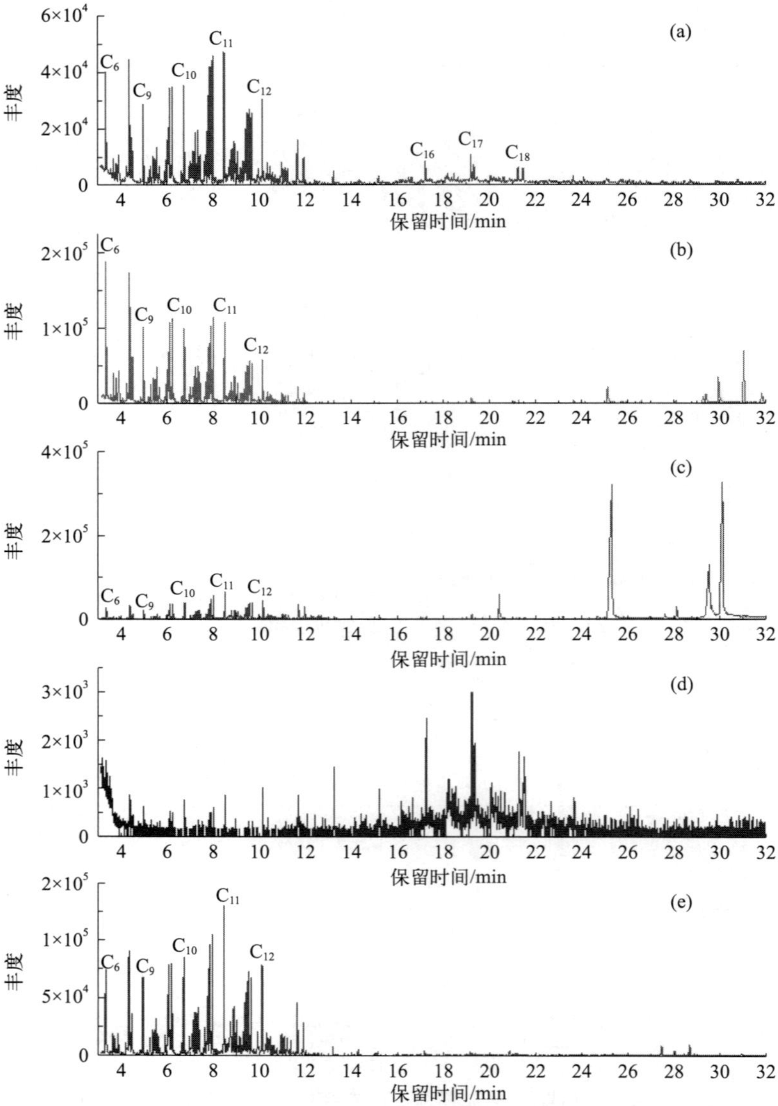

图 5.8　二烯类橡胶原料加载汽油后的燃烧残留物的烷烃类提取离子流色谱图

（a）天然橡胶；（b）聚异戊二烯橡胶；（c）丁基橡胶；（d）三元乙丙橡胶；（e）顺丁橡胶

根据图 5.8 可以看出，天然、聚异戊二烯、丁基和顺丁橡胶原料加载汽油后的燃烧残留物烷烃类组分出峰时间基本在前 12min 内，出峰密集，间隔无明显规律，且均检出直链烷烃类组分。与汽油燃烧残留物烷烃类提取离子流色谱图相比存在差异，二烯类橡胶加载汽油后，其残留物中烷烃类物质出峰时间提前，且大多为短直链烷烃类组分。而三元乙丙橡胶原料加载汽油后，其残留物中未识别出任何烷烃类特征组分。

将五种二烯类橡胶加载汽油后的燃烧残留物烷烃类组分的具体类别和种类进行总结，结果如表 5.4 所示。除了三元乙丙橡胶外，其余四种二烯类橡胶均识别出五种及以上的烷烃类组分，并且均含 C_6、C_9、C_{10}、C_{11} 和 C_{12} 组分。

因此，烷烃类组分仅能作为鉴别二烯类橡胶原料与汽油燃烧残留物的参考物质，不能作为鉴定两者的关键组分。

表 5.4　五种二烯类橡胶原料加载汽油后的燃烧残留物的烷烃类组分

橡胶种类	组分	种类
天然橡胶＋汽油	C_6、C_9、C_{10}、C_{11}、C_{12}、C_{16}、C_{17}、C_{18}	8
聚异戊二烯橡胶＋汽油	C_6、C_9、C_{10}、C_{11}、C_{12}	5
丁基橡胶＋汽油	C_6、C_9、C_{10}、C_{11}、C_{12}、十六烷酸、油酸、十八烷酸	8
三元乙丙橡胶＋汽油	无	0
顺丁橡胶＋汽油	C_6、C_9、C_{10}、C_{11}、C_{12}	5

（2）烷基苯类组分的分析　将烷基苯组分（$m/z=91$，92，105，106，119，120，134）进行提取，所得到的五种二烯类橡胶原料加载汽油后的燃烧残留物烷基苯类组分的提取离子流图，如图 5.9 所示。

根据图 5.9 可得到五种二烯类橡胶原料加载汽油后的燃烧残留物烷基苯类组分的提取情况，图中可以明显看到五种二烯类橡胶原料加载汽油后，其残留物的色谱图发生了较大的变化，五种橡胶烷基苯类提取离子流图基本一致，保留时间集中在 4～10min，均依次检出多种 C_2 苯、C_3 苯和 C_4 苯，各特征组分的保留时间也基本一致。而三元乙丙橡胶色谱图也出现了丰度相对较低的现象，识别出较少的 C_4 苯。与汽油燃烧残留物烷基苯类组分种类相比，二烯类橡胶加载汽油后 C_2 苯和 C_3 苯的种类变化不大，C_4 苯的种类增加。二烯类橡胶原料加载汽油后，提取出的烷基苯信号基本全是汽油的，不是橡胶和汽油烷基苯色谱图的简单叠加。

（3）稠环芳烃组分的分析　对稠环芳烃类组分进行提取，得到的五种二烯类橡胶原料加载汽油后的燃烧残留物稠环芳烃类的提取离子流

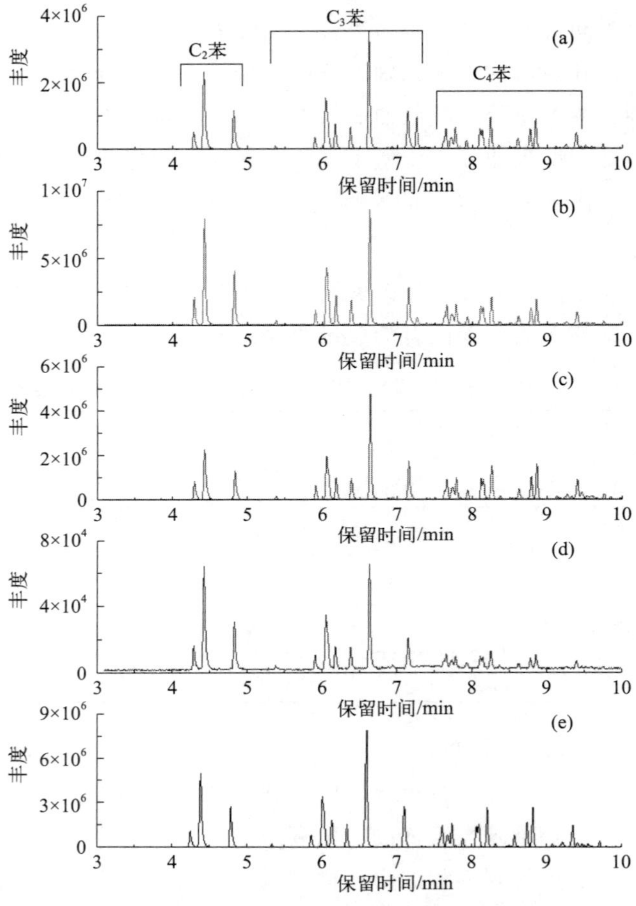

图 5.9 二烯类橡胶原料加载汽油后的燃烧残留物的烷基苯类提取离子流色谱图

（a）天然橡胶；（b）聚异戊二烯橡胶；（c）丁基橡胶；（d）三元乙丙橡胶；（e）顺丁橡胶

图，如图 5.10 所示。

根据图 5.10 可知五种二烯类橡胶原料加载汽油后的燃烧残留物的稠环芳烃类组分提取离子流图近乎相同，燃烧残留物中含有的汽油燃烧残留物的稠环芳烃类特征组分类别是完全相同的，保留时间也集中在 9～14min。五种二烯类橡胶原料加载汽油后的燃烧残留物均检出萘（保留时间在 9.8min)、甲基萘（保留时间在 11.5～12min 内）和二甲基萘组分（保留时间在 13～14min 内），保留时间也出现完全一致的情况，其中三元乙丙橡胶原料加载汽油后所得燃烧残留物中未检出二甲基萘组分，且检出组分

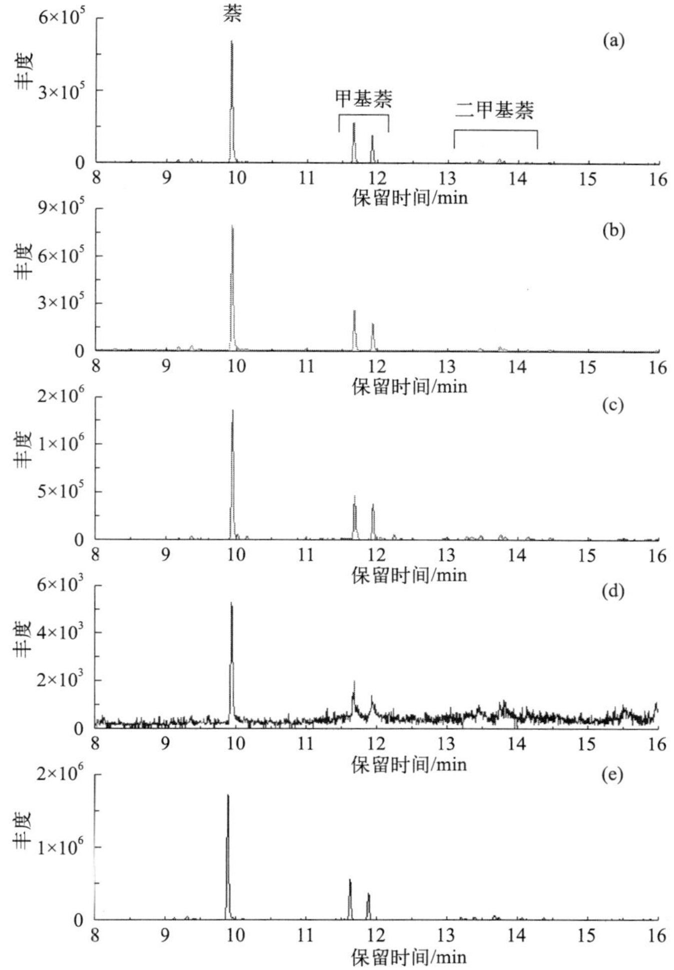

图 5.10　二烯类橡胶原料加载汽油燃烧残留物的稠环芳烃类提取离子流色谱图

(a) 天然橡胶；(b) 聚异戊二烯橡胶；(c) 丁基橡胶；(d) 三元乙丙橡胶；(e) 顺丁橡胶

萘和甲基萘的丰度相对较低。由此可见，从特征组分的组分类别来看，五种二烯类橡胶原料均对汽油的稠环芳烃类的认定存在极大干扰。

(4) 多环芳烃组分的分析　将多环芳烃（$m/z=166$，178，192，202，206）进行提取，所得到的五种二烯类橡胶原料加载汽油后的燃烧残留物多环芳烃类组分的提取离子流图，如图 5.11 所示。

根据图 5.11 可得到五种二烯类橡胶原料加载汽油后的燃烧残留物多

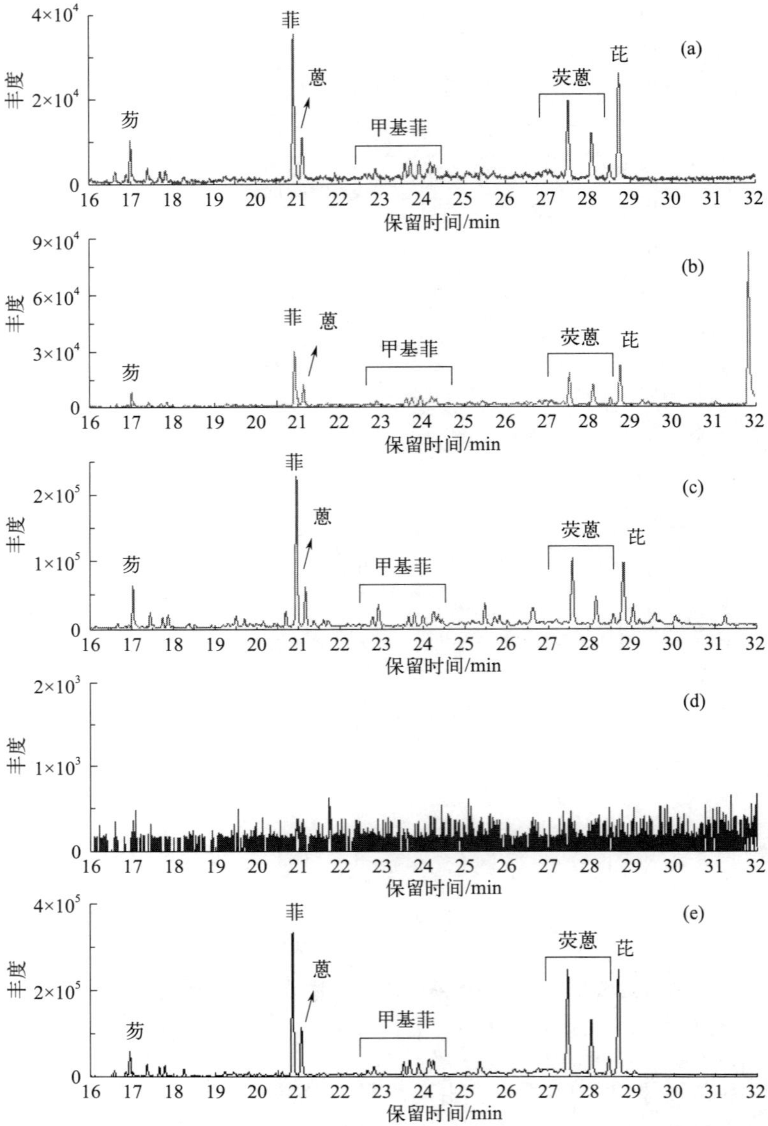

图 5.11　二烯类橡胶原料加载汽油燃烧残留物的多环芳烃类提取离子流色谱图

（a）天然橡胶；（b）聚异戊二烯橡胶；（c）丁基橡胶；（d）三元乙丙橡胶；（e）顺丁橡胶

环芳烃类组分的提取情况，天然、聚异戊二烯、丁基和顺丁橡胶原料加载汽油后的燃烧残留物中多环芳烃类组分检出情况基本相同，而在三元乙丙橡胶原料加载汽油后的燃烧残留物中并未检出多环芳烃类组分。在天然、聚异戊二烯、丁基和顺丁橡胶原料加载汽油后的燃烧残留物中，在保留时间 17min 时检出芴，在保留时间 20.8min 时检出菲，在保留时间 21.1min 时检出蒽，在保留时间 22.5～24.5min 内检出甲基菲，在保留时间 27.2～28.6min 内检出荧蒽，在保留时间 28.7min 时检出芘，各特征组分的丰度较高，且匹配度均为 90 以上。橡胶加载汽油后的燃烧残留物中的多环芳烃类组分与二烯类橡胶原料相比，天然、聚异戊二烯、丁基和顺丁橡胶加载汽油后的燃烧残留物与原料检出种类及组分基本一致，三元乙丙橡胶加载汽油后的燃烧残留物与原料均未识别出任何有效组分。天然、聚异戊二烯、丁基和顺丁橡胶原料加载汽油后的燃烧残留物中检出的多环芳烃类组分，与汽油鉴定的多环芳烃类特征组分种类吻合，对汽油的鉴定造成干扰。见表 5.5。

表 5.5　五种二烯类橡胶原料加载汽油燃烧残留物的多环芳烃类组分

橡胶种类	特征组分	种类
天然橡胶＋汽油	芴、菲、蒽、甲基菲、荧蒽和芘	6
聚异戊二烯橡胶＋汽油	芴、菲、蒽、甲基菲、荧蒽和芘	6
丁基橡胶＋汽油	芴、菲、蒽、甲基菲、荧蒽和芘	6
三元乙丙橡胶＋汽油	无	0
顺丁橡胶＋汽油	芴、菲、蒽、甲基菲、荧蒽和芘	6

（5）茚满类组分的分析　将茚满类组分（$m/z=116$，117，118，131，132）进行提取，所得到的五种二烯类橡胶原料加载汽油后的燃烧残留物茚满类组分的提取离子流图，如图 5.12 所示。

根据图 5.12 可得到五种二烯类橡胶原料加载汽油后的燃烧残留物茚满类组分的提取情况，除三元乙丙橡胶原料丰度较低外，其余四种二烯类橡胶原料加载汽油后的燃烧残留物的茚满类色谱图出现特征组分和出峰时间基本一致的情况，在保留时间内检出多种茚满类组分：茚满（在保留时间 7.4min）、茚（在保留时间 7.6min）、甲基茚满（在保留时间 8.3min、在保留时间 9～9.5min）和二甲基茚满（在保留时间 9.9～10.2min）。而三元乙丙橡胶原料则未识别出茚和二甲基茚满组分。二烯类橡胶原料加载汽油后的燃烧残留物中检出的茚满类特征组分，与汽油的茚满类特征组分种类相吻合。

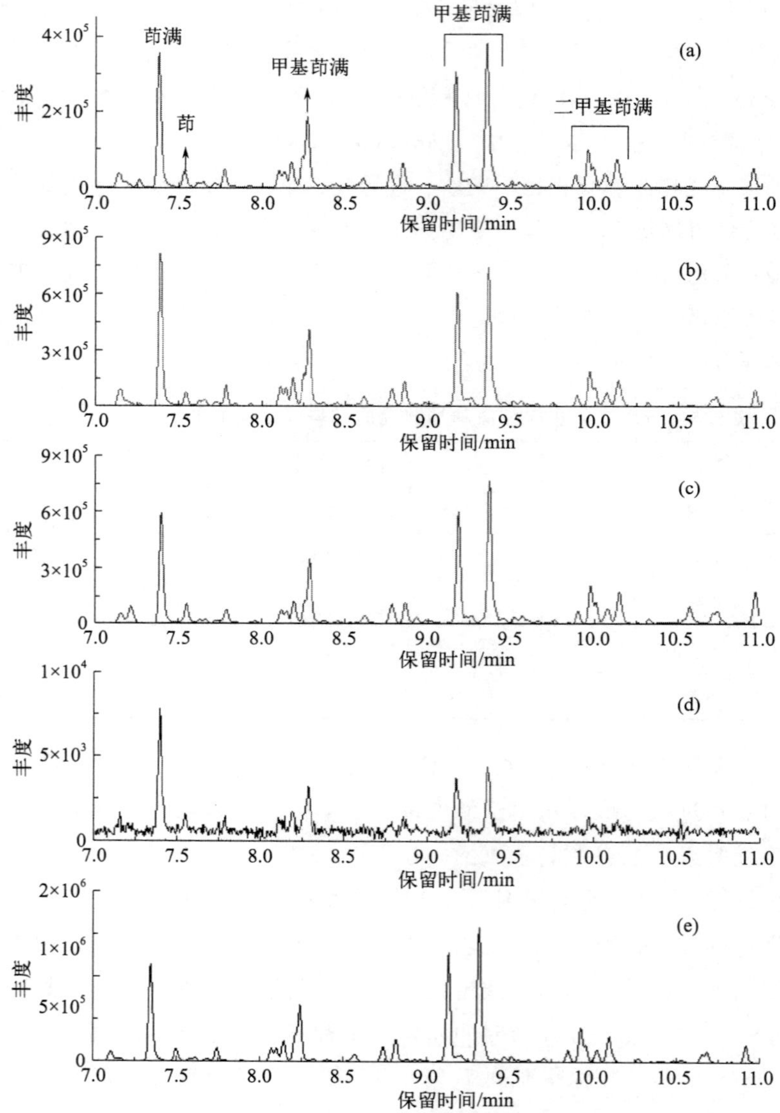

图 5.12 二烯类橡胶原料加载汽油后的燃烧残留物的茚满类提取离子流色谱图

(a) 天然橡胶；(b) 聚异戊二烯橡胶；(c) 丁基橡胶；(d) 三元乙丙橡胶；(e) 顺丁橡胶

5.2 苯乙烯-丁二烯系嵌段共聚物化学结构对火场汽油鉴定的干扰性

上述章节开展了基于化学成分关联的橡胶对汽油燃烧残留物的干扰性研究，选择了三种牌号的原料 SBR1502、SBR1712 和 SBR1502E 以及工业丁苯橡胶垫作为研究对象，经过一系列的研究发现具有二烯烃化学成分的橡胶会对汽油燃烧残留物的鉴定造成严重干扰；在此基础上进一步研究了不同苯乙烯含量对汽油燃烧残留物鉴定的影响，选择五种不同苯乙烯含量的丁苯橡胶原料 SBR1401、303、1502、1205 和 1505，深入地研究了不同苯乙烯含量的丁苯橡胶原料对汽油鉴定的干扰程度，结果显示，苯乙烯含量为 9.5%的 SBR1505 和 18%的 SBR1205 被认为是对汽油残留物造成最显著干扰的丁苯橡胶；同时选择了五种二烯烃类橡胶原料——天然橡胶、聚异戊二烯橡胶、丁基橡胶、三元乙丙橡胶和顺丁橡胶，进一步确定了碳碳双键是产生干扰性的主要官能团。但以往的研究仅局限于丁苯橡胶这种无规共聚物的化学成分以及含量对汽油燃烧残留物鉴定的干扰，而没有考虑不同化学结构是否对汽油的鉴定也存在干扰。苯乙烯系嵌段共聚物（SBCs）是世界产量最大、与橡胶性能最为相似的热塑性弹性体，是橡胶、塑料等制品的基础性原材料，广泛应用于生活及生产的方方面面。本文选择 SBCs 系列产品中两种主要产品苯乙烯-丁二烯-苯乙烯嵌段共聚物（SBS）、苯乙烯-乙烯-丁烯-苯乙烯型嵌段共聚物（SEBS）为研究对象，结合 GC-MS，主要研究不同化学结构对汽油燃烧残留物鉴定的影响，对目标特征组分进行定性和定量分析，分析对具有代表性的特征组分峰形及峰面积的影响，总结干扰规律，从根本上找到其对汽油鉴定干扰的原因，这对放火火灾调查工作和物证鉴定工作有着重要意义，为解决橡胶燃烧残留物干扰汽油鉴定提供了新思路。

5.2.1 SBS 燃烧残留物特征组分分析

SBS 苯乙烯类热塑性弹性体是 SBCs 中产量最大（占 70%以上）、成本最低、应用较广的一个品种，是以苯乙烯、丁二烯为单体的三嵌段共聚物，主要用于橡胶制品、树脂改性剂、黏合剂和沥青改性剂四大领域。在实际火灾物证鉴定过程以及前人在此领域的研究中，发现橡胶燃烧残留物特征组分与汽油燃烧残留物特征组分存在较高的相似性，对汽油鉴定存在干扰。其中无规共聚物 SBS 是典型橡胶种类之一，也是生活中常见的石油化工产品，广泛用于轮胎、胶带、胶管、电线电缆以及医疗制品等产业。通过对前人的研究结果对比总结，不难发现，SBS 与汽油谱图相似度较高，对汽油鉴定的干扰性很大。本节对 7 种不同牌号的嵌段共聚物 SBS (1475、1487、1546、3401、3414、3546 和 3527) 燃烧残留物特征组分进行分析，与汽油燃烧残留物特征组分进行对比，从化学结构的角度探究其对汽油鉴定的干扰性并总结干扰规律。

(1) GC-MS 总离子流图分析　选择 7 种不同牌号的 SBS 原料并制成燃烧残留物，通过 GC-MS 分析，得到汽油燃烧残留物和 7 种 SBS 燃烧残留物总离子流图（如图 5.13 所示）。

总体来看，图 5.13 中采集的所有 SBS 样品 TIC 可以分为三个区域：3～8min、8～12min 以及 16～20min；同时，在所有 SBS 样品中均能检测到被广泛用作天然橡胶防老剂、合成橡胶低效稳定剂以及新型抗氧剂的 2,4,6-三叔丁基苯酚（17.14min）或用作中等程度防老剂和制造橡胶制品的二苄醚（18.00min），这在橡胶类物质中是较为常见的成分；另外，在 SBS 3414 中还检测到用作橡胶原料和橡胶添加剂的双戊烯（7.09min），丰度远高于其他物质。如图 5.13 所示，SBS 燃烧残留物 TIC 中出现了许多丰度较高的峰，这说明 SBS 燃烧残留物保持着较好的信号，可能会对汽油识别造成干扰。

对比研究不同类型的 SBS 燃烧残留物 TIC，可以看出分子结构的不同会对其燃烧产物造成影响，如图 5.13（b）和图 5.13（c）所示，SBS 3546 与 SBS 3414 在前 10min 的相对丰度存在明显区别；图（c）和图（d）显示了不同苯乙烯含量的 SBS 燃烧残留物 TIC，对比分析得知，不同苯乙烯含量的 SBS 燃烧残留物 TIC 相对丰度存在差异，这预示着不同苯乙烯含量的 SBS 燃烧残留物对汽油鉴定的干扰程度可能也不相同；同样的，对比图（b）和图（f）、图（c）和图（e）可知，充油性的不同也会使燃烧产物以及对汽油鉴定的干扰程度不同。但可以确定的是，所有 SBS 燃烧残留物中均检出了烷基苯、茚满类和稠环芳烃等汽油鉴定的关键组分，对汽油识别存在较大干扰。为了进一步说明这些样品之间的差异性和相关性，有必要对提取离子流色谱图进行讨论。

众所周知，对于汽油鉴定的目标化合物，烷烃类物质不稳定，在火灾

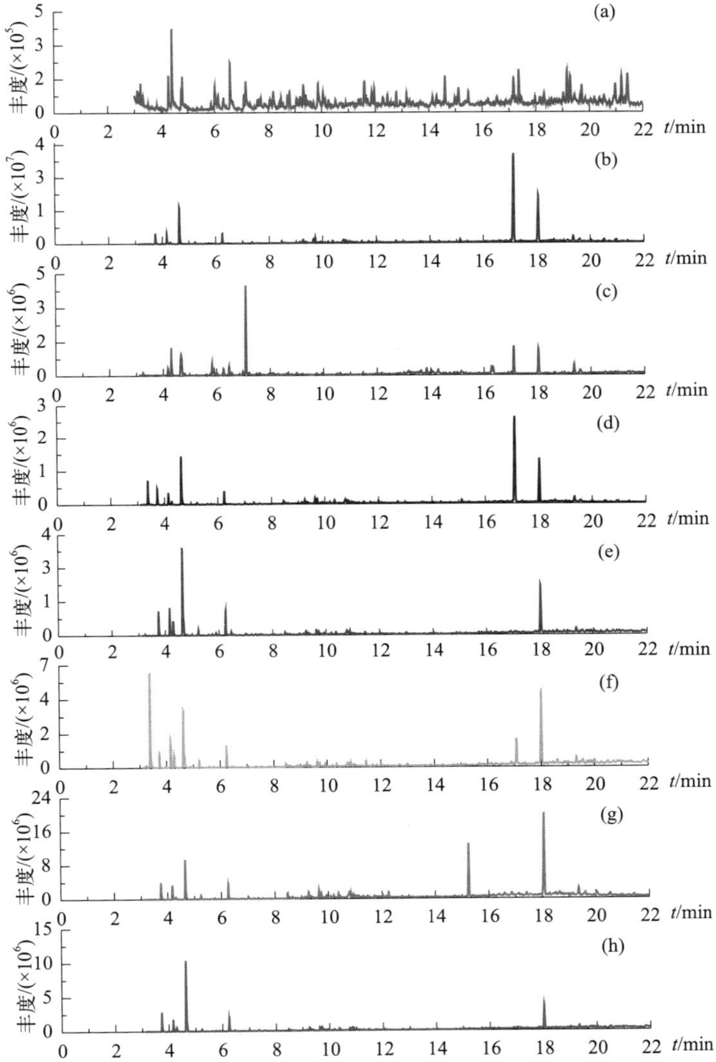

图 5.13　汽油燃烧残留物与七种 SBS 燃烧残留物总离子流图

(a) 汽油；(b) SBS 3546；(c) SBS 3414；(d) SBS 3401；(e) SBS 1475；(f) SBS 1546；(g) SBS 1487；(h) SBS 3527

高温和风化的作用下，组分变化较大，而芳香烃物质则较为稳定，保存较好；因此，本文主要通过提取烷基苯、茚满类以及稠环芳烃等汽油鉴定关键性芳香烃组分进行分析。

（2）烷基苯提取离子流图分析　图 5.14 描述了加载汽油前七种 SBS 燃烧残留物烷基苯组分 EICs，由图可知，七种型号的 SBS 烷基苯组分

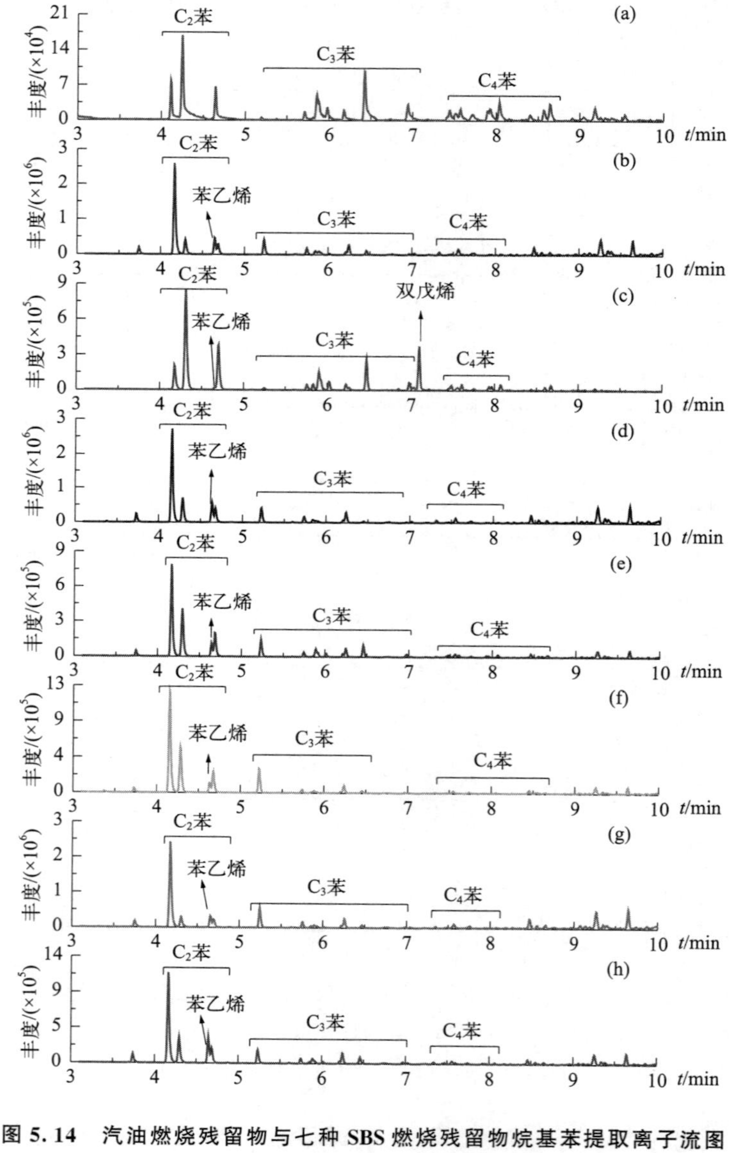

图 5.14　汽油燃烧残留物与七种 SBS 燃烧残留物烷基苯提取离子流图

（a）汽油；（b）SBS 3546；（c）SBS 3414；（d）SBS 3401；（e）SBS 1475；（f）SBS 1546；（g）SBS 1487；（h）SBS 3527

EIC 近乎相同，且均能检出 C_2 苯、C_3 苯和 C_4 苯，与汽油燃烧残留物烷基苯组分类别基本一致，但 SBS 燃烧残留物中 C_4 苯含量偏少。

为了更好地对特征组分进行分析，从而更加准确地判断干扰性，将七种 SBS 燃烧残留物中干扰汽油鉴定的芳香烃组分列于表 5.6。

表 5.6　七种 SBS 燃烧残留物中干扰汽油鉴定的芳香烃类特征组分

目标化合物类别		目标化合物	化学分子式	*m/z*	3546	3414	3401	1475	1546	1487	3527
第一组烷基苯	C_2 苯	乙基苯	C_8H_{10}	106	+	+	+	+	+	+	+
		对二甲苯			+	+	+	+	+	+	+
		邻二甲苯			+	+	+	+	+	+	+
	C_3 苯	1,2,3-三甲基苯	C_9H_{12}	120	+	+	+	+	+	+	+
		丙基苯			+	+	+	+	+	+	+
		2-乙基甲苯			+	+	+	+	+	+	+
		1,3,5-三甲基苯			+	+	+	+	+	+	+
		3-乙基甲苯			+	+	+	+	+	+	+
		4-乙基甲苯			+	+	+	+	+	+	+
	C_4 苯	1-甲基-3-丙基苯	$C_{10}H_{14}$	134	+	+	+	+	+	+	+
		丁基苯			+	+	+	+	+	+	+
		1,2-二甲基-3-乙基苯			+	+	+	+	+	+	+
		1-甲基-4-丙基苯			+	+	+	+	+	+	+
		1,2,3,4-四甲基苯			+	+	+	+	+	+	+
		1,2-二甲基-4-乙基苯			+	+	+	+	+	+	+
		1,4-二甲基-2-乙基苯			+	+	+	+	+	+	+
		1,2,4,5-四甲基苯			—	—	—	+	+	+	—
		1,2,3,5-四甲基苯			—	—	—	+	+	+	—
第二组稠环芳烃	萘	萘	$C_{10}H_8$	128	+	+	+	+	+	+	+
	C_1 萘	1-甲基萘	$C_{11}H_{10}$	142	+	+	+	+	+	+	+
		2-甲基萘			+	+	+	+	+	+	+
	C_2 萘	2,3-二甲基萘	$C_{12}H_{12}$	156	+	+	+	+	+	+	+
		1,3-二甲基萘			+	+	+	+	+	+	+

续表

目标化合物类别		目标化合物	化学分子式	m/z	3546	3414	3401	1475	1546	1487	3527
第三组茚满类	茚满	茚满	C_9H_{10}	118	+	+	+	+	+	+	+
					+	+	+	+	+	+	+
	C_1 茚满	茚	C_9H_8	116	+	+	+	+	+	+	+
		1-甲基茚满	$C_{10}H_{12}$	132	+	+	+	+	+	+	+
					+	+	+	+	+	+	+
		2-甲基茚满			+	+	+	+	+	+	+
		4-甲基茚满			+	+	+	+	+	+	+
					+	+	+	+	+	+	+
	C_2 茚满	1,2-二甲基茚满	$C_{11}H_{14}$	146	+	+	+	+	+	+	+
					+	+	+	+	+	+	+
第四组多环芳烃		蒽	$C_{14}H_{10}$	178	+	+	+	+	+	+	+
		甲基菲	$C_{15}H_{12}$	192	+	+	+	+	+	+	+
		二甲基菲	$C_{16}H_{14}$	206	—	—	—	—	—	—	—
		荧蒽	$C_{16}H_{10}$	202	+	+	+	+	+	+	+
		芘	$C_{16}H_{10}$	202	+	+	+	+	+	+	+

C_2 苯的三个“火枪手”、C_3 苯以及 C_4 苯是汽油燃烧残留物的典型特征组分。结合图 5.14 和表 5.6 可知，所有 SBS 燃烧残留物中均出现了 C_2 苯的三个“火枪手”、C_3 苯和 C_4 苯特征峰，且在保留时间上与汽油也非常接近，因此可以说明 SBS 在烷基苯组分上对汽油鉴定存在较大干扰。

对比分析图 5.14(b) 和图 5.14(c) 可知，由于星型结构相较于线型结构在火灾高温作用下具有较好的稳定性，所以与线型分子结构的 SBS 3546 相比，星型分子结构的 SBS 3414 中检出了相对含量更高的 C_3 和 C_4 苯，且 SBS 3414 中三种 C_2 苯同分异构体相对含量以及 C_3、C_4 苯相对含量与汽油更为相似，说明星型结构的 SBS 对汽油鉴定影响更为显著。需要进行说明的是，检出的用作橡胶原料和橡胶添加剂的双戊烯 (7.09min) 在本研究中仅存在于 SBS 3414，因此不纳入分析范围；而在图 5.14(c) 和图 5.14(d) 中，苯乙烯含量不同的两种 SBS 样品 C_2 苯相对丰度出现了明显差别，其中苯乙烯含量为 23%的 SBS 3401 检出了丰度极高的乙基苯，而苯乙烯含量为 40%的 SBS 3414 则检出丰度极高的邻二甲苯，与汽油更为相似。另外，通过对比分析图 5.14(b) 和图 5.14(f)、图 5.14(c) 和图 5.14(e) 以及结合表 5.6 可知，充油型样品中 C_4 苯含量及种类更多，在充油型样品 SBS 1475 和 1546 中检出 9 种 C_4 苯同分异构体，而非充油型样品 SBS 3546 和 3414 中则只检出 7 种，缺乏汽油燃烧残留物中存在的 1,2,4,5-四甲基苯和 1,2,3,5-四甲基苯两种 C_4 苯特征组分；但充油型样品 C_3 苯丰度相对较低。另外，在七种 SBS 烷基苯提取离子流色谱图中，苯乙烯特征峰并不是很明显，而且非常容易与邻二甲苯特征峰相重叠，这就要求鉴定人员在进行鉴定工作时要格外注意苯乙烯特征峰，避免鉴定结论出现偏差。最后，从特征组分类别以及各汽油特征组分保留时间来看，七种 SBS 在烷基苯组分的认定上对汽油鉴定存在极大干扰。

(3) 茚满类组分的分析　茚满类物质是汽油鉴定关键组分之一，图 5.15 显示了茚满类（m/z=116，117，118，131，132）物质的 EICs，表 5.6 显示了 SBS 燃烧残留物茚满类组分具体情况。

从图 5.15 中可以看出，七种 SBS 茚满类 EICs 整体趋势和出峰时间大致相同，均生成了汽油燃烧残留物中存在的茚满、茚、甲基茚满和二甲基茚满等化合物，说明 SBS 在茚满类物质上对汽油鉴定也存在较大干扰。

图 5.15 显示，SBS 茚满类组分与汽油的差异性主要体现在茚满和茚的相对峰面积占比。对比分析图 5.15(b) 和图 5.15(c) 可知，分子结构不同的两种样品燃烧产物中特征组分存在一定区别，其中星型结构的 SBS 3414 中茚满峰面积占比远大于茚的峰面积占比，与汽油更为接近，说明星型分子结构对汽油鉴定的干扰更为显著；同样，根据图 5.15(c) 和图 5.15(d) 可知，苯乙烯含量不同会使其燃烧产物也有所区别，其中当苯乙烯含量为 40%时，茚满类组分 EIC 与汽油燃烧残留物中茚满类组分大致相同，对汽油鉴定干扰性更大。

(4) 稠环芳烃组分的分析　对稠环芳烃类组分（m/z 128、142、156、170 和 184）进行提取，得到如图 5.16 所示的 EICs。

由图 5.16 可知，七种物质表现出了极为相似的谱图形状，但丰度不同，同时，均出现了萘、甲基萘和二甲基萘，且各特征组分的保留时间、丰度都相差不大，对汽油鉴定存在极大干扰；另外，无论是分子结构、苯

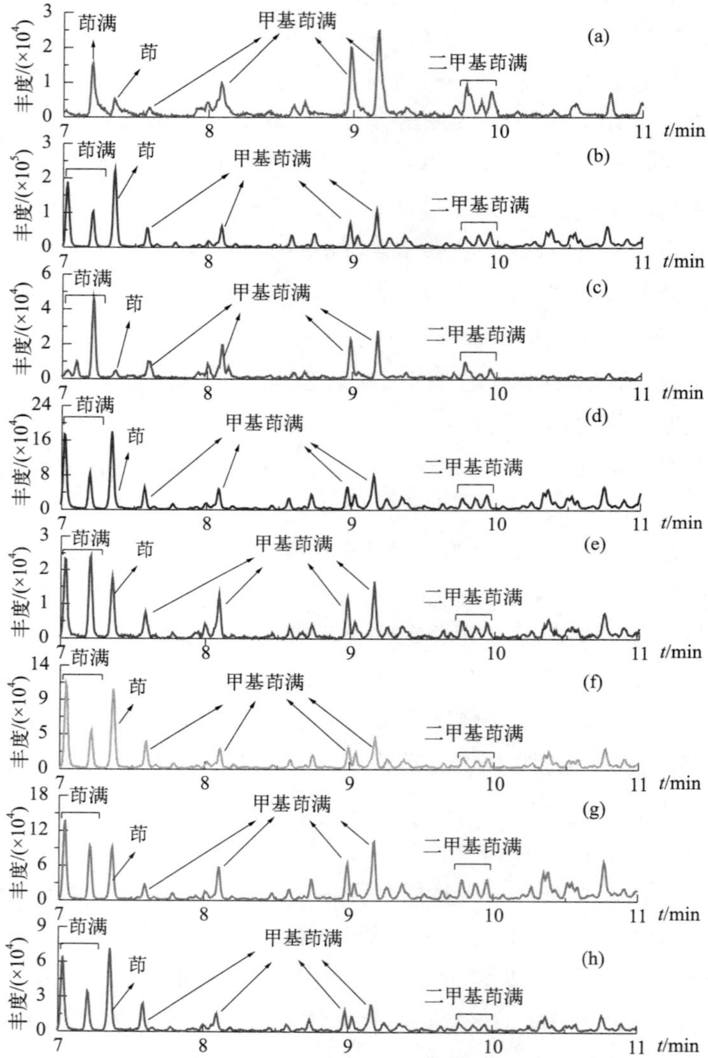

图 5.15　汽油燃烧残留物与七种 SBS 燃烧残留物茚满类提取离子流图

(a) 汽油；(b) SBS 3546；(c) SBS 3414；(d) SBS 3401；(e) SBS 1475；(f) SBS 1546；(g) SBS 1487；(h) SBS 3527

乙烯含量还是充油性，在稠环芳烃组分中都无明显区别。需要特别说明的是，SBS 1487 在 15.25min 左右检测出了 2,6-二叔丁基对甲酚，此物质常用于橡胶、塑料等产品中，充当抗氧剂、防老剂等。

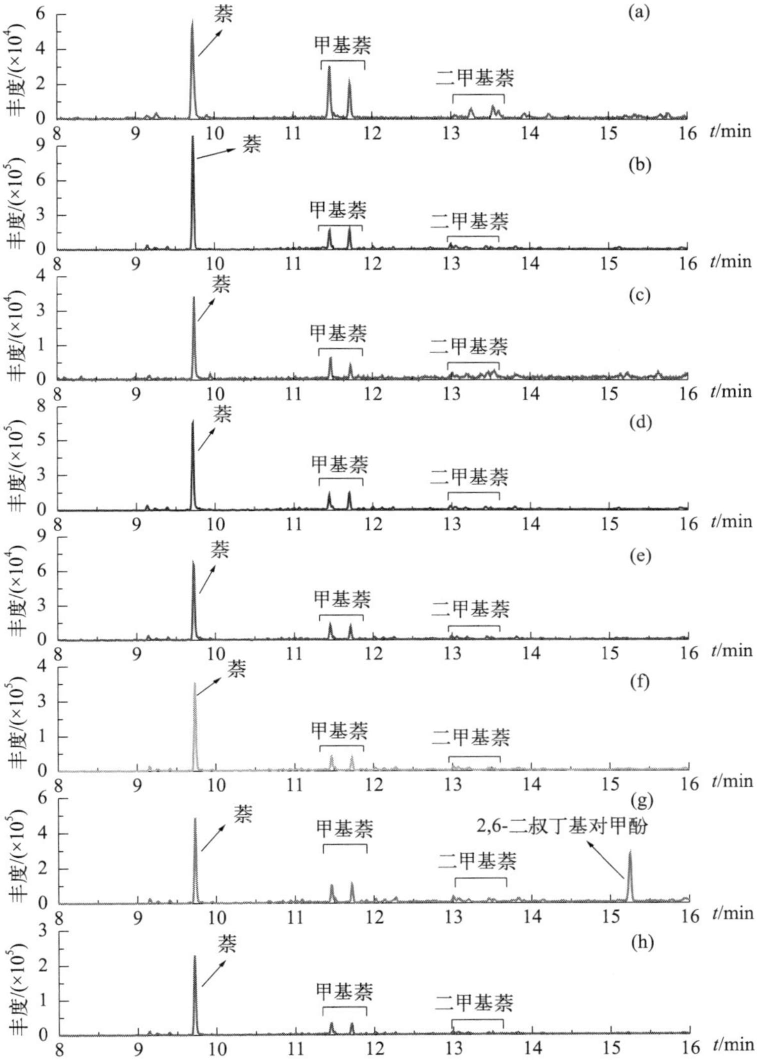

图 5.16　汽油燃烧残留物与七种 SBS 燃烧残留物稠环芳烃提取离子流图

(a) 汽油；(b) SBS 3546；(c) SBS 3414；(d) SBS 3401；(e) SBS 1475；(f) SBS 1546；(g) SBS 1487；(h) SBS 3527

(5) 多环芳烃组分的分析　对多环芳烃类组分（m/z 166、178、192、202 和 206）进行提取，得到如图 5.17 所示的 EICs。

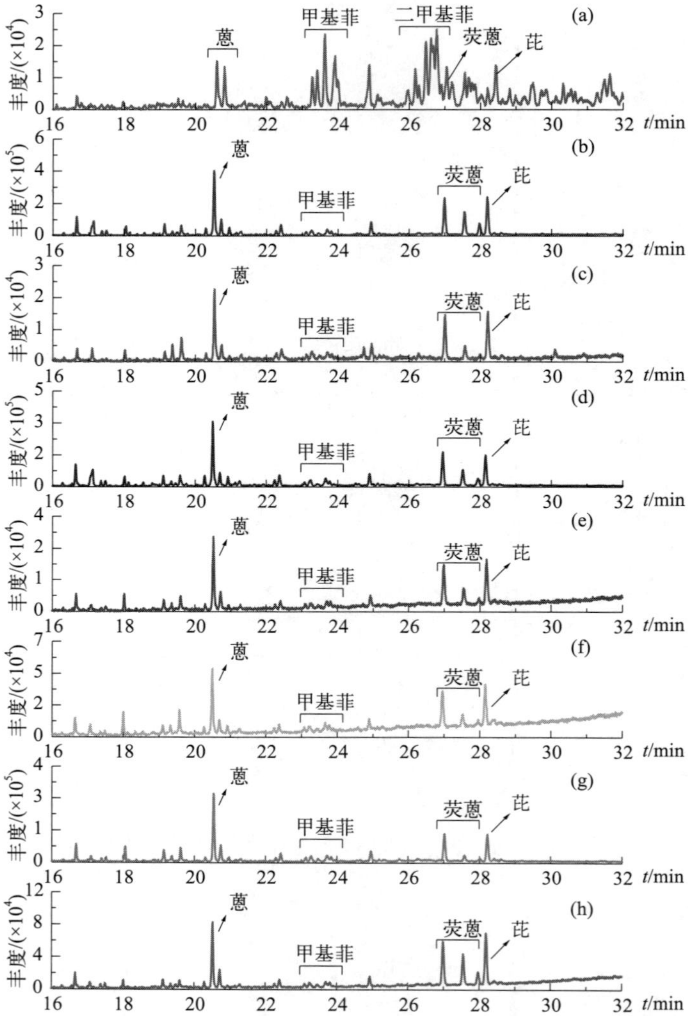

图 5.17 汽油燃烧残留物与七种 SBS 燃烧残留物多环芳烃提取离子流图

(a) 汽油；(b) SBS 3546；(c) SBS 3414；(d) SBS 3401；(e) SBS 1475；(f) SBS 1546；(g) SBS 1487；(h) SBS 3527

根据 GB/T 18294.5—2010 可知，汽油燃烧时发生了多种化学反应，生成了一些新的物质，其中大部分是多环芳烃，主要为蒽、菲、荧蒽以及芘等物质，从图 5.17 并结合表 5.6 可知，七种 SBS 燃烧残留物之间多环芳烃组分的差异不大，且均检出了蒽、甲基菲、荧蒽和芘，与汽油燃烧残留物中组分类型基本相同，在特征组分类别上对汽油鉴定存在一定干扰，但 SBS 燃烧残留物中没有二甲基菲，且整体峰形及相对含量与汽油燃烧残留物存在差别，因此在多环芳烃组分上对汽油鉴定的干扰有限。

5.2.2　SBS 加载汽油后混合燃烧残留物特征组分分析

实际火场中，如遇到使用汽油进行放火的情况，当汽油与背景干扰物混合燃烧后，可能会由于背景物的存在导致混合燃烧残留物中检出的特征组分发生变化，使其与汽油燃烧残留物特征组分产生差异，从而出现“假阴性”的错误结论，严重影响汽油检验鉴定结果的准确性。因此，为了更加全面地研究 SBS 对汽油鉴定的干扰性，将加载 0.5mL 汽油于 SBS 样品中进行混合燃烧，对混合燃烧残留物进行分析讨论。

（1）GC-MS 总离子流谱图分析　分别在七种 SBS 样品中加载 0.5mL 汽油使其混合燃烧，得到混合燃烧残留物并利用 GC-MS 对其进行分析，总离子流色谱图如图 5.18 所示。

对比图 5.13 和图 5.18 可知，加载汽油后，所有 SBS 样品 TICs 整体趋势变化不大，特别是特征峰保留时间几乎毫无改变。存在差异的地方主要体现在丰度和峰高，加载汽油后，七种 SBS 燃烧残留物 TICs 丰度和峰形与汽油燃烧残留物 TIC 的相似度有一定程度的增加，但可以从图 5.18 中明显看出，加载汽油后的 SBS 燃烧残留物虽然均可检测出烷基苯、茚满类和稠环芳烃等特征组分，但 TICs 与汽油仍然存在较大差别。

另外，对比图 5.18（b）和图 5.18（c），忽略橡胶中常见的防老剂、抗氧剂等成分，发现加载汽油后，线型分子结构的 SBS 3546 与星型结构的 SBS 3414 在前 10min 的特征峰相对丰度上存在显著区别，说明不同分子结构的 SBS 同样会对其燃烧产物造成影响，出现具有差异化的 TIC；而不同苯乙烯含量以及不同充油性的 SBS 在加载汽油后，除了 TICs 整体峰高发生变化，其余特征与未加汽油时相比均无明显差异。因此，为了进一步分析加载汽油后的 SBS 燃烧残留物对汽油鉴定的影响，还需对各目标化合物的 EICs 进行研究分析。

（2）烷基苯组分的分析　对加载汽油后的七种 SBS 燃烧残留物烷基苯（m/z＝91，92，105，106，119，120，134）组分进行提取，得到如图 5.19 所示的 EICs。

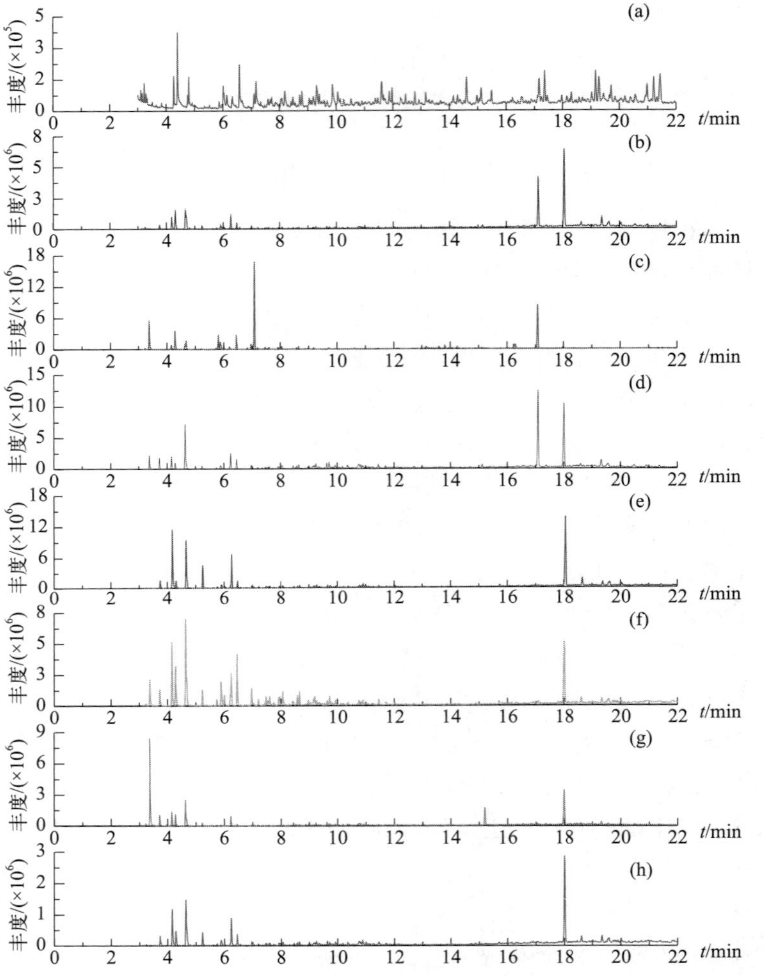

图 5.18 汽油燃烧残留物与加载汽油后七种 SBS 燃烧残留物总离子流图

（a）汽油；（b）SBS 3546；（c）SBS 3414；（d）SBS 3401；（e）SBS 1475；

（f）SBS 1546；（g）SBS 1487；（h）SBS 3527

由图 5.19 可知，加载汽油后，两种分子结构的样品烷基苯 EIC 均表现为汽油与样品峰形的叠加，但从整体上看，与汽油燃烧残留物谱图仍存在差别［如图 5.19(b) 和图 5.19(c)］。需要进行说明的是，检出的用作橡胶原料和橡胶添加剂的双戊烯（7.09min）在本研究中仅存在于 SBS 3414，因此不纳入分析范围。而在图 5.19(c) 和图 5.19(d) 中，苯乙烯含量不同的两种 SBS 样品烷基苯 EIC 较加载汽油前发生改变，相对峰总

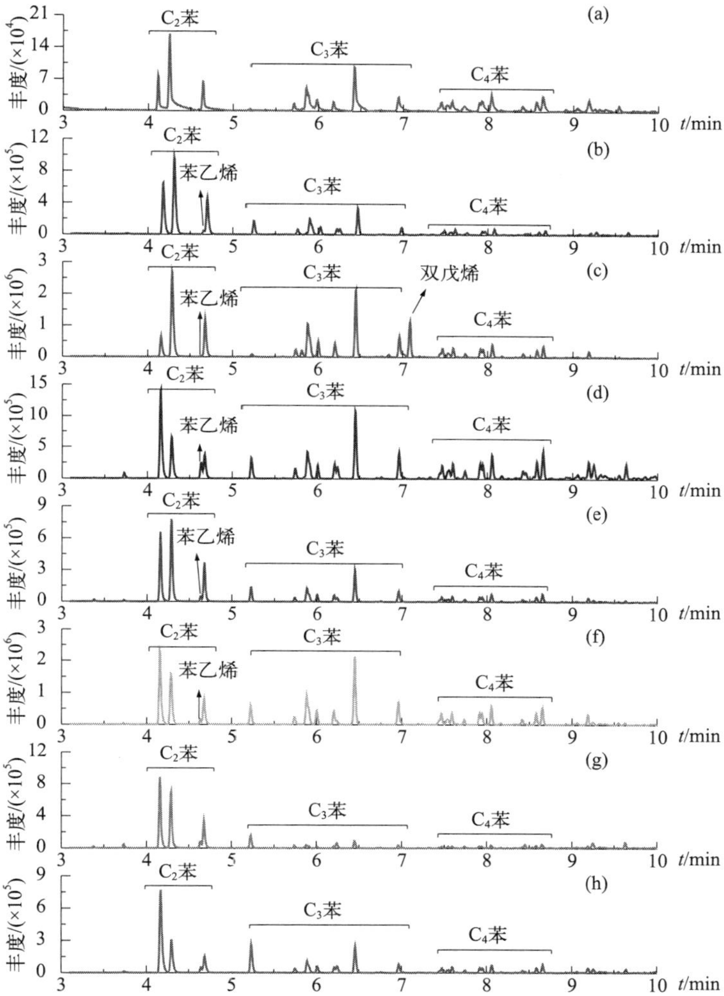

图 5.19　汽油燃烧残留物与加载汽油后七种 SBS 燃烧残留物烷基苯提取离子流图

（a）汽油；（b）SBS 3546；（c）SBS 3414；（d）SBS 3401；（e）SBS 1475；（f）SBS 1546；（g）SBS 1487；（h）SBS 3527

体趋势向汽油燃烧残留物峰形靠近，但仍存在一定区别；另外，通过对比分析图 5.14 和图 5.19 中的（b）和（f）、（c）和（e）以及结合表 5.6 可知，充油型样品中 C_4 苯含量及种类更多，在充油型样品 SBS 1475 和 1546 中检出 9 种 C_4 苯同分异构体，而非充油型样品 SBS 3546 和 3414 中则只检出 7 种；但充油型样品 C_3 苯丰度相对较低。

总体来说，加载汽油后，SBS燃烧残留物烷基苯组分较未加载汽油时发生一定变化，整体呈向汽油燃烧残留物烷基苯EIC靠近的趋势，谱线表现为SBS样品燃烧残留物与汽油燃烧残留物的叠加。但需要注意的是，加载汽油后，所有SBS燃烧残留物烷基苯各特征组分的相对含量依然与汽油存在较大差别，特别是作为“三个火枪手”的C_2苯最为明显；除此之外，汽油燃烧残留物中C_4苯含量普遍高于SBS燃烧残留物，因此，在存在SBS的火灾现场，仅仅依赖汽油检验鉴定的关键组分对其进行定性分析容易出现“假阴性”的错误结论，还应通过对各组分的定量分析进一步加以区分。

（3）茚满类组分的分析　对加载汽油后的七种SBS燃烧残留物茚满类（m/z=116，117，118，131，132）组分进行提取，得到如图5.20所示的EICs。

加载汽油后，对比图5.20(b)和图5.20(c)，分子结构不同的两种SBS谱图变化有一定区别，SBS 3414色谱图变化不大，而SBS 3546色谱图整体趋向于汽油，但在茚满和茚相对峰面积占比上与汽油仍存在一定差异；另外，所有样品均呈现出茚满占比增大，茚占比减小的趋势，与汽油燃烧残留物中茚满类组分谱图的相似度增加。但在汽油燃烧残留物中，二甲基茚满的占比相对较高，而在SBS燃烧残留物中则相对偏低。

（4）稠环芳烃组分的分析　对加载汽油后的七种SBS燃烧残留物稠环芳烃（m/z=128，142，156，170，184）组分进行提取，得到如图5.21所示的EICs。

由图5.21可知，加载汽油后，所有SBS燃烧残留物稠环芳烃组分整体几乎没有变化，与汽油燃烧残留物无论是在特征峰保留时间还是整体谱线趋势都存在极大的相似性，但在汽油燃烧残留物中，甲基萘的相对峰面积大于SBS中甲基萘的相对峰面积。

（5）多环芳烃组分的分析　对加载汽油后的七种SBS燃烧残留物多环芳烃（m/z=166，178，192，202，206）组分进行提取，得到如图5.22所示的EIC。

由图5.22可知，加载汽油后，所有SBS燃烧残留物多环芳烃组分变化不大，仍然只可检出蒽、甲基菲、荧蒽和芘，且甲基菲相对含量远远低于汽油燃烧残留物，不存在二甲基菲，整体峰形以及目标化合物类型与汽油燃烧残留物存在较大差异。

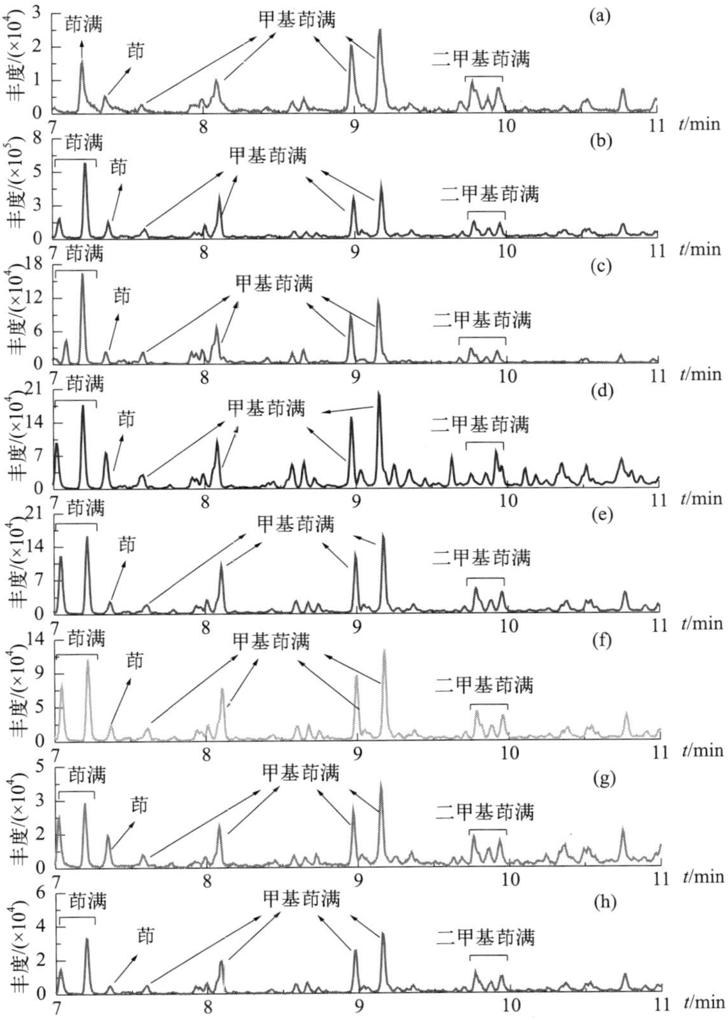

图 5.20　汽油燃烧残留物与加载汽油后七种 SBS 燃烧残留物茚满类提取离子流图

（a）汽油；（b）SBS 3546；（c）SBS 3414；（d）SBS 3401；（e）SBS 1475；

（f）SBS 1546；（g）SBS 1487；（h）SBS 3527

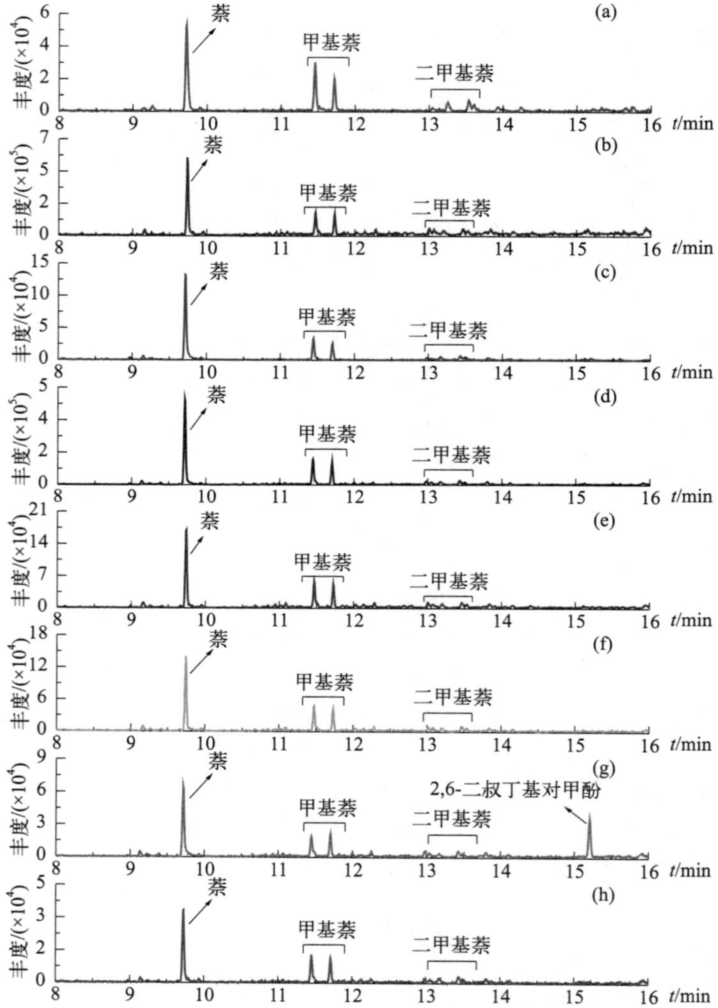

图 5.21　汽油燃烧残留物与加载汽油后七种 SBS 燃烧残留物稠环芳烃提取离子流图

(a) 汽油；(b) SBS 3546；(c) SBS 3414；(d) SBS 3401；(e) SBS 1475；(f) SBS 1546；(g) SBS 1487；(h) SBS 3527

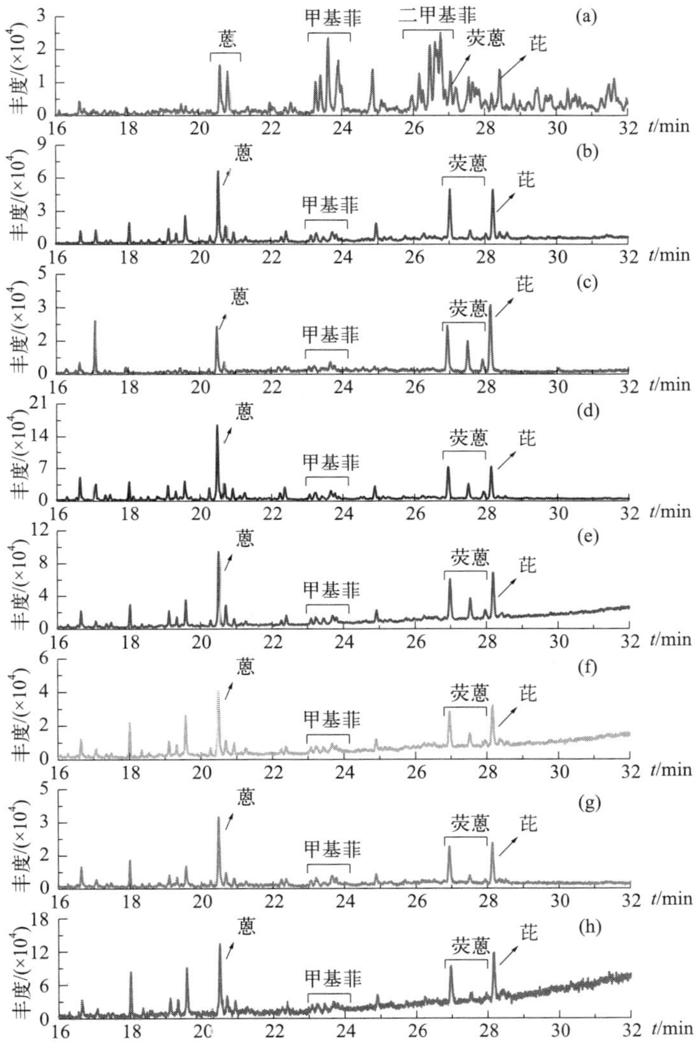

图 5.22　汽油燃烧残留物与加载汽油后七种 SBS 燃烧残留物多环芳烃提取离子流图

(a) 汽油；(b) SBS 3546；(c) SBS 3414；(d) SBS 3401；(e) SBS 1475；(f) SBS 1546；(g) SBS 1487；(h) SBS 3527

5.2.3　SBS 与汽油燃烧残留物特征组分的定量分析

通过以上研究发现，SBS 燃烧残留物中均能检出烷基苯、茚满类以及稠环芳烃等汽油鉴定的关键组分，在目标化合物种类上对汽油的鉴定造成极大的干扰，检验鉴定时，容易出现“假阳性”的错误结论；同时，当加载 0.5mL 汽油后，SBS 燃烧残留物中特征组分发生一定变化，各组分色谱图整体趋势向汽油燃烧残留物靠近，但值得注意的是，加载汽油后的 SBS 燃烧残留物各组分间相对峰面积（相对含量）与汽油依然存在很大差异，在对汽油进行鉴定时，仅依靠目标化合物类型对残留物进行定性分析会造成“假阴性”的错误结论。

因此，为了进一步对 SBS 与汽油加以区分，本文将对七种 SBS 燃烧残留物烷基苯、茚满类、稠环芳烃和多环芳烃组分分别进行定量分析，通过 Agilent MassHunter Qualitative Analysis Navigator B. 80. 00 数据分析软件对 3 组重复实验中烷基苯、茚满类、稠环芳烃和多环芳烃 EIC 进行自动积分，将相关组分的峰面积进行归一化处理，通过计算分别得到各目标化合物的平均峰面积百分比及标准差，为排除 SBS 燃烧残留物对汽油鉴定的干扰提供指导。计算式如式(3.1）所示，并绘制相应表格进行分析。

（1）烷基苯组分定量分析　图 5.14 和图 5.19 显示，在七种 SBS 燃烧残留物中，三个 C_2 苯的特征峰最为明显，丰度最大，且 SBS 燃烧残留物与汽油燃烧残留物的 C_2 苯相对含量存在一定差异，加载 0.5mL 汽油后，C_2 苯相对含量也发生了不同程度的变化，因此，对其 C_2 苯三个同分异构体（乙基苯、对二甲苯和邻二甲苯）进行定量分析，如表 5.7 和表 5.8 所示。

表 5.7　七种 SBS 和汽油燃烧残留物 C_2 苯异构体的相对峰面积所占比例

样品	汽油	3546		3414		3401		1475		1546		1487		3527	
汽油量/mL		+0	+0.5	+0	+0.5	+0	+0.5	+0	+0.5	+0	+0.5	+0	+0.5	+0	+0.5
乙基苯	0.21	0.75	0.33	0.14	0.14	0.67	0.51	0.55	0.36	0.59	0.48	0.77	0.45	0.72	0.49
对二甲苯	0.58	0.13	0.46	0.60	0.61	0.21	0.32	0.30	0.44	0.28	0.35	0.10	0.38	0.16	0.28
邻二甲苯	0.21	0.12	0.21	0.26	0.25	0.11	0.17	0.15	0.20	0.13	0.17	0.13	0.17	0.12	0.23

为增强数据的可靠性，将通过三次平行实验所计算出的相对峰面积比例进行标准差计算，如表 5.8 所示。

表 5.8　七种 SBS 和汽油燃烧残留物 C_2 苯异构体的相对峰面积所占比例的标准差

样品	汽油	3546		3414		3401		1475		1546		1487		3527	
汽油量/mL		+0	+0.5	+0	+0.5	+0	+0.5	+0	+0.5	+0	+0.5	+0	+0.5	+0	+0.5
乙基苯	0.01	0.03	0.03	0.01	0.02	0.02	0.01	0.03	0.03	0.01	0.01	0.01	0.02	0.02	0.02
对二甲苯	0.02	0.02	0.03	0.01	0.02	0.01	0.01	0.03	0.03	0.02	0.01	0.01	0.01	0.01	0.01
邻二甲苯	0.01	0.01	0.01	0.01	0.01	0.02	0.01	0.01	0.01	0.02	0.01	0.02	0.01	0.03	0.02

表 5.7 和表 5.8 显示，尽管七种 SBS 燃烧残留物均能检出作为汽油鉴定关键组分的 3 种 C_2 苯异构体，但除 SBS 3414 以外，其余样品 3 种异构体的峰面积百分比与汽油燃烧残留物均有着较大不同。除 SBS 3414 外，在 SBS 燃烧残留物中，乙基苯占比最大，峰面积占比分别为 0.75，0.67，0.55，0.59，0.77，0.72；而在汽油燃烧残留物中，对二甲苯含量最多，峰面积为 0.58。因此，可以通过对 C_2 苯 3 种异构体峰面积所占比例的进一步分析来区分 SBS 燃烧残留物与汽油燃烧残留物。其中，在 C_2 苯组分上 SBS 3414 对汽油鉴定干扰较小，可进一步通过 C_4 苯类型及含量与汽油进行区分。

加载汽油后，五种 SBS（SBS 3546、3414、3401、1475、1546）烷基苯组分均发生不同程度的变化，乙基苯比例均减小，分别为 0.33，0.14，0.51，0.36 和 0.48，而对二甲苯比例均呈上升趋势，分别为 0.46，0.61，0.32，0.44 和 0.35，其中，SBS 3414 中 C_2 苯相对峰面积比例变化不大。除此之外，C_3 苯和 C_4 苯含量也相较于加载汽油前明显增多，总体上与汽油燃烧残留物烷基苯谱图的相似度增加；虽然所有样品加载汽油后烷基苯各组分情况整体上逐渐趋近于汽油燃烧残留物，但特定目标化合物所占比例跟汽油仍然存在较大差异，如 SBS 3401 和 SBS 1546 中，乙基苯峰面积所占比例最大，分别为 0.51 和 0.48，而在汽油中，乙基苯峰面积占比仅有 0.21。另外，根据图 5.14、图 5.19 以及表 5.6 可知，SBS 燃烧残留物中除了 C_2 苯三种异构体峰面积占比与汽油不同之外，加载汽油后，所有 SBS 样品中 C_4 苯含量也明显偏少；因此，SBS 的存在容易导致在汽油鉴定中出现“假阴性”的错误结论。所有数据标准差均小于 0.05，可靠性较高。

（2）茚满类组分定量分析　图 5.15 和图 5.20 显示，SBS 燃烧残留物中均能检测出茚满、茚、甲基茚满以及二甲基茚满等汽油鉴定关键组分，对汽油鉴定产生极大干扰。但值得注意的是，SBS 燃烧残留物中茚满和茚的相对峰面积比例与汽油燃烧残留物是不同的，当加载汽油后，虽然特征峰整体趋势与汽油燃烧残留物的相似度有所增加，但茚满和茚的相对峰面积比例仍然存在差异，为进一步总结SBS燃烧残留物茚满类组分干扰汽油鉴定的规律，进而排除干扰，本文对加载汽油前后七种SBS燃烧残留物和汽油燃烧残留物中茚满与茚的相对峰面积比例及标准差进行计算（如表5.9和表5.10所示），通过对比分析找出干扰规律，为如何在实际火场中更好地识别汽油提供指导和参考。

表5.9　七种SBS和汽油燃烧残留物茚满类的相对峰面积所占比例

样品	汽油	3546		3414		3401		1475		1546		1487		3527	
汽油量/mL		+0	+0.5	+0	+0.5	+0	+0.5	+0	+0.5	+0	+0.5	+0	+0.5	+0	+0.5
茚满	0.71	0.61	0.87	0.93	0.88	0.54	0.77	0.75	0.90	0.57	0.90	0.56	0.75	0.53	0.92
茚	0.29	0.39	0.13	0.07	0.12	0.46	0.23	0.25	0.10	0.43	0.10	0.44	0.25	0.47	0.08

为增强数据的可靠性，将通过三次平行实验所计算出的相对峰面积比例进行标准差计算，如表5.10所示。

表5.10　七种SBS和汽油燃烧残留物茚满类的相对峰面积所占比例的标准差

样品	汽油	3546		3414		3401		1475		1546		1487		3527	
汽油量/mL		+0	+0.5	+0	+0.5	+0	+0.5	+0	+0.5	+0	+0.5	+0	+0.5	+0	+0.5
茚满	0.04	0.02	0.01	0.03	0.02	0.01	0.01	0.03	0.02	0.03	0.01	0.02	0.02	0.01	0.02
茚	0.04	0.03	0.02	0.02	0.02	0.01	0.01	0.03	0.02	0.02	0.01	0.01	0.03	0.01	0.02

由表5.9和表5.10可知，虽然所有SBS残留物样品中都能检出茚满和茚等汽油鉴定的关键组分，且都呈现出茚满含量高于茚含量的特征，总体与汽油类似，但茚满和茚的相对峰面积比例却不尽相同；加载汽油后，除SBS 3414略有下降外，其他所有样品茚满含量增加，汽油燃烧残留物中茚满与茚的比例约为7∶3，而这一比例在加载了汽油的SBS燃烧残留物中更大；另根据图5.20可知，汽油燃烧残留物甲基茚满和二甲基茚满丰度明显大于其余样品。由此可见，即使加载汽油后，五种SBS燃烧残留物中茚满类组分仍与汽油存在较大差异，在汽油鉴定中容易出现“假阴性”的错误结论。所有数据标准差均小于0.05，可靠性较高。

（3）稠环芳烃组分定量分析　根据图5.16和图5.21可知，加载汽油前，SBS燃烧残留物稠环芳烃组分与汽油燃烧残留物几乎完全一样，均能检出萘、甲基萘和二甲基萘等目标化合物，对汽油鉴定存在极大干扰；但加载汽油后，SBS 稠环芳烃组分变化不明显，目标化合物种类以及特征峰保留时间依然与汽油保持高度的一致性，但汽油燃烧残留物中甲基萘和二甲基萘的相对峰面积比例较高。为了更好地体现 SBS 与汽油燃烧残留物稠环类特征组分的异同，本文将对图中的峰面积进行量化，分别计算出 3 组重复实验中萘、甲基萘和二甲基萘相对峰面积占比的平均值以及标准差，如表 5.11 和表 5.12 所示。

表 5.11　七种 SBS 和汽油燃烧残留物稠环芳烃相对峰面积所占比例

样品	汽油	3546		3414		3401		1475		1546		1487		3527	
汽油量/mL		+0	+0.5	+0	+0.5	+0	+0.5	+0	+0.5	+0	+0.5	+0	+0.5	+0	+0.5
萘	0.46	0.66	0.56	0.58	0.64	0.67	0.60	0.65	0.59	0.67	0.58	0.66	0.57	0.67	0.60
甲基萘	0.40	0.26	0.31	0.23	0.27	0.26	0.33	0.25	0.32	0.25	0.33	0.24	0.31	0.24	0.29
二甲基萘	0.14	0.08	0.13	0.19	0.09	0.06	0.07	0.10	0.09	0.08	0.09	0.10	0.12	0.09	0.11

为增强数据的可靠性，将通过三次平行实验所计算出的相对峰面积比例进行标准差计算，如表 5.12 所示。

表 5.12　七种 SBS 和汽油燃烧残留物稠环芳烃相对峰面积所占比例的标准差

样品	汽油	3546		3414		3401		1475		1546		1487		3527	
汽油量/mL		+0	+0.5	+0	+0.5	+0	+0.5	+0	+0.5	+0	+0.5	+0	+0.5	+0	+0.5
萘	0.02	0.02	0.04	0.02	0.03	0.02	0.01	0.01	0.04	0.04	0.03	0.02	0.01	0.01	0.02
甲基萘	0.04	0.01	0.03	0.01	0.03	0.01	0.01	0.01	0.03	0.04	0.01	0.01	0.03	0.02	0.01
二甲基萘	0.02	0.01	0.04	0.02	0.02	0.02	0.01	0.01	0.04	0.01	0.02	0.01	0.02	0.02	0.02

由表 5.11 和表 5.12 可知，SBS 加载汽油前稠环芳烃组分相对含量均稳定，萘、甲基萘和二甲基萘峰面积比例约为 0.65∶0.25∶0.10，加载汽油后比例约为 0.59∶0.31∶0.10，萘相对峰面积比例略有降低，甲基萘相对峰面积比例则略有上升，整体变化不明显；而汽油中三种特征组分峰面积比例为 0.46∶0.40∶0.14，其中萘相对含量小于加载汽油前后的 SBS，而甲基萘和二甲基萘相对含量则大于加载汽油后的 SBS，但整体与 SBS 区别不大。所有数据标准差均小于 0.05，可靠性较高。

（4）多环芳烃组分定量分析　根据图 5.17 和图 5.22 可知，加载汽油前后 SBS 燃烧残留物多环芳烃组分变化不大，且均能检出蒽、甲基菲、荧蒽和芘等汽油燃烧残留物中存在的目标化合物，为了更好地体现 SBS 与汽油燃烧残留物多环芳烃特征组分的异同，本文将对图中的峰面积进行量化，分别计算出 3 组重复实验中蒽、荧蒽和芘相对峰面积占比的平均值以及标准差，如表 5.13 和表 5.14 所示。

表 5.13　七种 SBS 和汽油燃烧残留物多环芳烃相对峰面积所占比例

样品	汽油	3546		3414		3401		1475		1546		1487		3527	
汽油量/mL		+0	+0.5	+0	+0.5	+0	+0.5	+0	+0.5	+0	+0.5	+0	+0.5	+0	+0.5
蒽	0.64	0.32	0.48	0.37	0.45	0.36	0.47	0.36	0.51	0.35	0.49	0.37	0.47	0.32	0.52
荧蒽	0.21	0.47	0.31	0.35	0.26	0.35	0.25	0.36	0.25	0.34	0.28	0.35	0.28	0.40	0.31
芘	0.15	0.21	0.21	0.28	0.29	0.29	0.28	0.28	0.24	0.31	0.23	0.28	0.25	0.28	0.17

为增强数据的可靠性，将通过三次平行实验所计算出的相对峰面积比例进行标准差计算，如表 5.14 所示。

表 5.14　七种 SBS 和汽油燃烧残留物多环芳烃相对峰面积所占比例的标准差

样品	汽油	3546		3414		3401		1475		1546		1487		3527	
汽油量/mL		+0	+0.5	+0	+0.5	+0	+0.5	+0	+0.5	+0	+0.5	+0	+0.5	+0	+0.5
蒽	0.02	0.03	0.03	0.02	0.03	0.01	0.01	0.02	0.04	0.02	0.01	0.02	0.01	0.04	0.01
荧蒽	0.04	0.01	0.02	0.02	0.03	0.02	0.03	0.01	0.03	0.04	0.02	0.03	0.02	0.02	0.02
芘	0.02	0.02	0.04	0.03	0.02	0.02	0.01	0.01	0.02	0.01	0.02	0.02	0.02	0.02	0.03

由表 5.13 和表 5.14 可知，汽油燃烧残留物中蒽、荧蒽和芘相对峰面积比例为 0.64∶0.21∶0.15，蒽的相对峰面积比例最大，超过半数，而在 SBS 燃烧残留物中，蒽、荧蒽和芘的相对峰面积比例大致为 0.3∶0.5∶0.2，荧蒽占比最大；加载汽油后，虽然 SBS 燃烧残留物多环芳烃组分变化不大，但在相对峰面积比例上与汽油相似度增加，蒽、荧蒽和芘的峰面积占比变成了 0.5∶0.3∶0.2，但与汽油仍然存在差异。所有数据标准差均小于 0.05，可靠性较高。

为加强结论的说服力及研究的科学性，本文还将对 SBS 燃烧残留物烷基苯、茚满类、稠环芳烃和多环芳烃多类型特征组分进行定量分析，通过计算结果如表 5.15 所示。

表 5.15　七种 SBS 和汽油燃烧残留物四大芳香烃组分相对峰面积所占比例

样品	汽油	3546		3414		3401		1475		1546		1487		3527	
汽油量/mL		+0	+0.5	+0	+0.5	+0	+0.5	+0	+0.5	+0	+0.5	+0	+0.5	+0	+0.5
烷基苯	0.47	0.50	0.85	0.89	0.91	0.46	0.73	0.83	0.63	0.81	0.90	0.66	0.84	0.68	0.89
茚满类	0.15	0.10	0.05	0.05	0.05	0.11	0.10	0.05	0.19	0.05	0.06	0.10	0.06	0.08	0.06
稠环芳烃	0.25	0.15	0.02	0.02	0.02	0.02	0.09	0.04	0.07	0.06	0.03	0.11	0.04	0.09	0.03
多环芳烃	0.13	0.26	0.08	0.04	0.02	0.23	0.08	0.07	0.12	0.08	0.01	0.14	0.06	0.15	0.03

由表 5.15 可知，未加载汽油前，所有 SBS 燃烧残留物与汽油在烷基苯、茚满类、稠环芳烃和多环芳烃的相对峰面积比例上存在较大差异，说明虽然均能检出烷基苯、茚满类、稠环芳烃和多环芳烃等汽油鉴定关键组分，在特征组分类型上与汽油完全一致，对汽油鉴定存在较大干扰，但可通过多类型组分的定量分析将二者进行区分；加载 0.5mL 汽油后，各组分相对峰面积比例发生显著变化，仍然与汽油存在较大不同，因此，在鉴定中容易出现“假阴性”错误结论。

为了更加直观地展现加载汽油前后 SBS 燃烧残留物与汽油燃烧残留物特征组分的异同，根据上述相对峰面积比例的数据分别将典型组分相对峰面积比例绘制成图 5.23(a) 和图 5.23(b)。

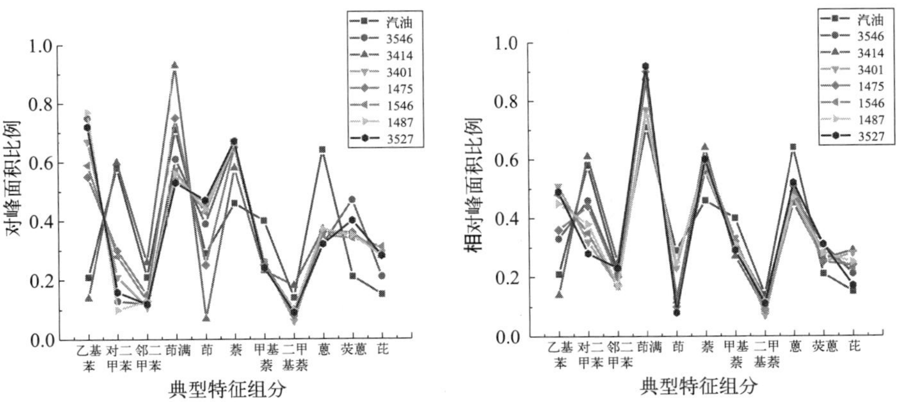

(a) 未加载汽油时典型特征组分　　(b) 加载汽油时典型特征组分

图 5.23　七种 SBS 和汽油燃烧残留物典型组分峰面积比例

由图 5.23(a) 可知，未加载汽油时，SBS 燃烧残留物中各特征组分在相对峰面积比例上与汽油存在一定差别，可以以此对二者进行区分；加载汽油后，SBS燃烧残留物各特征组分相对峰面积比例与汽油相似度增加，但仍存在一定差异，主要体现在乙基苯、对二甲苯和邻二甲苯的峰面积比例上，因此说明加载汽油后，SBS燃烧残留物仍然可能干扰汽油的鉴定，导致“假阴性”错误结论的出现。

5.3 SEBS燃烧残留物对汽油鉴定的干扰性

近年来，SEBS（SBS的加氢产物）在我国需求量进一步增大，呈现出供不应求的态势。作为SBCs系列产品之一，SEBS由于不含不饱和双键，因此具有良好的稳定性和耐老化性，广泛用于生产橡胶制品、高档弹性体、塑料改性、胶黏剂、润滑油、增黏剂、电线电缆的填充料和护套料等。在前人的相关研究中，二烯烃结构极不稳定，在燃烧反应中极易相互反应并环化，生成与汽油燃烧残留物相同的特征组分，从而对汽油的检验鉴定造成较大干扰，影响鉴定结果的准确性，这一结论在SBS对汽油鉴定的干扰研究中得到了验证。本节将继续从化学结构角度出发，在研究嵌段共聚物对汽油鉴定影响的基础上，从反面对前人的研究成果进行验证，探讨无二烯烃结构的SEBS燃烧残留物组分情况，进一步研究其对汽油鉴定的干扰性。本节选取了六种型号的SEBS（501t、502t、503t、602t、G1651和G1652）样品，分别在加汽油与不加汽油的情况下将其点燃制成燃烧残留物，并利用GC-MS对燃烧残留物进行特征组分分析。

5.3.1 SEBS燃烧残留物特征组分分析

（1）总离子流图　选择6种不同牌号的SEBS原料并制成燃烧残留物，通过GC-MS分析，得到汽油燃烧残留物和6种SEBS燃烧残留物总离子流图（如图5.24所示）。

根据图5.24可知，SEBS燃烧残留物总离子流谱图中特征峰主要集中在前8min，且前8min的特征峰丰度最高，信号最强；少量特征峰出现在8～16min。相较于汽油燃烧残留物来看，SEBS燃烧残留物总离子流图较为单一，且在整体峰形和趋势上与汽油谱图存在较大差别。另外，与SBS燃烧残留物相同，SEBS燃烧残留物中也均检出了广泛用作中等程度防老剂和制造橡胶制品的二苄醚（17.88min），用作塑料增塑剂的邻苯二甲酸酯（19.21min），这两种物质都是在橡胶类物质中较为常见的成分，

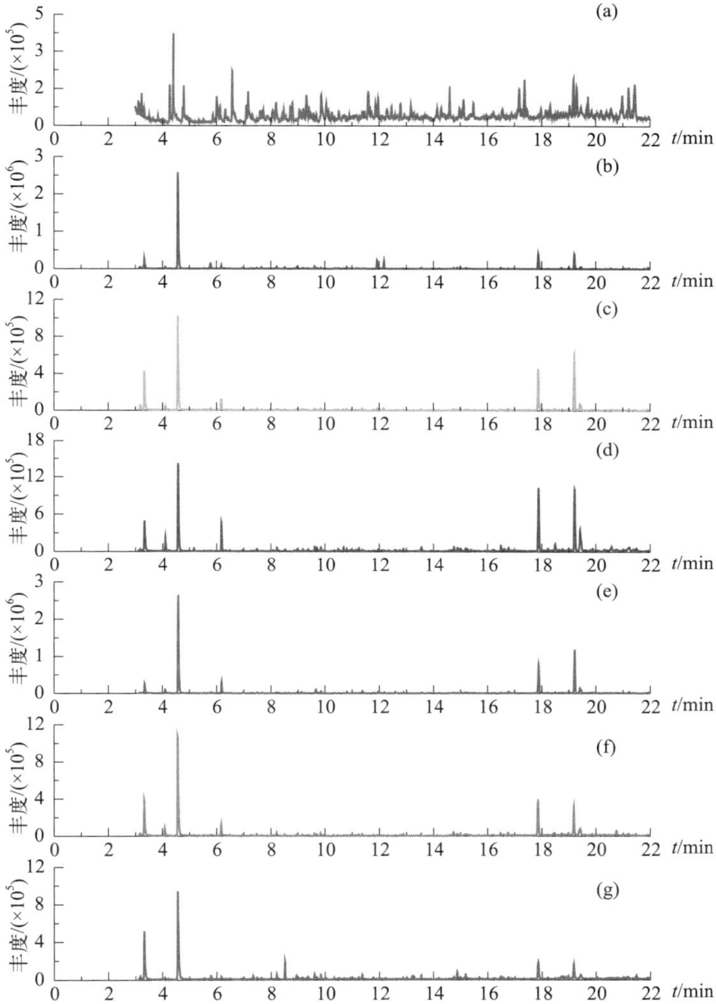

图 5.24　汽油燃烧残留物与六种 SEBS 燃烧残留物总离子流图

(a) 汽油；(b) SEBS 501t；(c) SEBS 502t；(d) SEBS 503t；(e) SEBS 602t；(f) SEBS G1651；(g) SEBS G1652

可由此来对 SEBS 与汽油进行区分。

通过分析 SEBS 燃烧残留物 TIC 可知，在 SEBS 燃烧残留物中仍然可检测出烷基苯、茚满类以及稠环芳烃等组分，单从目标化合物种类来说，可能会对汽油鉴定造成一定干扰，但以往的实验研究证明，仅仅依赖目标化合物种类来对燃烧残留物进行定性分析往往得不到较为准确的鉴定结果，甚至可能会出现严重偏离事实的错误结论。基于此，为了准确判断 SEBS 燃烧残留物对汽油的干扰性，本文还将进一步对其 EIC 进行分析研究。

（2）烷基苯组分的提取离子流图　对 6 种 SEBS 燃烧残留物烷基苯（m/z＝91，92，105，106，119，120，134）组分进行提取，得到如图 5.25 所示的 EIC。

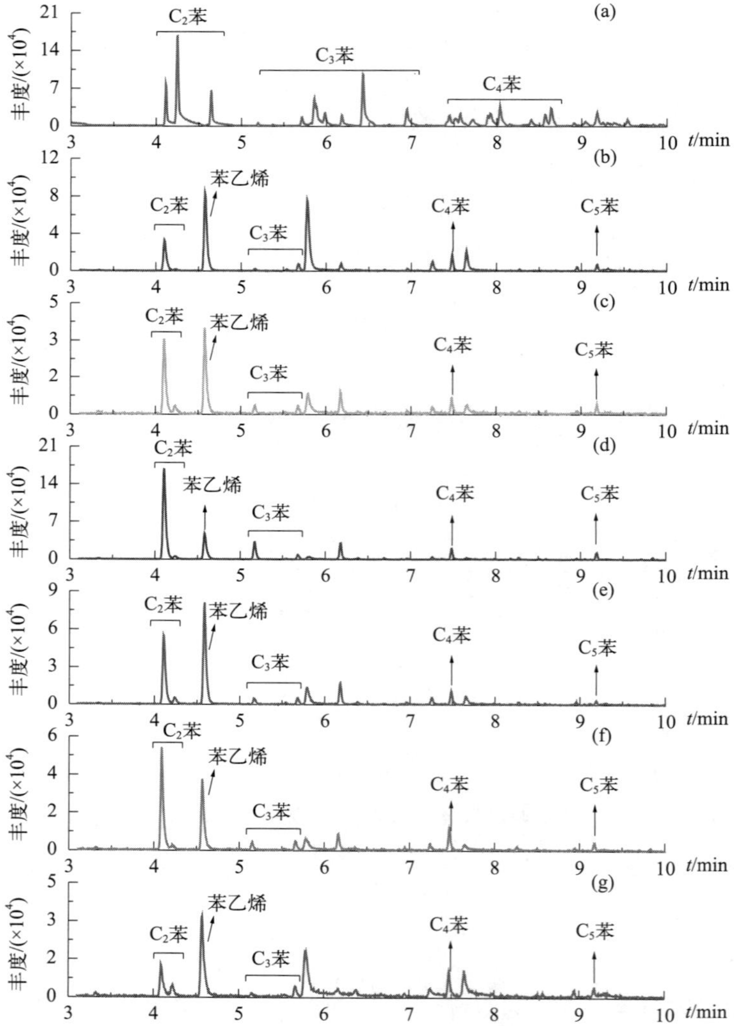

图 5.25　汽油燃烧残留物与六种 SEBS 燃烧残留物烷基苯提取离子流图

（a）汽油；（b）SEBS 501t；（c）SEBS 502t；（d）SEBS 503t；（e）SEBS 602t；（f）SEBS G1651；（g）SEBS G1652

为了更好地对特征组分进行分析，从而更加准确地判断干扰性，将六种 SEBS 燃烧残留物中干扰汽油鉴定的芳香烃组分列于表 5.16。

表 5.16　六种 SEBS 燃烧残留物中干扰汽油鉴定的芳香烃类特征组分

<table>
<tr><th colspan="2">目标化合物类别</th><th>目标化合物</th><th>化学分子式</th><th>m/z</th><th>501t</th><th>502t</th><th>503t</th><th>602t</th><th>G1651</th><th>G1652</th></tr>
<tr><td rowspan="18">第一组烷基苯</td><td rowspan="3">C_2 苯</td><td>乙基苯</td><td rowspan="3">C_8H_{10}</td><td rowspan="3">106</td><td>+</td><td>+</td><td>+</td><td>+</td><td>+</td><td>+</td></tr>
<tr><td>对二甲苯</td><td>+</td><td>+</td><td>+</td><td>+</td><td>+</td><td>+</td></tr>
<tr><td>邻二甲苯</td><td>—</td><td>—</td><td>—</td><td>—</td><td>—</td><td>—</td></tr>
<tr><td rowspan="6">C_3 苯</td><td>1,2,3-三甲基苯</td><td rowspan="6">C_9H_{12}</td><td rowspan="6">120</td><td>+</td><td>+</td><td>+</td><td>+</td><td>+</td><td>+</td></tr>
<tr><td>丙基苯</td><td>+</td><td>+</td><td>+</td><td>+</td><td>+</td><td>+</td></tr>
<tr><td>2-乙基甲苯</td><td>—</td><td>—</td><td>—</td><td>—</td><td>—</td><td>—</td></tr>
<tr><td>1,3,5-三甲基苯</td><td>—</td><td>—</td><td>—</td><td>—</td><td>—</td><td>—</td></tr>
<tr><td>3-乙基甲苯</td><td>+</td><td>+</td><td>+</td><td>+</td><td>+</td><td>+</td></tr>
<tr><td>4-乙基甲苯</td><td>+</td><td>+</td><td>+</td><td>+</td><td>+</td><td>+</td></tr>
<tr><td rowspan="9">C_4 苯</td><td>1-甲基-3-丙基苯</td><td rowspan="9">$C_{10}H_{14}$</td><td rowspan="9">134</td><td>—</td><td>—</td><td>—</td><td>—</td><td>—</td><td>—</td></tr>
<tr><td>丁基苯</td><td>+</td><td>+</td><td>+</td><td>+</td><td>+</td><td>+</td></tr>
<tr><td>1,2-二甲基-3-乙基苯</td><td>—</td><td>—</td><td>—</td><td>—</td><td>—</td><td>—</td></tr>
<tr><td>1-甲基-4-丙基苯</td><td>—</td><td>—</td><td>—</td><td>—</td><td>—</td><td>—</td></tr>
<tr><td>1,2,3,4-四甲基苯</td><td>—</td><td>—</td><td>—</td><td>—</td><td>—</td><td>—</td></tr>
<tr><td>1,2-二甲基-4-乙基苯</td><td>—</td><td>—</td><td>—</td><td>—</td><td>—</td><td>—</td></tr>
<tr><td>1,4-二甲基-2-乙基苯</td><td>—</td><td>—</td><td>—</td><td>—</td><td>—</td><td>—</td></tr>
<tr><td>1,2,4,5-四甲基苯</td><td>—</td><td>—</td><td>—</td><td>—</td><td>—</td><td>—</td></tr>
<tr><td>1,2,3,5-四甲基苯</td><td>—</td><td>—</td><td>—</td><td>—</td><td>—</td><td>—</td></tr>
<tr><td rowspan="5">第二组稠环芳烃</td><td>萘</td><td>萘</td><td>$C_{10}H_8$</td><td>128</td><td>+</td><td>+</td><td>+</td><td>+</td><td>+</td><td>+</td></tr>
<tr><td rowspan="2">C_1 萘</td><td>1-甲基萘</td><td rowspan="2">$C_{11}H_{10}$</td><td rowspan="2">142</td><td>+</td><td>+</td><td>+</td><td>+</td><td>+</td><td>+</td></tr>
<tr><td>2-甲基萘</td><td>—</td><td>—</td><td>—</td><td>—</td><td>—</td><td>—</td></tr>
<tr><td rowspan="2">C_2 萘</td><td>2,3-二甲基萘</td><td rowspan="2">$C_{12}H_{12}$</td><td rowspan="2">156</td><td>—</td><td>—</td><td>—</td><td>—</td><td>—</td><td>—</td></tr>
<tr><td>1,3-二甲基萘</td><td>—</td><td>—</td><td>—</td><td>—</td><td>—</td><td>—</td></tr>
<tr><td rowspan="6">第三组茚满类</td><td>茚满</td><td>茚满</td><td>C_9H_{10}</td><td>118</td><td>—</td><td>—</td><td>—</td><td>—</td><td>—</td><td>—</td></tr>
<tr><td>茚</td><td>茚</td><td>C_9H_8</td><td>116</td><td>+</td><td>+</td><td>+</td><td>+</td><td>+</td><td>+</td></tr>
<tr><td rowspan="3">C_1 茚满</td><td>1-甲基茚满</td><td rowspan="2">$C_{10}H_{12}$</td><td rowspan="2">132</td><td>+</td><td>+</td><td>+</td><td>+</td><td>+</td><td>+</td></tr>
<tr><td>2-甲基茚满</td><td>—</td><td>—</td><td>—</td><td>—</td><td>—</td><td>—</td></tr>
<tr><td>4-甲基茚满</td><td rowspan="2">$C_{11}H_{14}$</td><td rowspan="2">146</td><td>—</td><td>—</td><td>—</td><td>—</td><td>—</td><td>—</td></tr>
<tr><td>C_2 茚满</td><td>1,2-二甲基茚满</td><td>—</td><td>—</td><td>—</td><td>—</td><td>—</td><td>—</td></tr>
</table>

续表

目标化合物类别	目标化合物	化学分子式	m/z	501t	502t	503t	602t	G1651	G1652
第四组多环芳烃	蒽	$C_{14}H_{10}$	178	+	+	+	+	+	+
	甲基菲	$C_{15}H_{12}$	192	—	—	—	—	—	—
	二甲基菲	$C_{16}H_{14}$	206	—	—	—	—	—	—
	荧蒽	$C_{16}H_{10}$	202	+	—	+	—	—	—
	芘	$C_{16}H_{10}$	202	+	+	+	+	+	+

图 5.25 和表 5.16 显示，SEBS 燃烧残留物中依然可以检出 C_2 苯、C_3 苯和 C_4 苯等特征组分，但值得注意的是，从整个烷基苯 EIC 来看，SEBS 燃烧残留物与汽油燃烧残留物特征峰总体趋势和出峰时间都存在极大差异。

在特征组分类型方面，SEBS 燃烧残留物不仅有 C_2 苯、C_3 苯和 C_4 苯，还在 9.19min 处检出了 C_5 苯，且 SEBS 燃烧残留物中仅检出乙基苯和对二甲苯两种 C_2 苯同分异构体，缺少汽油燃烧残留物中的邻二甲苯组分，另外，SEBS 燃烧残留物中 C_3 苯和 C_4 苯同分异构体种类分别只有 4 种和 1 种，而汽油燃烧残留物中至少检出 6 种 C_3 苯以及 9 种 C_4 苯；特征组分含量方面，在 SEBS 燃烧残留物中，乙基苯含量在 C_2 苯中占据绝对优势，仅检出极少量的对二甲苯、C_3 苯和 C_4 苯，而图 5.25 显示，汽油燃烧残留物中 C_2 苯、C_3 苯以及 C_4 苯含量明显多于 SEBS 燃烧残留物。总的来说，从烷基苯组分类别以及各特征组分含量方面分析，六种 SEBS 燃烧残留物在烷基苯组分上对汽油鉴定的干扰十分有限，实际火场物证检验鉴定过程中，通过简单的定性分析便可判断燃烧残留物中是否含有汽油。

（3）茚满组分的提取离子流图　图 5.26 展现了六种 SEBS 燃烧残留物茚满类（m/z＝116，117，118，131，132）组分的 EIC，结合表 5.16 中茚满类组分类型和保留时间进行分析。

结合图 5.26 和表 5.16 可知，六种 SEBS 燃烧残留物的茚满类 EIC 基本相同，检出化合物的类型、种类、保留时间以及各化合物相对含量几乎完全一致，但需要关注的是，与图 5.26(a) 进行对比分析，发现 SEBS 燃烧残留物与汽油燃烧残留物茚满类组分存在极大的差别。

在特征组分类型方面，汽油燃烧残留物中可检测出茚满、茚、甲基茚满和二甲基茚满四种目标化合物，而 SEBS 燃烧残留物中只能检出茚和甲

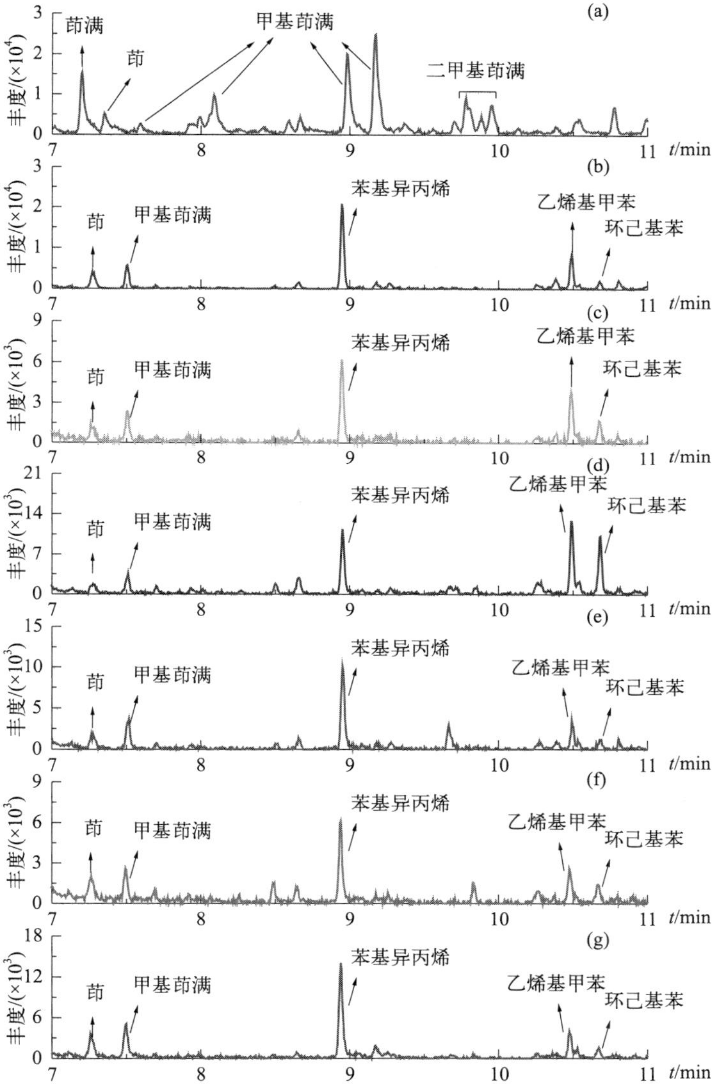

图 5.26　汽油燃烧残留物与六种 SEBS 燃烧残留物茚满类提取离子流图

（a）汽油；（b）SEBS 501t；（c）SEBS 502t；（d）SEBS 503t；
（e）SEBS 602t；（f）SEBS G1651；（g）SEBS G1652

基茚满，除此之外，SEBS 还分别检出了用作增塑剂的苯基异丙烯（8.95mim），用于制备树脂、塑料和橡胶的乙烯基甲苯（10.49min）以及用作橡胶渗透剂的环己基苯（10.68min）；在特征组分含量方面，

SEBS燃烧残留物中仅检出少量的茚和甲基茚满，与汽油燃烧残留物明显不同，在实际检验鉴定中，可以此作为依据，对SEBS燃烧残留物和汽油进行区分。

（4）稠环芳烃组分的提取离子流图　对六种SEBS燃烧残留物稠环芳烃（m/z=128，142，156，170，184）组分进行提取，得到如图5.27所示的EICs。

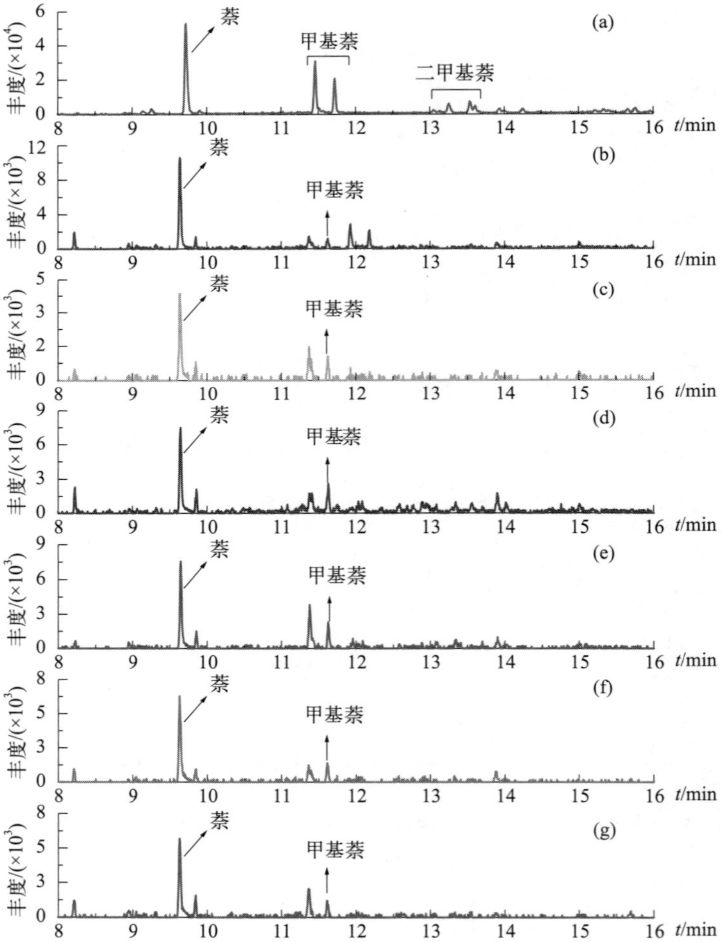

图5.27　汽油燃烧残留物与六种SEBS燃烧残留物稠环芳烃提取离子流图

（a）汽油；（b）SEBS 501t；（c）SEBS 502t；（d）SEBS 503t；
（e）SEBS 602t；（f）SEBS G1651；（g）SEBS G1652

由图 5.27 可知，六种 SEBS 燃烧残留物稠环芳烃组分 EICs 具有高度的一致性，无论在检出化合物种类还是各化合物含量以及出峰时间上都没有明显差别。但结合表 5.16，与汽油燃烧残留物对比可知，SEBS 燃烧残留物稠环芳烃组分与汽油存在差别，对汽油鉴定影响不大。

汽油燃烧残留物中可检出萘、甲基萘和二甲基萘三种目标化合物，其中甲基萘有两个峰，而 SEBS 燃烧残留物中仅可检出萘和甲基萘两种化合物，无法检出二甲基萘，且甲基萘仅出现一个特征峰，与汽油燃烧残留物存在较大差异。由此，可以推断出在有 SEBS 燃烧残留物的火场中，通过稠环芳烃中特征组分种类即可判断是否存在汽油。

(5) 多环芳烃组分的分析　对 6 种 SEBS 燃烧残留物多环芳烃（m/z=166，178，192，202，206）组分进行提取，得到如图 5.28 所示的 EICs。

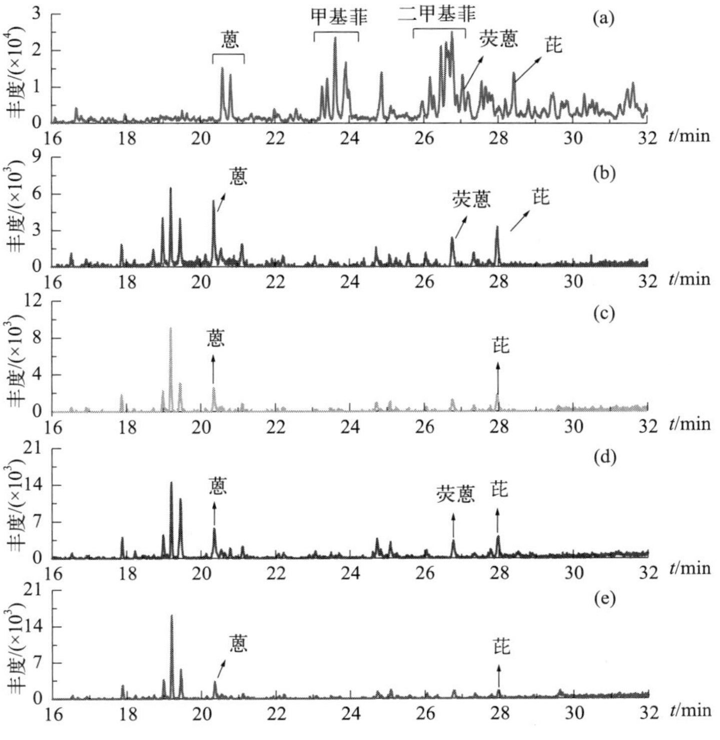

图 5.28

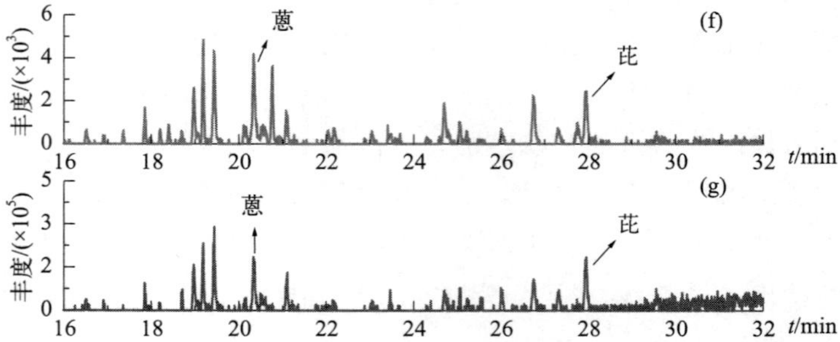

图 5.28 汽油燃烧残留物与六种 SEBS 燃烧残留物多环芳烃提取离子流图

(a) 汽油；(b) SEBS 501t；(c) SEBS 502t；(d) SEBS 503t；
(e) SEBS 602t；(f) SEBS G1651；(g) SEBS G1652

由图 5.28 可知，六种 SEBS 燃烧残留物多环芳烃组分与汽油存在较大差异，其中，SEBS 燃烧残留物中仅能检出蒽、荧蒽或芘目标化合物，检测不出甲基菲和二甲基菲等汽油中存在的物质，且整体峰形及相对含量都与汽油有所不同，对汽油鉴定干扰较小。

5.3.2 SEBS 加载汽油后混合燃烧残留物特征组分分析

上述研究表明，未加载汽油时，SEBS 燃烧残留物中虽然能检测出烷基苯、茚满类、稠环芳烃类以及多环芳烃类汽油鉴定的关键组分，但从目标化合物种类、相对含量以及保留时间上分析可知，SEBS 燃烧残留物与汽油存在的差异较大，在实际火场中对汽油鉴定的干扰不大。但另一方面，如果在有 SEBS 的火灾现场本身存在汽油，当二者混合燃烧后能否依靠相关标准规定的汽油鉴定特征组分对汽油进行辨别是需要探讨的问题。

为了探讨加载汽油后，SEBS 燃烧残留物对汽油鉴定的干扰性，分别向六种 SEBS 样品中加载 0.5mL 汽油，使其燃烧形成混合燃烧残留物，通过与汽油燃烧残留物相关特征组分进行对比分析得出干扰结论。

(1) GC-MS 总离子流图分析　采用 GC-MS 对所得的混合燃烧残留物进行研究分析，得到 SEBS 与汽油的混合燃烧残留物总离子流图，如图 5.29 所示。

根据图 5.29 可知，加载汽油后，所有 SEBS 燃烧残留物特征组分发生一定变化，特征峰信号强度有所增加，总体 TIC 与汽油燃烧残留物的

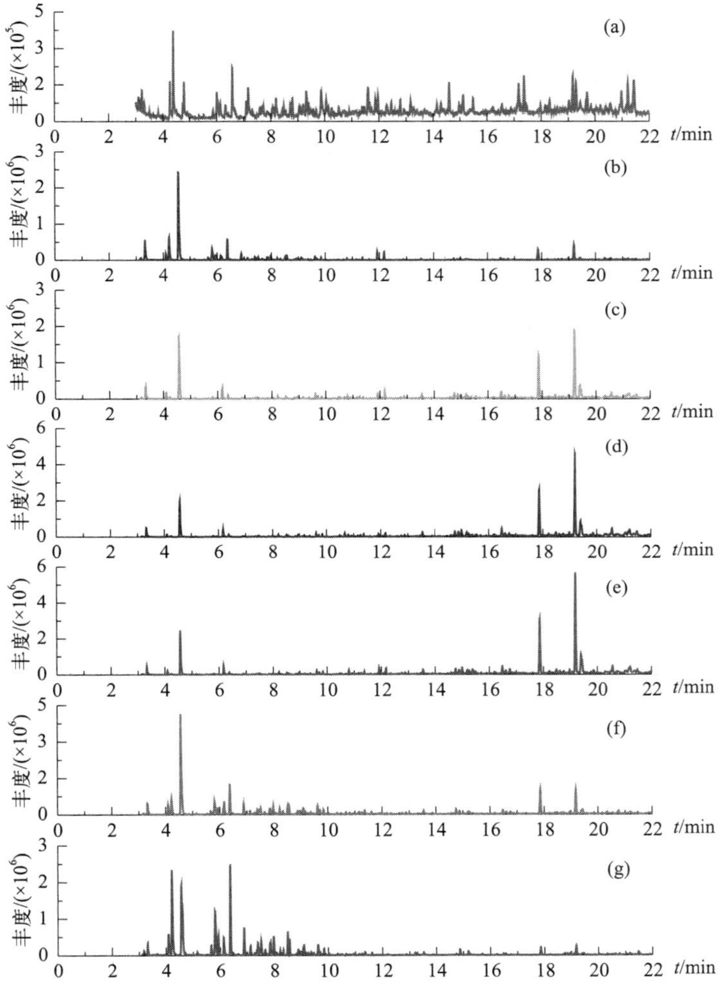

图 5.29 汽油燃烧残留物与加载汽油后六种 SEBS 燃烧残留物总离子流图

(a) 汽油；(b) SEBS 501t；(c) SEBS 502t；(d) SEBS 503t；

(e) SEBS 602t；(f) SEBS G1651；(g) SEBS G1652

相似度也呈现增大趋势，特别是 501t、G1651 和 G1652 变化最为显著，但变化程度十分有限；另外，出峰时间主要还是集中在前 8min，在 8～16min 出现少量特征峰，且与未加载汽油时相同，均检出了广泛用作中等程度防老剂和制造橡胶制品的二苄醚（17.88min），用作塑料增塑剂的邻苯二甲酸酯（19.21min）。

（2）烷基苯组分的提取离子流图　将烷基苯（m/z=91，92，105，106，119，120，134）进行提取，所得到加载汽油后的六种 SEBS 燃烧残留物烷基苯组分的提取离子流图如图 5.30 所示。

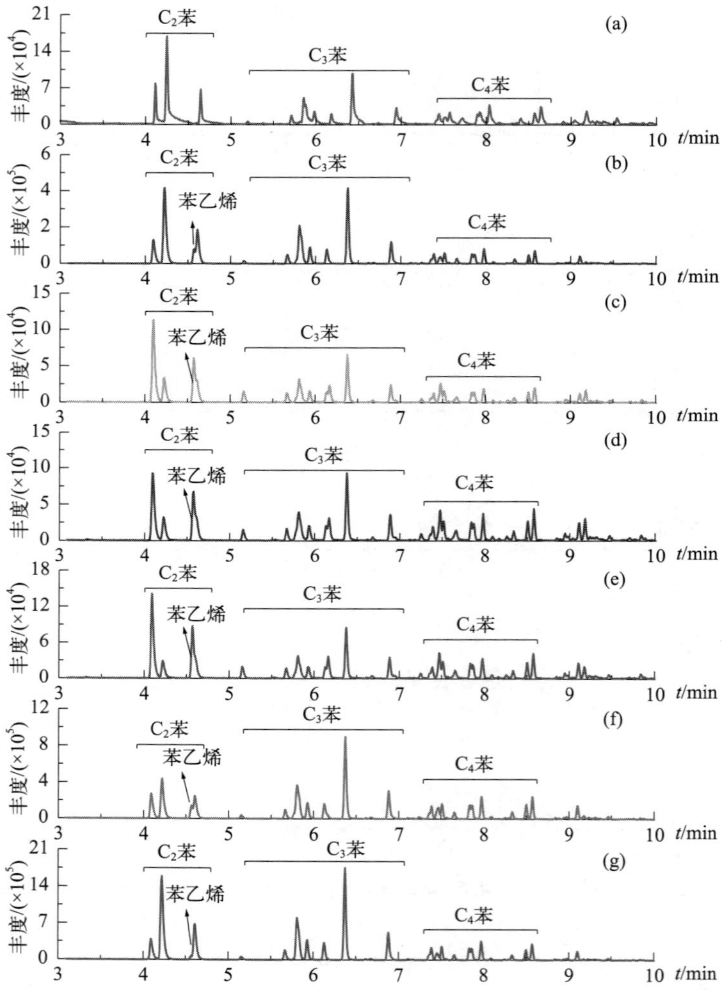

图 5.30　汽油燃烧残留物与加载汽油后六种 SEBS 燃烧残留物烷基苯提取离子流图

（a）汽油；（b）SEBS 501t；（c）SEBS 502t；（d）SEBS 503t；

（e）SEBS 602t；（f）SEBS G1651；（g）SEBS G1652

另外，为了更好地对特征组分进行分析，从而更加准确地判断干扰性，将六种 SEBS 燃烧残留物中干扰汽油鉴定的芳香烃组分列于表 5.17。

表 5.17　加载汽油后六种 SEBS 燃烧残留物中干扰汽油鉴定的芳香烃特征组分

目标化合物类别		目标化合物	化学分子式	m/z	501t	502t	503t	602t	G1651	G1652
第一组烷基苯	C_2 苯	乙基苯	C_8H_{10}	106	+	+	+	+	+	+
		对二甲苯			+	+	+	+	+	+
		邻二甲苯			+	+	+	+	+	+
	C_3 苯	1,2,3-三甲基苯	C_9H_{12}	120	+	+	+	+	+	+
		丙基苯			+	+	+	+	+	+
		2-乙基甲苯			+	+	+	+	+	+
		1,3,5-三甲基苯			+	+	+	+	+	+
		3-乙基甲苯			+	+	+	+	+	+
		4-乙基甲苯			+	+	+	+	+	+
	C_4 苯	1-甲基-3-丙基苯	$C_{10}H_{14}$	134	+	+	+	+	+	+
		丁基苯			+	+	+	+	+	+
		1,2-二甲基-3-乙基苯			+	+	+	+	+	+
		1-甲基-4-丙基苯			+	+	+	+	+	+
		1,2,3,4-四甲基苯			+	+	+	+	+	+
		1,2-二甲基-4-乙基苯			+	+	+	+	+	+
		1,4-二甲基-2-乙基苯			+	+	+	+	+	+
		1,2,4,5-四甲基苯			+	+	+	+	+	+
		1,2,3,5-四甲基苯			+	+	+	+	+	+
第二组稠环芳烃	萘	萘	$C_{10}H_8$	128	+	+	+	+	+	+
	C_1 萘	1-甲基萘	$C_{11}H_{10}$	142	+	+	+	+	+	+
		2-甲基萘			+	+	+	+	+	+
	C_2 萘	2,3-二甲基萘	$C_{12}H_{12}$	156	+	+	+	+	+	+
		1,3-二甲基萘			+	+	+	+	+	+
第三组茚满类	茚满	茚满	C_9H_{10}	118	+	+	+	+	+	+
	茚	茚	C_9H_8	116	+	+	+	+	+	+
	C_1 茚满	1-甲基茚满	$C_{10}H_{12}$	132	+	+	+	+	+	+
		2-甲基茚满			+	+	+	+	+	+
		4-甲基茚满			+	+	+	+	+	+
	C_2 茚满	1,2-二甲基茚满	$C_{11}H_{14}$	146	+	+	+	+	+	+

续表

目标化合物类别	目标化合物	化学分子式	m/z	501t	502t	503t	602t	G1651	G1652
第四组 多环芳烃	蒽	$C_{14}H_{10}$	178	+	+	+	+	+	+
	甲基菲	$C_{15}H_{12}$	192	+	+	+	+	+	+
	二甲基菲	$C_{16}H_{14}$	206	−	−	−	−	−	−
	荧蒽	$C_{16}H_{10}$	202	+	+	+	+	+	+
	芘	$C_{16}H_{10}$	202	+	+	+	+	+	+

由图 5.30 和表 5.17 可知，加载汽油后的 SEBS 燃烧残留物烷基苯组分相较于未加载汽油时发生巨大的变化，六种 SEBS 燃烧残留物的烷基苯 EICs 整体来看无较大差别，包括特征组分类别、种类和特征峰保留时间等几乎完全一致，且均能检测出 C_2 苯、C_3 苯以及 C_4 苯汽油鉴定关键组分，通过对燃烧残留物烷基苯 EIC 的分析得知，SEBS 燃烧残留物中检出 3 种 C_2 苯、6 种 C_3 苯以及 9 种 C_4 苯，均与汽油燃烧残留物相同。说明加载汽油后，仅仅依靠特征组分类型、种类数量以及特征峰保留时间对混合燃烧残留物进行定性分析，不会对汽油鉴定造成太大干扰。

但需要注意的是，数据的量化往往会使结论更加具有科学性和权威性，根据图 5.30 可知，SEBS 和汽油的混合燃烧残留物烷基苯组分中 C_2 苯相对含量也并不是完全一致的，与汽油相比仍然存在一定差别，当把数据量化后可能会得出不含汽油的“假阴性”错误结论。

(3) 茚满类组分的分析　将茚满类组分（$m/z=116$，117，118，131，132）进行提取，所得到加载汽油后的 SEBS 燃烧残留物茚满类组分的提取离子流图如图 5.31 所示。

由图 5.31 和表 5.17 可得到加载汽油后，六种 SEBS 燃烧残留物茚满类组分检出的特征组分类型和种类数量几乎完全一致，相较于未加载汽油时，混合燃烧残留物茚满类 EICs 发生较大变化，整体趋势与汽油燃烧残留物茚满类 EIC 的相似度增加，并均能检出茚满、茚、甲基茚满和二甲基茚满等汽油鉴定关键组分，除此之外，与未加载汽油时一样，还分别检出了用作增塑剂的苯基异丙烯（8.95mim），用于制备树脂、塑料和橡胶的乙烯基甲苯（10.49min）以及用作橡胶渗透剂的环己基苯（10.68min）；特征组分相对含量方面，图 5.31 可明显得出混合燃烧残留

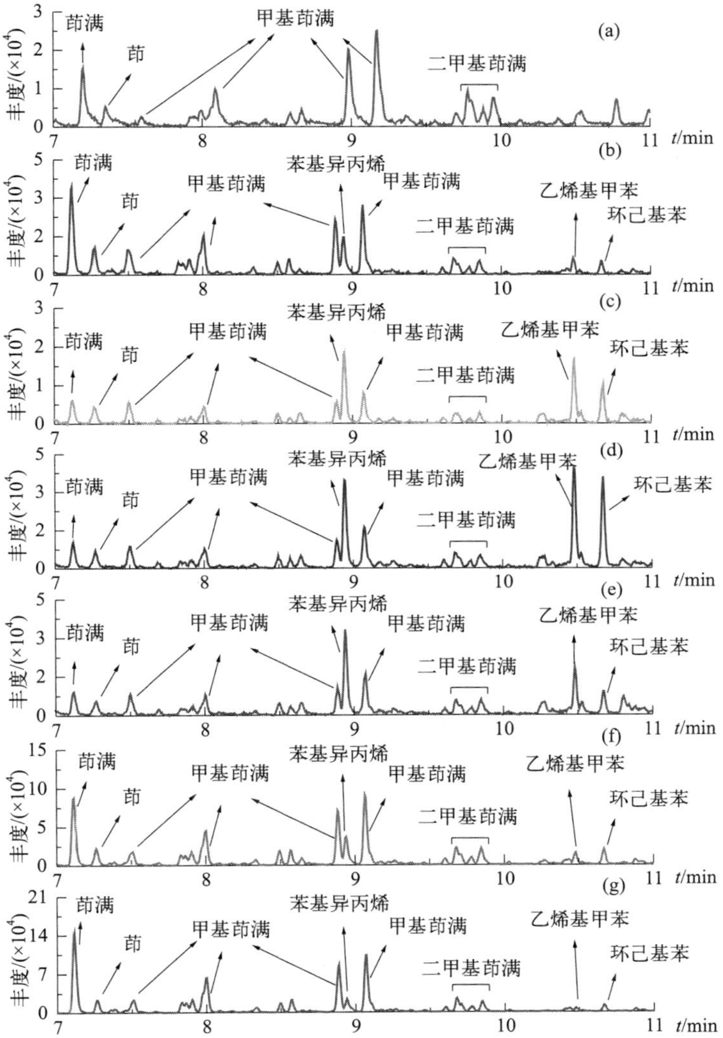

图 5.31　汽油燃烧残留物与加载汽油后六种 SEBS 燃烧残留物茚满类提取离子流图

(a) 汽油；(b) SEBS 501t；(c) SEBS 502t；(d) SEBS 503t；
(e) SEBS 602t；(f) SEBS G1651；(g) SEBS G1652

物中茚满、茚以及甲基茚满的相对峰面积比例与汽油燃烧残留物存在较大差异，因此，在实际火场汽油检验鉴定过程中，无论从特征组分类型、种类数量的定性分析还是通过相关特征组分的相对峰面积比例的定量分析，都有可能会导致汽油鉴定出现“假阴性”的错误结论。

（4）稠环芳烃组分的分析　将稠环芳烃组分（m/z=128，142，156，170，184）进行提取，所得到加载汽油后的SEBS燃烧残留物稠环芳烃组分的提取离子流图如图5.32所示。

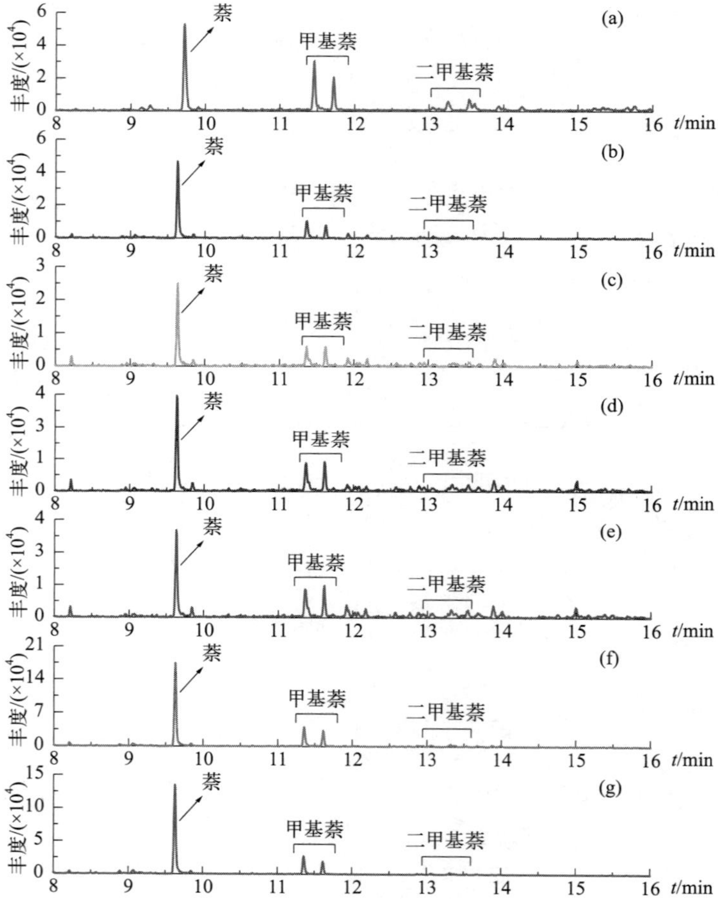

图5.32　汽油燃烧残留物与加载汽油后六种SEBS燃烧残留物稠环芳烃提取离子流图

（a）汽油；（b）SEBS 501t；（c）SEBS 502t；（d）SEBS 503t；
（e）SEBS 602t；（f）SEBS G1651；（g）SEBS G1652

由图5.32和表5.17可知，加载汽油后，所有SEBS燃烧残留物稠环芳烃组分发生较大改变，新检出了二甲基萘成分，且总体EIC趋势与汽油差别不大。从特征组分类型和数量上看，加载汽油后的SEBS燃烧残留物中均检测出了萘、甲基萘和二甲基萘组分，与汽油燃烧残留物一致，所以单凭对混合燃烧残留物进行定性分析可能不会对汽油鉴定造成干扰，但从萘、甲基萘和二甲基萘的相对峰面积比例来看，混合燃烧残留物与汽油燃烧残留物则存在一定差异，特别是加载汽油后的 SEBS 燃烧残留物中，甲基萘和二甲基萘相较于汽油燃烧残留物明显偏少。

（5）多环芳烃组分的分析　将多环芳烃组分（m/z＝166，178，192，202，206）进行提取，所得到加载汽油后的 SEBS 燃烧残留物多环芳烃组分的提取离子流图如图 5.33 所示。

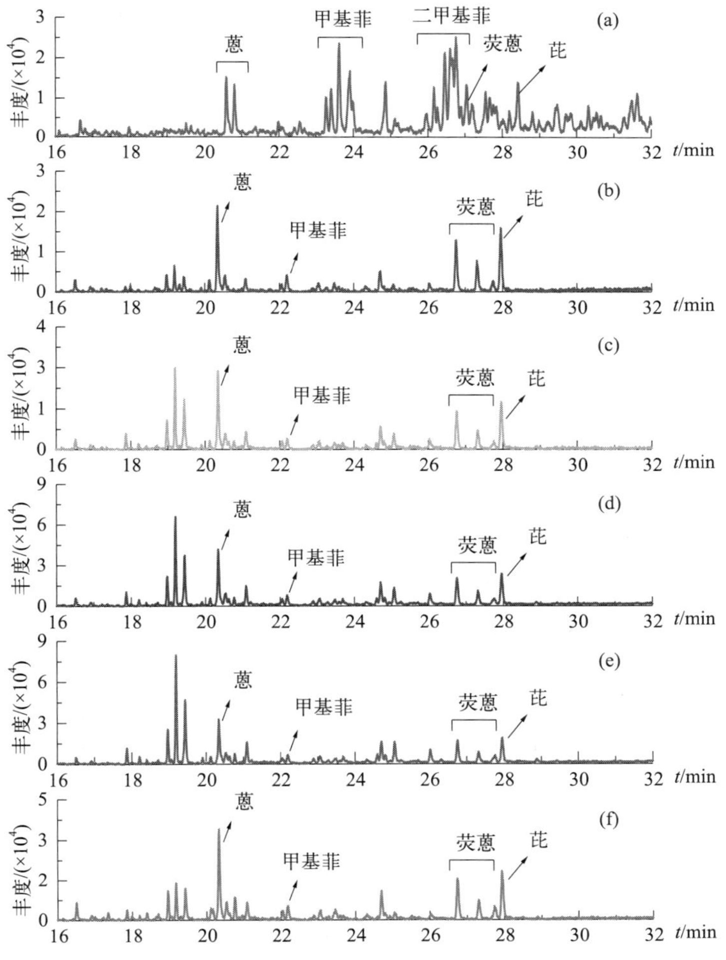

图 5.33

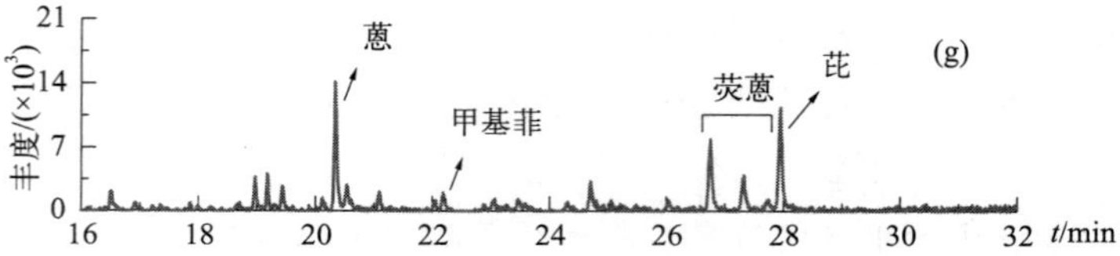

图 5.33　汽油燃烧残留物与加载汽油后六种 SEBS 燃烧残留物多环芳烃提取离子流图

（a）汽油；（b）SEBS 501t；（c）SEBS 502t；（d）SEBS 503t；（e）SEBS 602t；（f）SEBS G1651；（g）SEBS G1652

5.3.3　SEBS 与汽油燃烧残留物特征组分的定量分析

通过以上研究可知，未加载汽油时，SEBS 燃烧残留物中可以检出部分汽油鉴定的关键组分，但无论是烷基苯、茚满类、稠环芳烃还是多环芳烃组分，在目标化合物类型、种类数量和相对含量上都与汽油燃烧残留物存在极大差别；加载汽油后，SEBS 燃烧残留物中特征组分发生较大改变，色谱图整体趋于汽油燃烧残留物，且均能检出 C_2 苯、C_3 苯、C_4 苯、茚满、茚、甲基茚满、二甲基茚满、萘、甲基萘、二甲基萘、蒽以及芘等组分，在特征组分类型上对汽油鉴定的影响不大，但在特征组分相对含量上则与汽油存在较大差异。

因此为了进一步探究 SEBS 燃烧残留物对汽油鉴定的干扰性，本文将对 SEBS 燃烧残留物和汽油燃烧残留物特征组分进行定量分析。通过 Agilent MassHunter Qualitative Analysis Navigator B. 80. 00 数据分析软件对 3 组重复实验中烷基苯、茚满类、稠环芳烃和多环芳烃 EICs 进行自动积分，将相关组分的峰面积进行归一化处理，通过计算分别得到各目标化合物的平均峰面积百分比及标准差，为排除 SEBS 燃烧残留物对汽油鉴定的干扰提供指导。计算式如式(3.1) 所示，并绘制相应表格（如表 5.18～表 5.25 所示）进行分析。

（1）烷基苯组分定量分析　对加载汽油前后的 SEBS 燃烧残留物烷基苯进行定量分析，选取汽油燃烧残留物中最为经典的 C_2 苯三个同分异构体计算出相对峰面积比例及标准差，如表 5.18 和表 5.19 所示。

表 5.18　六种 SEBS 和汽油燃烧残留物 C_2 苯异构体的相对峰面积所占比例

样品	汽油	501t		502t		503t		602t		G1651		G1652	
汽油量/mL		+0	+0.5	+0	+0.5	+0	+0.5	+0	+0.5	+0	+0.5	+0	+0.5
乙基苯	0.21	0.97	0.17	0.90	0.50	0.97	0.44	0.90	0.36	0.94	0.28	0.73	0.14
对二甲苯	0.58	0.03	0.58	0.10	0.16	0.03	0.16	0.10	0.44	0.06	0.46	0.27	0.60
邻二甲苯	0.21	0.00	0.25	0.00	0.34	0.00	0.40	0.00	0.20	0.00	0.26	0.00	0.26

为增强数据的可靠性，将通过三次平行实验所计算出的相对峰面积比例进行标准差计算，如表 5.19 所示。

表 5.19　六种 SEBS 和汽油燃烧残留物 C_2 苯异构体的相对峰面积所占比例的标准差

样品	汽油	501t		502t		503t		602t		G1651		G1652	
汽油量/mL		+0	+0.5	+0	+0.5	+0	+0.5	+0	+0.5	+0	+0.5	+0	+0.5
乙基苯	0.01	0.02	0.02	0.01	0.03	0.02	0.02	0.03	0.01	0.01	0.01	0.02	0.03
对二甲苯	0.01	0.01	0.03	0.02	0.02	0.01	0.02	0.02	0.03	0.01	0.02	0.01	0.03
邻二甲苯	0.01	0.01	0.01	0.01	0.01	0.01	0.01	0.01	0.01	0.02	0.02	0.01	0.02

由表 5.18 和表 5.19 可知，未加载汽油时，SEBS 燃烧残留物烷基苯的 C_2 苯同分异构体中，邻二甲苯峰面积占比均为 0，乙基苯峰面积占比远远大于对二甲苯，而汽油燃烧残留物中 C_2 苯同分异构体峰面积占比分别为 0.21，0.58 和 0.21，二者存在极大差别；加载汽油后，SEBS 燃烧残留物 C_2 苯同分异构体峰面积占比发生改变，均新检出了邻二甲苯，且对二甲苯比例明显提高，整体趋势靠近汽油燃烧残留物，除 501t 和 G1652 比例与汽油接近以外，其余均与汽油不同，进一步验证了未加载汽油时，SEBS 燃烧残留物对汽油鉴定干扰不大；加载汽油后，虽可检出所有类型的汽油鉴定关键组分，但相关组分的相对峰面积占比与汽油燃烧残留物仍然存在不同，在汽油检验鉴定中容易出现“假阴性”的错误结论。所有数据标准差均小于 0.05，可靠性较高。

（2）茚满类组分定量分析　对加载汽油前后的 SEBS 燃烧残留物茚满类组分进行定量分析，由以上研究可知，SEBS 燃烧残留物与汽油存在的差异主要体现在茚满、茚以及甲基茚满，因此选取以上三个特征组分计算出相对峰面积比例及标准差，如表 5.20 和表 5.21 所示。

表 5.20　六种 SEBS 和汽油燃烧残留物茚满类相对峰面积所占比例

样品	汽油	501t		502t		503t		602t		G1651		G1652	
汽油量/mL		+0	+0.5	+0	+0.5	+0	+0.5	+0	+0.5	+0	+0.5	+0	+0.5
茚满	0.18	0.00	0.24	0.00	0.33	0.00	0.15	0.00	0.15	0.00	0.25	0.00	0.31
茚	0.03	0.47	0.19	0.38	0.13	0.44	0.10	0.39	0.09	0.47	0.06	0.39	0.05
甲基茚满	0.79	0.53	0.56	0.62	0.54	0.56	0.75	0.61	0.76	0.53	0.69	0.61	0.64

为增强数据的可靠性，将通过三次平行实验所计算出的相对峰面积比例进行标准差计算，如表 5.21 所示。

表 5.21　六种 SEBS 和汽油燃烧残留物茚满类相对峰面积所占比例的标准差

样品	汽油	501t		502t		503t		602t		G1651		G1652	
汽油量/mL		+0	+0.5	+0	+0.5	+0	+0.5	+0	+0.5	+0	+0.5	+0	+0.5
茚满	0.01	0.01	0.02	0.03	0.01	0.02	0.02	0.01	0.02	0.02	0.02	0.02	0.01
茚	0.01	0.01	0.02	0.02	0.02	0.02	0.03	0.02	0.02	0.01	0.02	0.03	0.01
甲基茚满	0.01	0.01	0.01	0.02	0.03	0.01	0.01	0.01	0.03	0.01	0.02	0.01	0.02

由表 5.20 和表 5.21 可知，未加载汽油时，SEBS 燃烧残留物茚满类组分中无法检出茚满，且茚和甲基茚满的相对峰面积占比大致为 4∶6 或者 5∶5，而汽油燃烧残留物中可检出茚满，且茚的相对含量极低，与 SEBS 燃烧残留物存在极大差别；加载汽油后，SEBS 燃烧残留物中新检出了茚满组分，茚的相对含量明显降低，而甲基茚满相对含量则大致呈上升趋势，茚满、茚和甲基茚满相对峰面积比例整体情况趋向于汽油燃烧残留物。但值得注意的是，加载汽油后的所有 SEBS 燃烧残留物中茚相对峰面积占比最低为 0.05，而汽油燃烧残留物中此数值为 0.03；加载汽油后所有 SEBS 燃烧残留物中甲基茚满最高为 0.76，而汽油燃烧残留物中此数值为 0.79，因此，通过对相关特征组分进行定量分析仍然可以发现加载汽油后的 SEBS 燃烧残留物与汽油存在一定差异。所有数据标准差均小

于 0.05，数据可靠性较高。

（3）稠环芳烃组分定量分析　对加载汽油前后的 SEBS 燃烧残留物稠环芳烃组分进行定量分析，选取萘、甲基萘和二甲基萘三个特征组分计算出相对峰面积比例及标准差，如表 5.22 和表 5.23 所示。

表 5.22　六种 SEBS 和汽油燃烧残留物稠环芳烃相对峰面积所占比例

样品	汽油	501t		502t		503t		602t		G1651		G1652	
汽油量/mL		+0	+0.5	+0	+0.5	+0	+0.5	+0	+0.5	+0	+0.5	+0	+0.5
萘	0.46	0.91	0.68	0.86	0.60	0.78	0.56	0.79	0.52	0.85	0.67	0.87	0.72
甲基萘	0.40	0.09	0.27	0.14	0.29	0.22	0.34	0.21	0.38	0.15	0.29	0.13	0.24
二甲基萘	0.14	0.00	0.05	0.00	0.11	0.00	0.10	0.00	0.10	0.00	0.04	0.00	0.04

为增强数据的可靠性，将通过三次平行实验所计算出的相对峰面积比例进行标准差计算，如表 5.23 所示。

表 5.23　六种 SEBS 和汽油燃烧残留物稠环芳烃相对峰面积所占比例的标准差

样品	汽油	501t		502t		503t		602t		G1651		G1652	
汽油量/mL		+0	+0.5	+0	+0.5	+0	+0.5	+0	+0.5	+0	+0.5	+0	+0.5
萘	0.01	0.01	0.02	0.01	0.01	0.01	0.02	0.01	0.02	0.01	0.01	0.02	0.01
甲基萘	0.01	0.02	0.01	0.02	0.01	0.02	0.03	0.02	0.01	0.01	0.02	0.03	0.02
二甲基萘	0.01	0.03	0.01	0.02	0.03	0.01	0.03	0.03	0.03	0.01	0.02	0.01	0.02

由表 5.22 和表 5.23 可知，未加载汽油时，SEBS 燃烧残留物稠环芳烃组分中无法检出二甲基萘，且萘的相对峰面积比例远远大于甲基萘的相对峰面积比例，二者比例大致为 8∶2 或 9∶1，而汽油燃烧残留物中萘和甲基萘相对峰面积比例大致为 5∶4；加载汽油后，SEBS 燃烧残留物中新检出了二甲基萘，但含量极低，相对峰面积所占比例仅有 0.05～0.10，而在汽油燃烧残留物中，二甲基萘相对峰面积比例为 0.14，SEBS 燃烧残留物中，萘的相对峰面积比例普遍为 0.60～0.80 之间，而汽油中仅为 0.46，因此，对其进行定量分析后，可以发现加载汽油后的 SEBS 燃烧残留物稠环芳烃组分还是与汽油存在差异。所有数据的标准差均小于 0.05，

数据可靠性较高。

（4）多环芳烃组分定量分析　对加载汽油前后的SEBS燃烧残留物多环芳烃组分进行定量分析，选取蒽、荧蒽和芘三个特征组分计算出相对峰面积比例及标准差，如表5.24和表5.25所示。

表5.24　六种SEBS和汽油燃烧残留物多环芳烃相对峰面积所占比例

样品	汽油	501t		502t		503t		602t		G1651		G1652	
汽油量/mL		+0	+0.5	+0	+0.5	+0	+0.5	+0	+0.5	+0	+0.5	+0	+0.5
蒽	0.64	0.52	0.43	0.55	0.40	0.53	0.41	0.60	0.42	0.58	0.48	0.51	0.51
荧蒽	0.21	0.20	0.35	0.00	0.32	0.22	0.30	0.00	0.31	0.00	0.26	0.00	0.24
芘	0.15	0.28	0.22	0.45	0.28	0.25	0.29	0.40	0.27	0.42	0.26	0.49	0.25

为增强数据的可靠性，将通过三次平行实验所计算出的相对峰面积比例进行标准差计算，如表5.25所示。

表5.25　六种SEBS和汽油燃烧残留物多环芳烃相对峰面积所占比例的标准差

样品	汽油	501t		502t		503t		602t		G1651		G1652	
汽油量/mL		+0	+0.5	+0	+0.5	+0	+0.5	+0	+0.5	+0	+0.5	+0	+0.5
蒽	0.01	0.02	0.02	0.03	0.02	0.02	0.04	0.02	0.03	0.02	0.02	0.02	0.01
荧蒽	0.01	0.01	0.03	0.02	0.03	0.02	0.02	0.04	0.02	0.02	0.01	0.01	0.01
芘	0.01	0.03	0.02	0.02	0.01	0.02	0.03	0.01	0.02	0.02	0.02	0.03	0.03

为加强结论的说服力及研究的科学性，本文还将对SEBS燃烧残留物烷基苯、茚满类、稠环芳烃和多环芳烃多类型特征组分进行定量分析，通过计算结果如表5.26所示。

表5.26　六种SEBS和汽油燃烧残留物四大芳香烃组分相对峰面积所占比例

样品	汽油	501t		502t		503t		602t		G1651		G1652	
汽油量/mL		+0	+0.5	+0	+0.5	+0	+0.5	+0	+0.5	+0	+0.5	+0	+0.5
烷基苯	0.47	0.55	0.74	0.63	0.59	0.82	0.44	0.67	0.51	0.74	0.63	0.49	0.83
茚满类	0.15	0.12	0.11	0.05	0.09	0.02	0.10	0.05	0.08	0.04	0.18	0.19	0.11
稠环芳烃	0.25	0.14	0.06	0.08	0.09	0.04	0.13	0.08	0.11	0.09	0.13	0.16	0.05
多环芳烃	0.13	0.19	0.09	0.25	0.22	0.12	0.33	0.20	0.30	0.13	0.06	0.16	0.01

如表 5.26 所示，未加载汽油时，所有 SEBS 燃烧残留物烷基苯、茚满类、稠环芳烃以及多环芳烃组分的相对峰面积比例与汽油均存在不同程度的差异，除了通过定性分析可对 SEBS 燃烧残留物和汽油进行区分以外，多类型组分的定量分析同样验证了 SEBS 燃烧残留物对汽油鉴定干扰较小的结论；加载 0.5mL 汽油后，SEBS 燃烧残留物四大组分相对峰面积比例虽然发生了改变，但仍然和汽油存在较大不同，主要体现为：汽油中烷基苯相对峰面积比例为 0.47，而 SEBS 燃烧残留物中达到了 0.44～0.83，汽油中稠环芳烃相对峰面积比例为 0.25，而在 SEBS 燃烧残留物中却仅有 0.10 左右。因此，在汽油存在的情况下，SEBS 燃烧残留物的存在仍然可能导致汽油鉴定出现“假阴性”的误判。

为了更加直观地展现加载汽油前后 SEBS 燃烧残留物与汽油燃烧残留物特征组分的异同，根据表 5.18～表 5.25 的数据分别将典型组分相对峰面积比例绘制成图 5.34。

通过图 5.34(a) 和图 5.34(b) 对比分析可知，未加载汽油时六种 SEBS 燃烧残留物各典型特征组分峰面积比例与汽油存在极大差异，说明对汽油的检验鉴定干扰不大；加载汽油后，各典型特征组分折线线型向汽油燃烧残留物中各组分折线靠近，说明特征组分相似度进一步提高，但很明显，SEBS 燃烧残留物各典型特征组分与汽油仍然存在较大差异，在汽油鉴定中会出现“假阴性”错误结论。

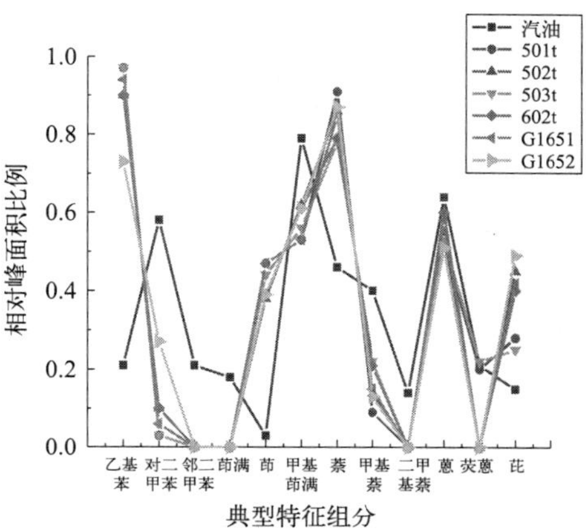

(a) 未加载汽油时典型特征组分

图 5.34

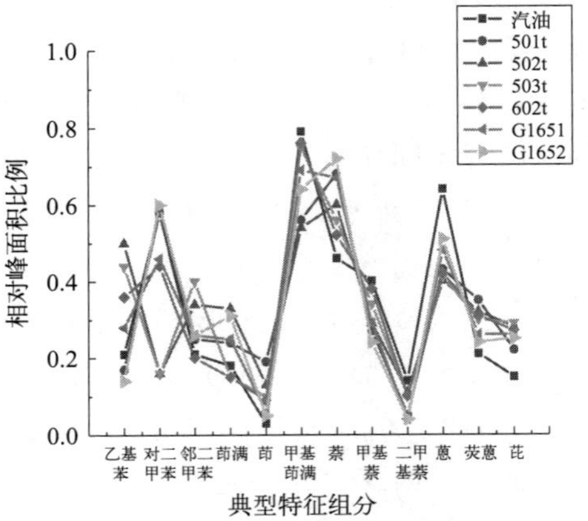

(b) 加载汽油时典型特征组分

图 5.34 六种 SEBS 与汽油燃烧残留物典型组分峰面积比例

5.4 本章小结

本章从化学成分与干扰性的角度出发，首先探讨了含二烯类结构的有机化合物对汽油鉴定的干扰，选择五种二烯类橡胶原料——天然橡胶、聚异戊二烯橡胶、丁基橡胶、三元乙丙橡胶和顺丁橡胶，深入探讨了含二烯类结构的橡胶原料对汽油鉴定的干扰，对五种二烯类橡胶原料燃烧残留物进行 GC-MS 分析，比较了二烯类橡胶与汽油燃烧残留物组分的相同和不同之处；同时探究加载汽油时，五种二烯类橡胶原料燃烧残留物组分是否改变。在天然橡胶、聚异戊二烯橡胶、丁基橡胶、三元乙丙橡胶和顺丁橡胶原料燃烧残留物中，均检测到了烷烃、烷基苯、稠环芳烃、多环芳烃和茚满类组分，特征组分的种类和保留时间与汽油的基本一致，其中含二烯类结构多的橡胶能识别出较多的特征组分，对汽油的认定造成的干扰较强，如天然橡胶、聚异戊二烯橡胶和顺丁橡胶，因此，说明含二烯类结构的橡胶原料与汽油鉴定干扰有关联性，二烯类结构的有机物越多，则生成含苯环类的物质也越多，对汽油鉴定造成的影响也越强，本章研究证明了二烯类结构的橡胶原料会对汽油造成严重干扰的猜想。其中三元乙丙橡胶原料因为其材料不易燃但是燃烧后反应剧烈的特点，对其进行点燃时使用了电热炉进行辅助加热，待三元乙丙橡胶原料自行燃烧后再撤去热源，实验结果表明三元乙丙橡胶原料燃烧残留物对汽油也造成干扰，原因是三元乙丙橡胶原料也含有少量非共轭二烯烃结构，但其因为各提取离子流色谱图的丰度较低，未能识别出更多的特征组分。本章实验对五种化学成分含二烯类的橡胶原料燃烧残留物进行了特征化合物分析，结果表明，研究结果很好地支持了汽油燃烧残留物干扰性与其化学成分的关联性。

其次，基于前人针对无规共聚物丁苯橡胶对汽油鉴定干扰的研究，选择化学结构为嵌段分子结构且广泛应用于橡胶制品的原料级 SBS 和 SEBS，通过 GC-MS 色谱图的分析研究，分别探讨了在未加载汽油和加载汽油两种情况下，SBS 和 SEBS 燃烧残留物对汽油鉴定的干扰性，从而得出以下结论：

① SBS 不同的分子结构（星型和线型）对其燃烧产物有一定影响，星型结构的 SBS 对汽油鉴定干扰较大；SBS 燃烧残留物中均能检出 C_2 苯、C_3 苯、C_4 苯、茚满类、稠环芳烃和多环芳烃等汽油鉴定的关键组分，对汽油鉴定存在显著干扰，其中，苯乙烯含量为 40％的样品对汽油鉴定的干扰性更加明显，非充油 SBS 燃烧残留物中缺少 1,2,3,5-四甲基苯和 1,2,4,5 四甲基苯两种汽油燃烧残留物中存在的 C_4 苯同分异构体，说明充油型 SBS 对汽油鉴定的干扰更大，仅仅根据汽油特征组分对燃烧残留物进行定性分析容易导致汽油鉴定出现“假阳性”的错误结论，可以通过进一步分析相关组分的相对含量跟汽油加以区分；此外，汽油燃烧残留物中 C_4 苯含量明显多于任意一种 SBS 燃烧残留物，说明相对偏多的 C_4 苯可能提示有汽油燃烧残留物的存在。

② 在没有汽油存在的情况下，SEBS 燃烧残留物虽然可以检出烷基苯、茚满类、稠环芳烃和多环芳烃等汽油鉴定关键组分，但在特征组分类型、种类数量以及相对含量上都与汽油燃烧残留物存在极大差异，对汽油鉴定影响不大。所以在实际鉴定过程中，通过简单的定性分析便可对 SEBS 燃烧残留物和汽油进行区分，由于 SBS 氢化而来的 SEBS 不含碳碳双键，因此也进一步验证了二烯结构是影响汽油鉴定的关键结构。

③ 加载 0.5mL 汽油后，SBS 和 SEBS 燃烧残留物各组分 EIC 与汽油的相似度在一定程度上增加，但在 C_2 苯、茚满、茚、甲基茚满、萘、甲基萘、二甲基萘、蒽、荧蒽和芘等特征组分的峰面积相对比例上与汽油燃烧残留物仍然存在明显差异，在汽油鉴定中容易出现“假阴性”错误识别，可通过对以上特征组分进行定量分析从而进一步判断是否存在

汽油。

④ 所有 SBS 燃烧残留物中均检出了被广泛用作天然橡胶防老剂、合成橡胶低效稳定剂以及新型抗氧剂的 2,4,6-三叔丁基苯酚或用作中等程度防老剂和制造橡胶制品的二苄醚；所有 SEBS 燃烧残留物中均检出了广泛用作中等程度防老剂和制造橡胶制品的二苄醚和用作塑料增塑剂的邻苯二甲酸酯，在汽油检验鉴定中可以此作为参考。

第 6 章 不同热解程度的丁苯橡胶对汽油鉴定的干扰性

在使用助燃剂放火的案件中，识别汽油等助燃剂的存在是确定放火案件性质的关键，而火场中提取到的燃烧残留物等物证往往受到高温热环境、背景基质燃烧/热解产物等因素的干扰，影响鉴定人员对其成分的判断。橡胶作为一种有机高分子材料，广泛应用于轮胎、电缆、建筑材料等制品，是火场中常见的背景基质，已有研究发现其燃烧残留物具有和汽油燃烧残留物相同的特征组分类别，对汽油的检验鉴定具有较强干扰性。

在此基础上，笔者所在课题组以丁苯橡胶为主要研究对象，对其燃烧残留物在火场汽油鉴定中的干扰机理进行了初步探究，从化学组成和分子结构角度切入，认为丁苯橡胶的合成单体之一——苯乙烯结构较为稳定，而另一单体丁二烯则更易在燃烧过程中生成芳香烃类组分，对汽油识别造成干扰。此外，橡胶作为火场背景基质多处于热解/不完全燃烧状态，故基于其自身热解过程研究热解产物对汽油鉴定的干扰机理也具有重要意义，而目前有关橡胶热解的已有研究多关注其热解产物及产率。有学者发现废旧橡胶轮胎热解后所得的液态产物成分为烷烃、烯烃和芳香族化合物，且一定条件下在热解过程中会发生烯烃和芳香族化合物的转化；气体产物方面，丁苯橡胶热解初期苯乙烯单体的存在会阻碍丁二烯单体热解气体的生成。还有一些研究依据分子力学和分子动力学进行了丁苯橡胶热解过程的模拟，认为其热解过程主要分为两个阶段，热解初期主要发生主聚合物链的直接解聚，形成苯乙烯和丁二烯单体[8-9]，在充分热解阶段单体进一步热解成小分子量产物。

上述已有研究的结论为丁苯橡胶热解过程和热解产物的解释说明提供了参考，但从化学结构和热解过程耦合角度来看，有关丁苯橡胶在火场汽油鉴定中干扰性的溯源研究仍较为欠缺。针对这一问题，本实验选取六种不同苯乙烯含量的丁苯橡胶作为研究对象，进行热重-红外-气相色谱/质谱（TG-IR-GC/MS）分析，对丁苯橡胶热解过程及产物进行研究，目的在于：①研究丁苯橡胶中苯乙烯含量与其热解残留物对汽油检验鉴定的干扰性的关联；②从化学结构和热解过程耦合角度完善丁苯橡胶对汽油鉴定干扰性机理的系统研究，以期为实际工作中依据现场情况判断有无干扰可能并排除相应干扰提供理论依据。

6.1 丁苯橡胶的热分析

所选丁苯橡胶信息如表 6.1 所示。由图 6.1 中的 TG 和 DTG（微商热重）曲线可知，苯乙烯含量较低的三种丁苯橡胶（SBR1505、SBR1205 和 SBR1502）在空气气氛条件下均有较明显的三个失重阶段：初期、充分热解和后期。其中第二阶段充分热解阶段（400～500℃）失重率最高；而苯乙烯含量较高的三种丁苯橡胶（SBR303、HS 60 和 HS 80）热解过程中则只观察到两个明显的失重阶段，失重较为显著的区间处于第一阶段，即 300～500℃的范围内。表 6.2 列出了各样品在不同阶段的失重率、DTG 曲线中峰值所对应的温度点及后续 GC-MS 分析所选取的近似温度点。

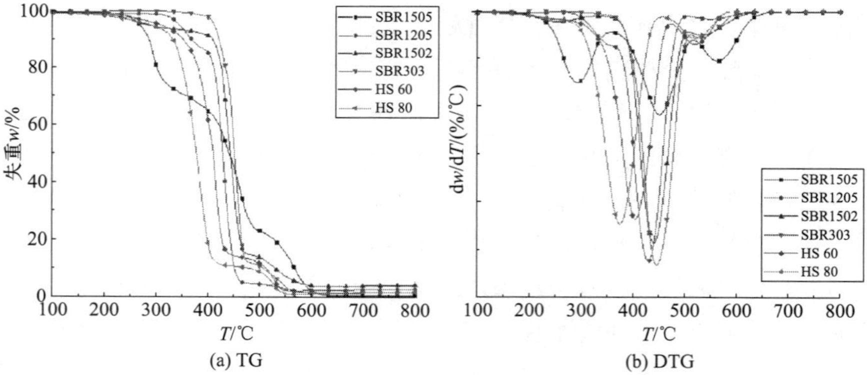

图 6.1 六种丁苯橡胶在空气氛围下的 TG 与 DTG 曲线

表 6.1 样品清单

样品	苯乙烯含量/%	制造商
SBR1505	9.5	中国石油公司吉林石化分公司
SBR1205	18	

续表

样品	苯乙烯含量/%	制造商
SBR1502	23	
SBR303	30	
HS 60	60	
HS 80	80	

对比分析表 6.2 中各样品在不同阶段的失重率可发现，SBR1505、SBR1205 和 SBR1502 三种丁苯橡胶在第二个热解阶段失重最多，其中 SBR1205 和 SBR1502 的失重率均超过 80%，SBR303、HS 60 和 HS 80 在第一个热解阶段失重最多，失重率均高于 86%。

表 6.2　每个 SBR 不同热解阶段的代表性温度点的选择

样品	失重/%	峰值温度/℃	所选温度/℃
SBR1505	29.74、48.55、20.38	293.6、452.3、560.3	300、450、550
SBR1205	9.77、85.65、3.24	348.6、432.3、533.3	350、450、530
SBR1502	6.32、80.31、9.55	335.6、442.3、543.6	350、450、550
SBR303	90.3、8.36	446.3、533.3	450、530
HS 60	86.65、11.1	405.3、521.6	400、525
HS 80	89.23、9.75	378.6、524.3	400、525

注："所选温度"是指根据随后的 GC-MS 分析的峰值选择的近似温度点。

6.2　残留物的谱图分析

为分析丁苯橡胶不同热解阶段的对应产物，结合失重率讨论其对火场汽油检验鉴定的干扰程度，借助热重-气相色谱/质谱（TG-GC/MS）联用技术对各样品在各阶段代表温度点处的残留物成分进行了分析，并分别对所得总离子流色谱图（TIC）和常用的提取离子流色谱图（EIC）进行了解读，各丁苯橡胶样品热解残留物的 TIC 如图 6.2 所示。

图 6.2 中（a）～(c）为有三个明显失重阶段的样品热解残留物总离子流色谱图，观察目标特征组分相对丰度发现，SBR1505 和 SBR1205 均有随温度升高先增大后减小的趋势，在约 450℃时最大，而 SBR1502 中目标特征组分的相对丰度则随着温度升高呈降低趋势；图 6.2 中（d）～(f)

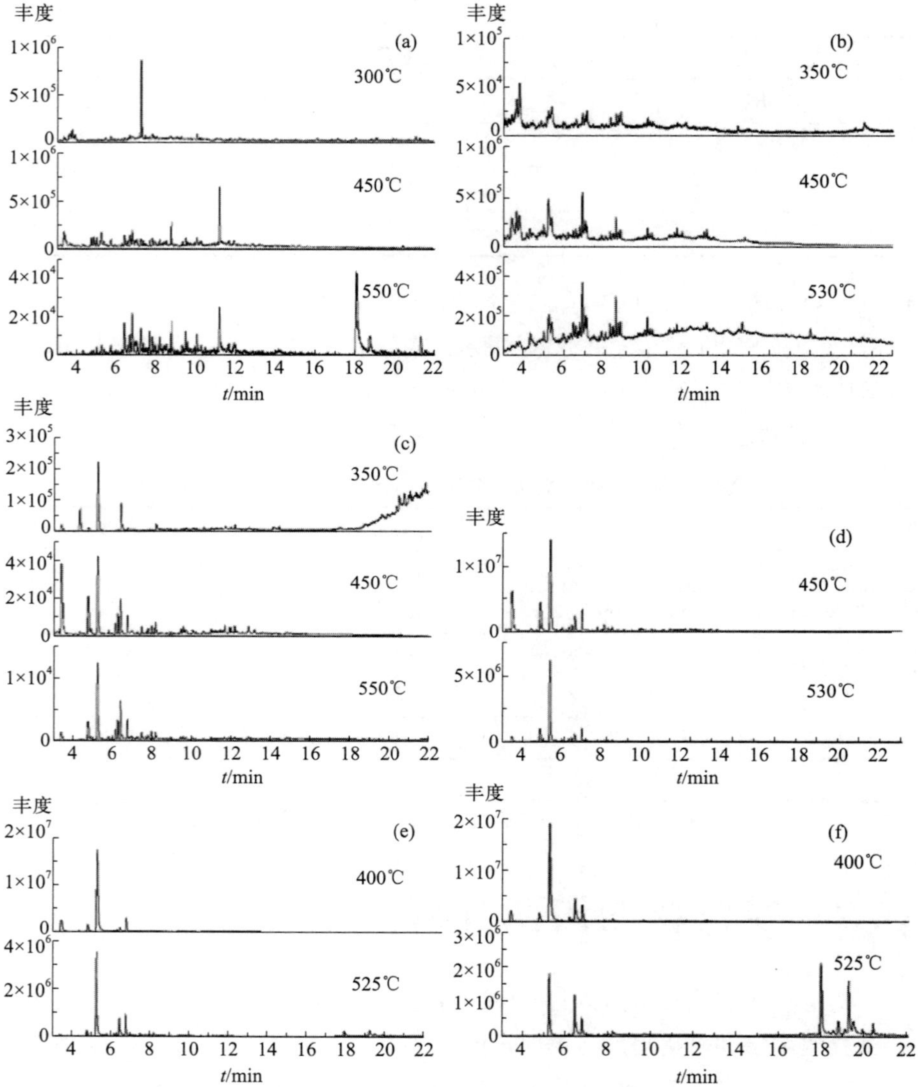

图 6.2　在所选温度下热解的热解产物总离子流图

(a) SBR1505；(b) SBR1205；(c) SBR1502；(d) SBR303；(e) HS 60；(f) HS 80

为苯乙烯含量更高的三种样品热解残留物总离子流色谱图，均在两个热解阶段中的前一个阶段观察到更大的目标特征组分相对丰度。

图 6.2(a) 为 SBR1505 不同温度下对应的热解产物总离子流色谱图，300℃时在保留时间 7.255min 处观察到一个相对丰度较大的峰，经识别

为橡胶生产工艺中的添加剂，不属于目标特征组分，其余峰的峰形较不明显，温度达到 450℃后，保留时间前 12min 内的出峰明显增多，以 550℃为代表的热解后期在保留时间 18min 之后检出的添加剂组分特征峰较为明显，其他峰的相对丰度较低；图 6.2(b) 为 SBR1205 不同热解阶段的总离子流色谱图，各温度点对应的热解产物色谱图出峰情况较为一致，在前 14min 内的出峰间隔较为均匀，并检出较多烷烃、烯烃类同系物；图 6.2(c) 为 SBR1502 热解残留物的总离子流色谱图，350℃时特征峰主要集中在前 14min，特别是前 8min 内有个别峰的相对丰度较大，450℃时前 14min 内出峰更为密集且相对丰度明显增加，随着温度继续升至 550℃，特征峰相对丰度下降但部分特征峰的峰形和相对丰度比例较为稳定；图 6.2(d) 为 SBR303 在两个热解阶段对应产物的总离子流色谱图，450℃时特征峰主要集中在前 14min，随着温度升高至 530℃，仅能在前 8min 内观察到出峰；图 6.2(e) 和 (f) 分别为不同温度下 HS 60 和 HS 80 热解残留物的总离子流色谱图，在 525℃对应的谱图上均观察到保留时间 18min 之后检出的较明显的添加剂所对应的特征峰。

为进一步观察不同苯乙烯含量的丁苯橡胶所对应的上述变化情况是否存在差异，研究苯乙烯含量与各特征组分类别出峰情况是否呈现关联性变化，对各丁苯橡胶样品热解残留物中烷基苯类、茚满类和稠环芳烃类特征组分的提取离子流图 (EIC) 进行进一步分析。

(1) 烷基苯组分　依据汽油鉴定相关标准 ASTM E1618—2014[11] 及 GB/T 18294.5—2010[12]，提取热解残留物样品中的烷基苯类组分 (m/z=91，92，105，106，119，120，134) 进一步分析，各 EIC 如图 6.3 所示。

图 6.3 中 (a)～(c) 分别为 SBR1505、SBR1205 和 SBR1502 在不同温度对应热解产物的烷基苯类提取离子流图，此三种样品在 450℃对应的热解阶段检出的烷基苯类特征组分种类最丰富且相对丰度最大，包括甲苯、C_2 苯、C_3 苯、C_4 苯和 C_5 苯五种，随着热解过程持续进行，特征组分的相对丰度降低，其中 C_3 苯损失相对少，稳定性较好；图 6.3 中 (d)～(f) 分别为 SBR303、HS 60 和 HS 80 不同热解阶段产物的烷基苯类 EIC，此三种样品热解残留物中均检出甲苯、C_2 苯、C_3 苯和 C_4 苯，除此之外 SBR303 中还检出 C_5 苯，三种样品在热解后期均出现特征组分相对丰度的下降，同样是 C_3 苯损失相对少，稳定性较好。

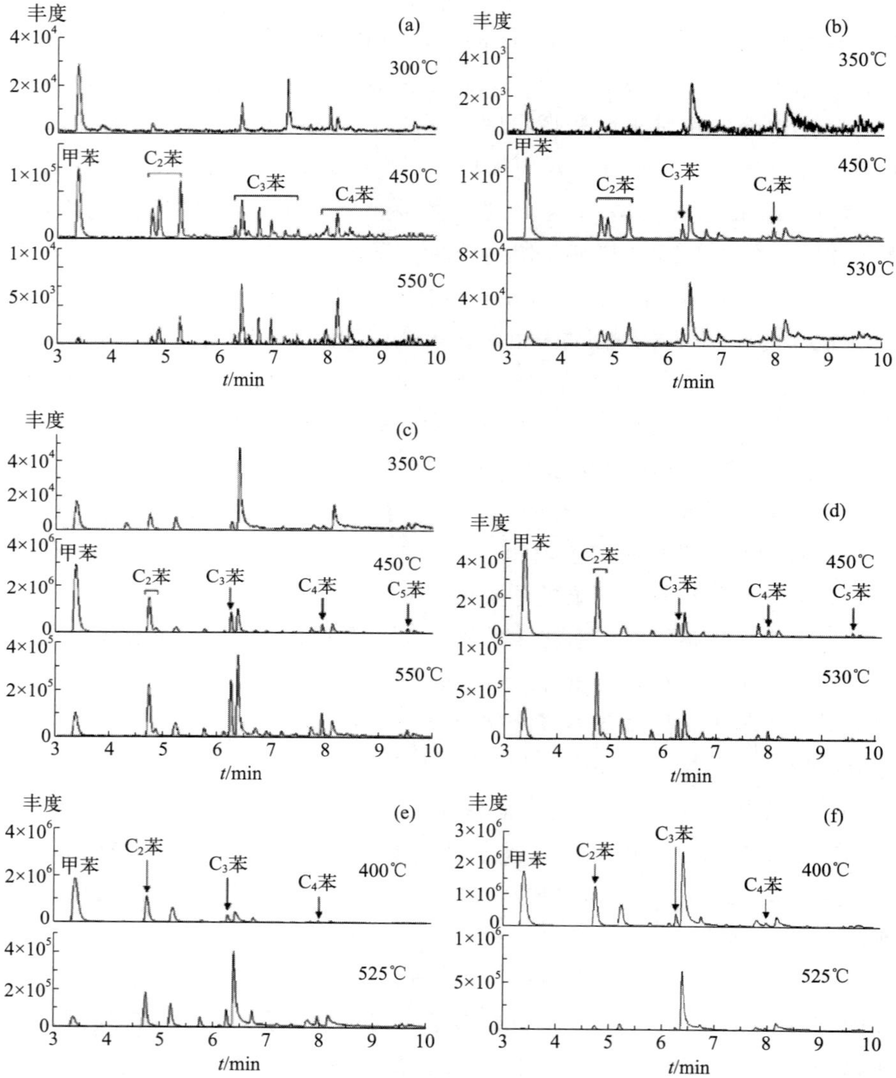

图 6.3　在所选温度下热解的热解产物烷基苯提取离子流图

(a) SBR1505；(b) SBR1205；(c) SBR1502；(d) SBR303；(e) HS 60；(f) HS 80

图 6.3(a) 为 SBR1505 不同阶段热解产物的烷基苯类组分提取离子流图，300℃时仅有极少 C_2 苯、C_3 苯和 C_4 苯组分被检出，450℃时可检出大量烷基苯类组分，已能对火场汽油识别造成严重干扰，550℃时出峰情况与 450℃时基本一致，但各组分的相对丰度大幅降低；图 6.3(b) 为

SBR1205 不同阶段热解产物的烷基苯类组分提取离子流图，各温度点对应的热解产物色谱图出峰情况较为一致，随温度升高相对丰度先增加后减少，但检出的 C_3 苯、C_4 苯种类明显少于 SBR1505；图 6.3（c）为 SBR1502 不同阶段热解产物的烷基苯类组分提取离子流图，随温度升高特征组分相对丰度先上升后下降但出峰情况较为稳定，相比较前两种样品仅检出两种 C_2 苯组分，C_3 苯和 C_4 苯相对含量也较低，但额外检出 C_5 苯；图 6.3(d) 为 SBR303 不同阶段热解产物的烷基苯类组分提取离子流图，450℃时能检出 C_2 苯、C_3 苯、C_4 苯和 C_5 苯，530℃时相对丰度略有降低但特征峰峰形仍保持稳定；图 6.3(e) 和 (f) 分别为 HS 60 和 HS 80 不同阶段热解产物的烷基苯类组分 EIC，400℃时两种样品均只检出 C_2 苯、C_3 苯和 C_4 苯组分各一种，且直至 525℃时还有较好的保留。

由以上分析可知，随着丁苯橡胶热解过程的进行，生成的烷基苯类组分相对丰度先增加后减少，在 SBR1505、SBR1205 和 SBR1502 的第二个热解阶段及 SBR303、HS 60 和 HS 80 的第一个热解阶段对汽油检验鉴定具有较大干扰性。随温度升高，热解后期烷基苯类组分会发生损失，苯乙烯含量越低的丁苯橡胶样品损失速度越快，比较发现 C_3 苯是能较为稳定存在的烷基苯组分。此外，不同苯乙烯含量样品热解残留物中的烷基苯类组分检出情况也有所差异，对比所选样品中苯乙烯含量最低的 SBR1505 和苯乙烯含量最高的 HS 80 可以发现，HS 80 热解产物中未检出 C_5 苯，且检出的 C_2 苯、C_3 苯和 C_4 苯同分异构体的数量也远少于 SBR1505，结合其余四种样品来看，也大体符合“苯乙烯含量越高的丁苯橡胶样品热解产物中能检出的烷基苯类组分种类越少”这一规律，450℃时 SBR1505 的烷基苯类组分检出情况与汽油最为相似。

（2）茚满组分　依据汽油鉴定相关标准 ASTM E1618—2014[11] 及 GB/T 18294.5—2010[12]，分别提取热解残留物样品中的茚满类组分（m/z = 116，117，118，131，132）进一步分析，各 EIC 如图 6.4 所示。

图 6.4 中（a)～(c）分别是 SBR1505、SBR1205 和 SBR1502 在不同温度对应热解产物的茚满类提取离子流图，三种样品在 300～350℃对应热解阶段检出的茚满类特征组分相对丰度低，出峰不明显，而在 450℃对应的热解阶段能检出的茚满类特征组分种类最丰富且相对丰度最大，包括茚满、茚、甲基茚满和二甲基茚满四种，随着热解过程持续进行，特征组

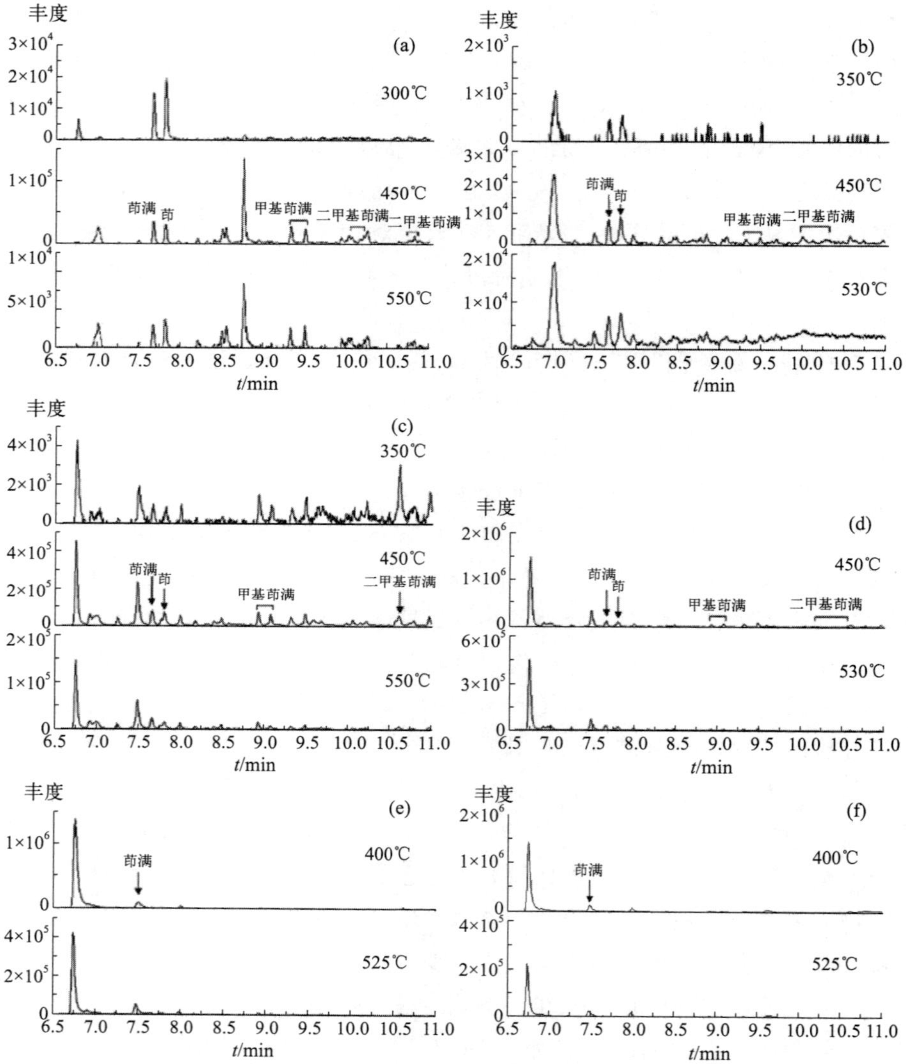

图 6.4　在所选温度下热解的热解产物茚满提取离子流图

(a) SBR1505；(b) SBR1205；(c) SBR1502；(d) SBR303；(e) HS 60；(f) HS 80

分的相对丰度降低，各组分损失程度差异较小；图 6.4 中（d）~（f）分别为 SBR303、HS 60 和 HS 80 不同热解阶段产物的茚满类提取离子流图，仅在 SBR303 的热解残留物中检出茚满、茚、甲基茚满和二甲基茚满，而 HS 60 和 HS 80 热解产物中均只检出茚满，三种样品在热解后期同样出现特征组分相对丰度的下降。

图 6.4(a) 为 SBR1505 不同阶段热解产物的茚满类组分提取离子流图，300℃时仅观察到明显的茚满和茚组分出峰，450℃时可检出大量茚满类组分，与火场汽油相似度很高，550℃时出峰情况与 450℃时基本一致，但相对丰度大幅降低；图 6.4(b) 为 SBR1205 不同阶段热解产物的茚满类组分提取离子流图，350℃时茚满类组分的相对丰度极低，450℃和 530℃对应的热解产物色谱图出峰情况较为一致，随温度升高相对丰度降低，二甲基茚满组分出峰逐渐不明显；图 6.4(c) 为 SBR1502 不同阶段热解产物的茚满类组分提取离子流图，350℃时相对丰度低，450℃后随温度升高特征组分相对丰度下降但出峰情况较为稳定，相比较前两种样品检出的二甲基茚满组分减少；图 6.4(d) 为 SBR303 不同阶段热解产物的茚满类组分提取离子流图，450℃时能检出茚满、茚、甲基茚满和二甲基茚满，530℃时各组分的相对丰度略有降低但特征峰峰形仍保持稳定；图 6.4(e) 和 (f) 分别为 HS 60 和 HS 80 不同阶段热解产物的茚满类组分提取离子流图，均只检出茚满组分，且直至 525℃时还有较好的保留。

由以上分析可知，随丁苯橡胶热解过程的进行，生成的茚满类组分先增加后减少，SBR1505、SBR1205、SBR1502 和 SBR303 均在 450℃对应热解产物中检出茚满、茚、甲基茚满和二甲基茚满，对汽油检验鉴定的干扰性较大，HS 60 和 HS 80 热解残留物中仅检出茚，随热解持续进行茚满类组分会发生损失，观察到的损失情况在苯乙烯含量更低的丁苯橡胶样品中更明显，同时，对比发现，苯乙烯含量较低的样品热解残留物中能检出的茚满类组分种类更多，从特征组分类别和同分异构体数量来看，450℃时 SBR1505 的茚满类组分检出情况与汽油最为相似。

(3) 稠环芳烃组分　依据汽油鉴定相关标准 ASTM E1618—2014[11] 及 GB/T 18294.5—2010[12]，分别提取热解残留物样品中的稠环芳烃类组分 (m/z＝128，142，156，170，184) 进一步分析，其 EIC 如图 6.5 所示。

图 6.5 中 (a)～(c) 分别是 SBR1505、SBR1205 和 SBR1502 在不同温度对应热解产物的稠环芳烃类 EIC，450℃时三种样品的热解产物中均检出萘和甲基萘两种稠环芳烃类组分，SBR1505 和 SBR1502 热解残留物中还检出二甲基萘，其相对丰度在热解后期降低；图 6.5 中 (d)～(f) 分别为 SBR303、HS 60 和 HS 80 不同热解阶段产物的稠环芳烃类 EIC，SBR303 的热解残留物中检出萘、甲基萘和二甲基萘，而 HS 60 和 HS 80 热解产

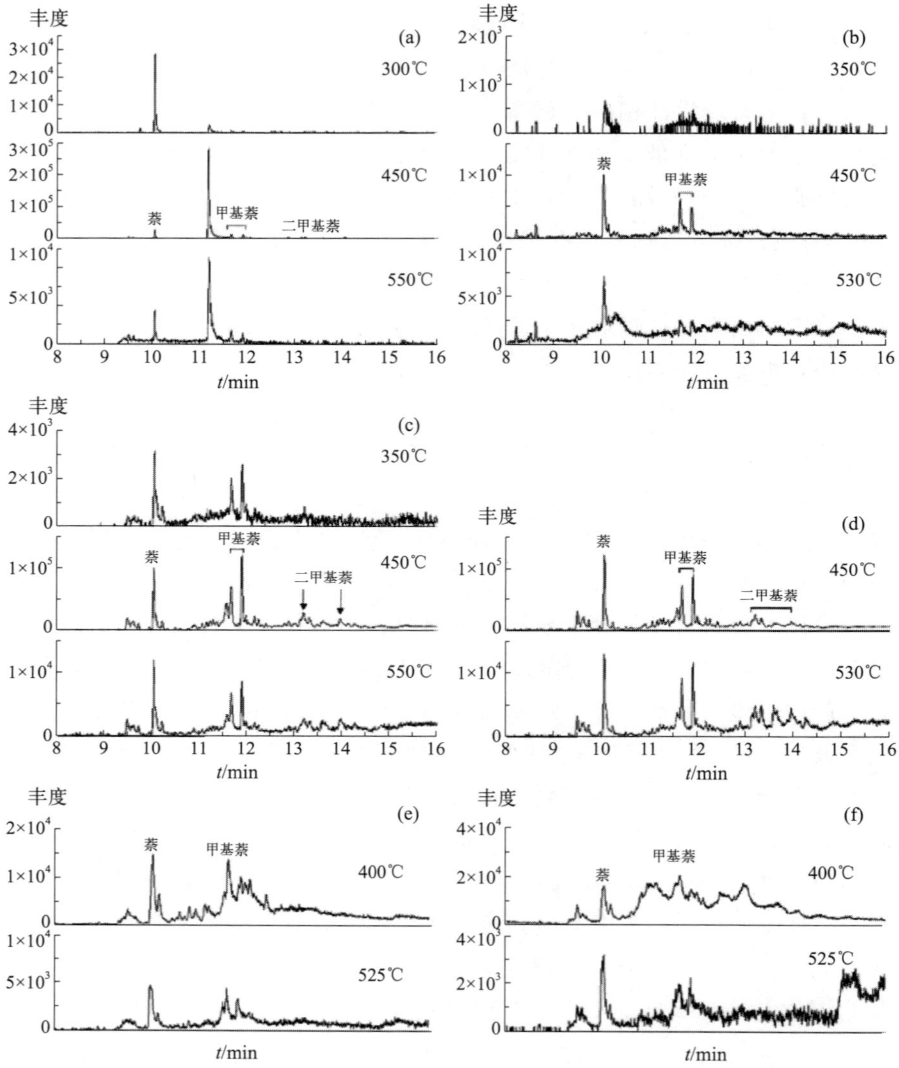

图 6.5　在所选温度下热解的热解产物稠环芳烃提取离子流图

(a) SBR1505；(b) SBR1205；(c) SBR1502；(d) SBR303；(e) HS 60；(f) HS 80

物中均只检出萘和甲基萘，且两种高苯乙烯含量的丁苯橡胶样品稠环芳烃类组分出峰分离度较低，在仪器检测条件相同的情况下，可推断其热解速率较大，三种样品在热解后期同样出现特征组分相对丰度下降的现象。

图 6.5(a) 为 SBR1505 不同阶段热解产物的稠环芳烃类组分 EIC，300℃时仅观察到明显的萘组分出峰，450℃时检出萘、甲基萘和二甲基萘组分，与

火场汽油相似度较高，550℃时稠环芳烃类组分相对丰度大幅降低；图 6.5(b) 为 SBR1205 不同阶段热解产物的稠环芳烃类组分提取离子流图，350℃时相对丰度极低，450℃时检出萘、甲基萘组分，530℃时特征组分出峰逐渐不明显；图 6.5(c) 为 SBR1502 不同阶段热解产物的稠环芳烃类组分提取离子流图，其出峰情况较为稳定，也检出三种稠环芳烃类组分，相对丰度随温度升高先增加后减少；图 6.5(d) 为 SBR303 不同阶段热解产物的稠环芳烃类组分提取离子流图，450℃时能检出萘、甲基萘和二甲基萘，530℃时相对丰度略有降低但特征峰峰形仍保持稳定；图 6.5(e) 和 (f) 分别为 HS 60 和 HS 80 不同阶段热解产物的稠环芳烃类组分提取离子流图，特征峰的分离度较低，均检出较低含量的萘和甲基萘组分，随着温度升高相对丰度进一步降低。

由以上分析可知，随丁苯橡胶热解过程的进行，生成的稠环芳烃类组分先增加后减少，其中 SBR1505、SBR1502 和 SBR303 在 450℃所代表的热解阶段对应产物中检出萘、甲基萘和二甲基萘，SBR1205、HS 60 和 HS 80 热解产物中则只检出萘和甲基萘，此阶段对汽油检验鉴定的干扰性最大，随热解持续进行稠环芳烃类组分逐渐损失，由于稠环芳烃组分自身不易稳定存在，其损失速度与样品苯乙烯含量的关联并不明显，但整体比较发现，高苯乙烯含量的丁苯橡胶样品热解产物中能检出的稠环芳烃类组分更少且更不稳定。

综上，在一定温度范围内丁苯橡胶热解产生大量烷基苯类、茚满类和稠环芳烃类组分，对应 SBR1505、SBR1205 和 SBR1502 的充分热解阶段和 SBR303、HS 60 和 HS 80 的第一个热解阶段，由于同时对应各样品热解过程中最大的失重率，可初步判断上述阶段是丁苯橡胶对火场汽油鉴定干扰的主要来源。当热解发生至一定程度后，在热损失与充分氧化所致损失的共同作用下，热解残留物中生成的目标化合物开始以较快速度损失，但总体仍能稳定积累，故苯乙烯类、茚满类及稠环芳烃类组分都能较为稳定地在丁苯橡胶热解残留物中存在一段时间，但同时也发现不同丁苯橡胶样品热解产物干扰性有所差异，苯乙烯含量低的样品特征组分检出情况与汽油更为相似。

6.3　TG-IR 分析

为进一步确定丁苯橡胶热解阶段产物，验证苯乙烯含量与干扰性的关联，通过热重-红外（TG-IR）联用仪对六种不同苯乙烯含量的丁苯橡胶在热解过程中官能团的变化情况进行实时检测，所得三维红外光谱图如图 6.6 所示。

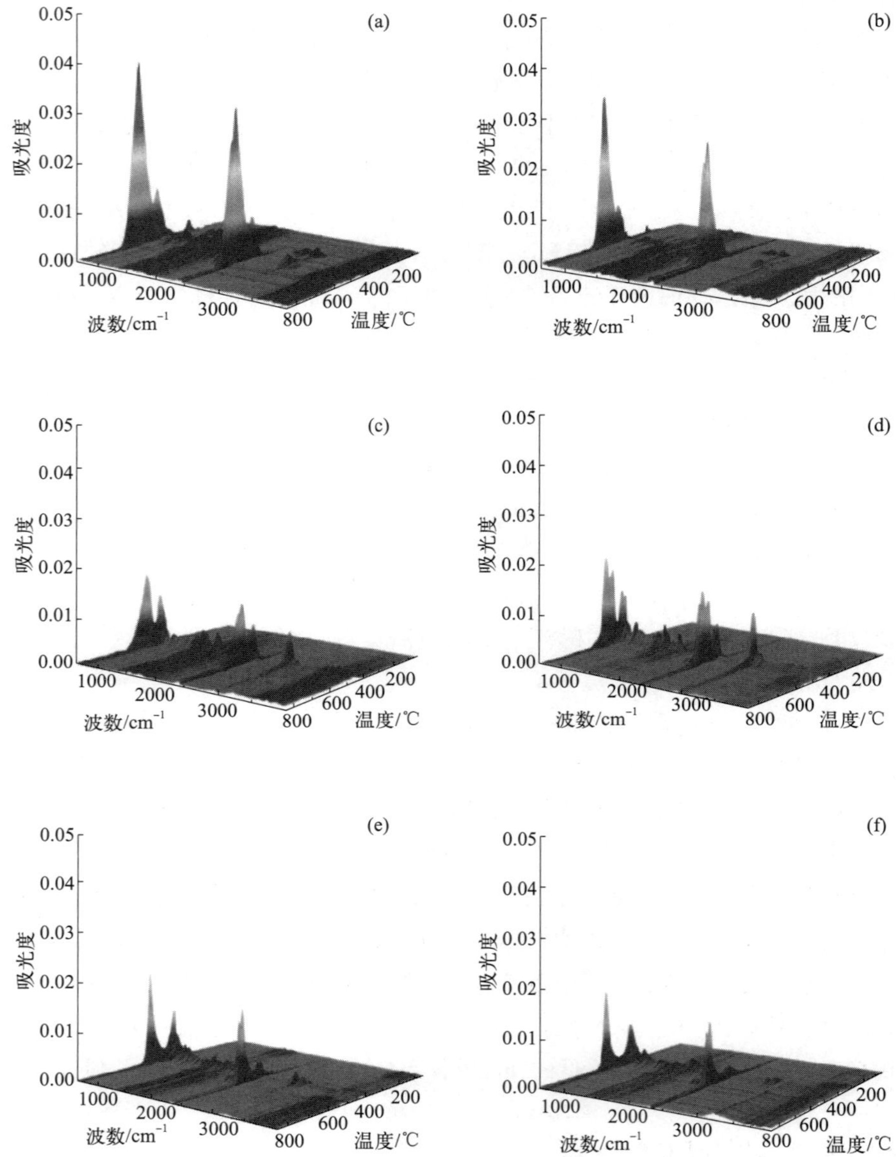

图 6.6　通过以 20℃/min 的速率加热至 800℃ 获得的具有不同苯乙烯含量的 SBR 的三维红外光谱

(a) SBR1505；(b) SBR1205；(c) SBR1502；(d) SBR303；(e) HS 60；(f) HS 80

观察图 6.6 可知，六种样品的红外光谱图中均有两处吸光度最为明显的吸收峰，分别位于 600～800cm^{-1} 和 2300～2400cm^{-1}，总体来看随着苯乙烯含量增加各吸收峰对应的吸光度下降，但无明显线性关系，此外，随着苯乙烯含量增加各样品红外光谱图中的主要出峰范围也逐渐缩小。经识别后确定的红外光谱中部分重要官能团情况列于表 6.3。

表 6.3　SBR 红外光谱中官能团的识别

吸收位置/cm^{-1}	官能团	描述
675	—C—H	—C—H 来自芳香烃取代的烷基(弯曲振动)
985	═C—H	═C—H 来自 RCH ═CH_2(弯曲振动)
1450	—C ═C—	—C ═C—来自苯环(弯曲振动)
1600	—C ═C—	—C ═C—来自脂肪烃(弯曲振动)
2350	CO_2	—
2890	CH_4	—
2947	—C—H	—C—H 来自脂肪烃(拉伸振动)

对比分析可知，不同苯乙烯含量的丁苯橡胶红外光谱中出峰情况有相似之处，如响应值最大的峰均出现在 500℃之后，对应波数 600～800cm^{-1} 和 2300～2400cm^{-1} 位置处，代表丁苯橡胶热解后期取代反应后苯环上—C—H 的较多生成和 CO_2 的较多释放，在波数为 600～1800cm^{-1} 和 2800～3100cm^{-1} 范围内的其他吸收峰也有相似之处，证明不同苯乙烯含量的丁苯橡胶热解过程中参与反应的官能团组成相似。此外，苯乙烯含量越高的样品热解过程中出峰的温度范围越集中，开始有吸收峰出现的时间点越晚。为了进一步研究丁苯橡胶热解过程中干扰组分的形成机理，同时观察苯乙烯含量对丁苯橡胶热解过程的影响，对热解过程中具有代表性的官能团变化情况进行了研究，各官能团随丁苯橡胶热解过程的变化情况如图 6.7 所示。

由图 6.7(a) 和 (b) 可知，各样品热解过程中 CH_4 和脂肪烃中的—C—H 官能团吸光度随丁苯橡胶热解的进行，其变化情况非常相似，可以推测 CH_4 的释放主要与脂肪烃中—C—H 的形成和转化有关，即生成 CH_4 的甲基自由基部分来源于脂肪烃中的烷基，推测还有部分来自芳香烃中的苯环侧链取代烷基，且上述过程主要发生在 SBR1505、SBR1205 和 SBR1502 的第二个热解阶段及 SBR303、HS 60 和 HS 80 的第一个热解阶段。

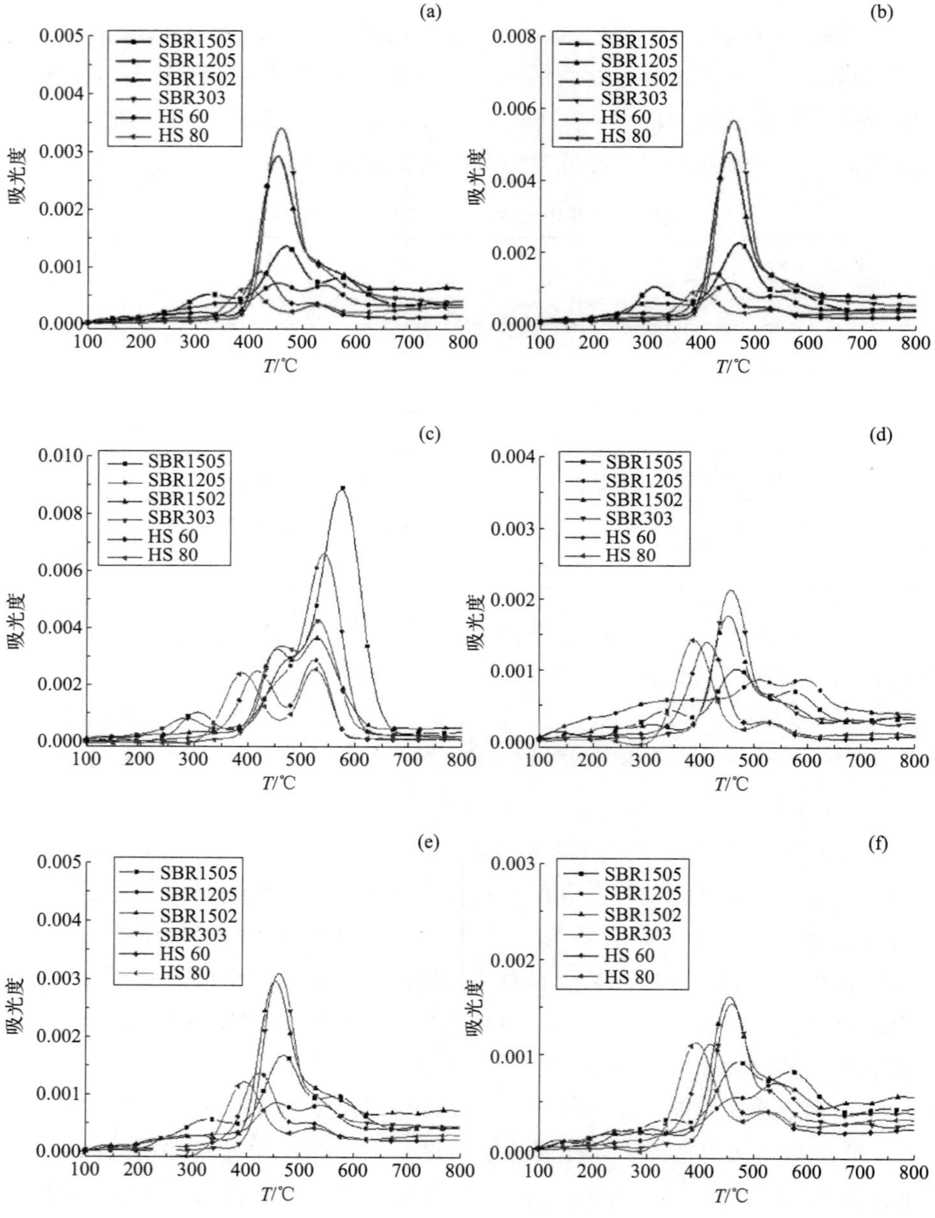

图 6.7 SBR 热解过程中各官能团随温度的变化

(a) CH_4；(b) —C—H；(c) —C—H（芳香烃）；(d) ═C—H；(e) —C═C—（芳香烃）；(f) —C═C—

结合图 6.7(c) 中官能团吸光度的变化情况可看出，SBR1505、SBR1205 和 SBR1502 三种样品热解过程中含苯环侧链—C—H 官能团的特征组分含量在第一个热解阶段即开始增加，部分—C—H 在此阶段参与异构化、多环化等反应或转化为 CH_4；进入第二个热解阶段后芳香族化合物大量生成，含苯环侧链—C—H 官能团的特征组分含量明显增加，主要来自苯环侧链取代烷基侧链的断裂和烯烃的 β 键断裂；在第三个热解阶段中—C—H 官能团持续生成累积，最终在高温作用下参与热解后期的氧化反应被迅速消耗生成大量 CO_2。对于其余三种苯乙烯含量更高的样品来说，芳香烃类产物在第一个热解阶段开始较多生成，消耗一部分之后逐渐积累，最终在热解后期转化为气体逸出。对于苯乙烯含量越高的样品，热解后期的氧化损失过程开始得越早，在最后一个热解阶段的芳香烃化合物累积越不明显，这也与相应温度点处的 GC-MS 结果相吻合。同时证明，自热解过程中失重率最大的阶段开始，有大量芳香烃类化合物生成，总体来看，苯乙烯含量越高的样品生成芳香烃化合物总量越少。

由图 6.7(d) 可知，$RCH{=}CH_2$ 中的═C—H 官能团最大吸光度所对应的温度随着样品苯乙烯含量升高而降低，证明在热解初期主要发生长链断裂脱氢，苯乙烯、丁二烯单体的解聚和重组。在 SBR1505、SBR1205 和 SBR1502 的第二个热解阶段及 SBR303、HS 60 和 HS 80 的第一个热解阶段，含该官能团的特征组分含量最多，其来源主要由两部分组成，一是苯乙烯的热解，二是丁二烯解聚后所得的—C═C—与自由基结合。

由图 6.7(e) 和 (f) 可知，无论是苯环上的—C═C—还是脂肪烃中的—C═C—，对应吸光度都随丁苯橡胶热解发生明显变化，且热解过程中的变化情况非常相似，在 SBR1505、SBR1205 和 SBR1502 的第二个热解阶段及 SBR303、HS 60 和 HS 80 的第一个热解阶段有最大值，其来源之一是苯乙烯的热解，也会在丁二烯解聚或苯乙烯热解后的二烯结构—C═C—发生烷基化、环化、芳构化这一系列复杂反应中形成。随着热解发展至后期，—C═C—的含量出现降低，是烯烃类化合物分解和氧化反应的共同作用。继续比较图 6.7(c) 和 (e) 可知，在丁苯橡胶热解过程中，特别是在 SBR1505、SBR1205 和 SBR1502 的第二个热解阶段及 SBR303、HS 60 和 HS 80 的第一个热解阶段，会有大量芳香族化合物产物生成，成为火场汽油检验鉴定中主要的干扰来源，具体过程如表 6.4 所示，结合已有 GC-MS 分析可合理推测随着苯乙烯含量增加，芳香烃取代烷基中的—C—H 官能团对应吸收峰的强度增加，同时也可能形成更多的同分异构体。此外，SBR1505、SBR1205 和 SBR1502 相较于其余三种苯乙烯含量更高的丁苯橡胶能更早地发生热解，即较低苯乙烯含量的丁苯橡胶在热解过程中更易在相对较低的温度形成芳香族化合物，更易对汽油识别造成干扰。

表 6.4　每个样品在不同热解阶段的主要反应和代表性官能团

样品	热解阶段	温度范围/℃	主要反应/代表性官能团
SBR1505、SBR1205 和 SBR1502	Ⅰ	200～400	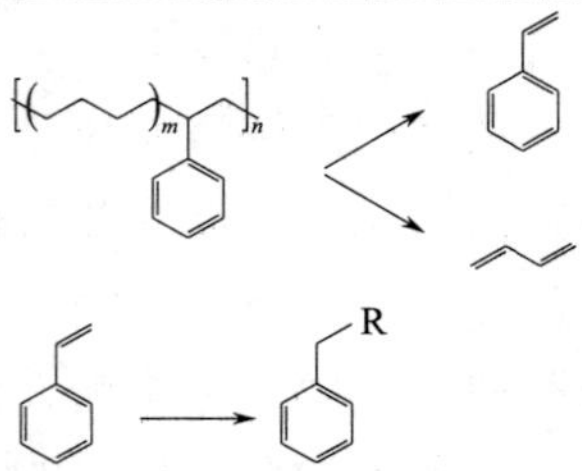
	Ⅱ	400～500	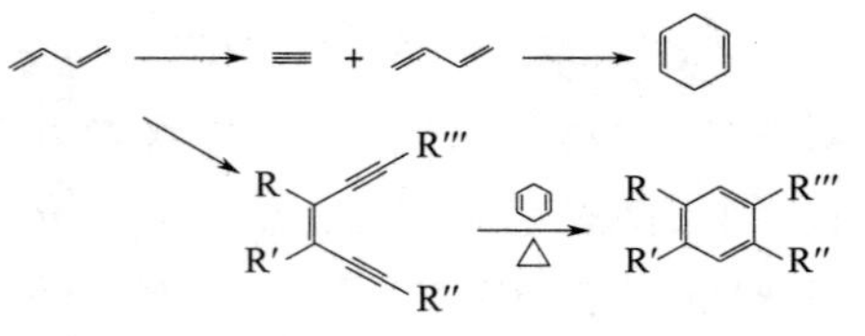
	Ⅲ	500～650	$H\cdot + \cdot CH_3 \longrightarrow CH_4$ $CO + O_2 \longrightarrow CO_2$
SBR303、HS 60 和 HS 80	Ⅰ	200～500	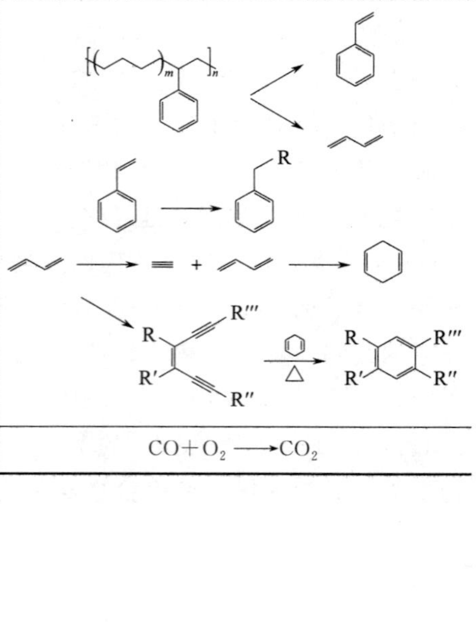
	Ⅱ	500～600	$CO + O_2 \longrightarrow CO_2$

通过上述分析，丁苯橡胶热解产生的对火场汽油具有干扰性的组分主要在 SBR1505、SBR1205 和 SBR1502 的第二个热解阶段及 SBR303、HS 60 和 HS 80 的第一个热解阶段形成和积累，这与 GC-MS 分析结果相互印证，也对应失重率最大的热解阶段。同时发现，不同苯乙烯含量的丁苯橡胶热解过程有所差别，但热解过程中的反应顺序和对火场汽油识别的干扰机理基本一致，苯乙烯含量与热解产物干扰性具有较强关联性，苯乙烯含量较低的 SBR1505 对汽油识别的干扰最大。

6.4　定量分析

通过上述实验发现，SBR1205 和 SBR1505 对于汽油鉴定的干扰性最大，因此对这两种原料级橡胶进行更进一步的实验，来研究其不同热解程度时对汽油鉴定的干扰性。通过预实验发现，两种橡胶在热解的峰值温度时极易发生燃烧，因此选择其两个热解阶段中开始热解的温度，即 SBR1205 为 340℃、400℃，SBR1505 为 280℃、425℃，以保证两种橡胶在热解时不会受到燃烧热量的影响，热解时间均选择 5min 和 10min。

6.4.1　SBR1505 与 SBR1205 热解残留物宏观形态特征

选择几个典型的热解温度，对应的痕迹进行宏观观察。图 6.8 为 SBR1505 和 SBR1205 在不同热解条件下的残留物宏观形态图，通过对宏观形态图进行观察分析，可以明显看出在不同热解条件下，各样品的热解程度也有着明显不同。SBR1505 随着热解温度和热解时间的增加，其炭化程度明显增加且体积有所膨胀，同时样品由原本粘连在石英舟上胶质变为受一定外力作用就变为粉末状的类风干结构，内部物质已基本消失。SBR1205 随着热解温度和热解时间的增加，样品由原本的胶质结构变为了流体结构，仅在石英舟表面附有一层薄膜，且热解时间对其热解残留物外观影响更大。由 SBR1505 和 SBR1205 样品的宏观变化可推测，其在不同辐射强度下生成的残留物成分也有着不同程度的变化。

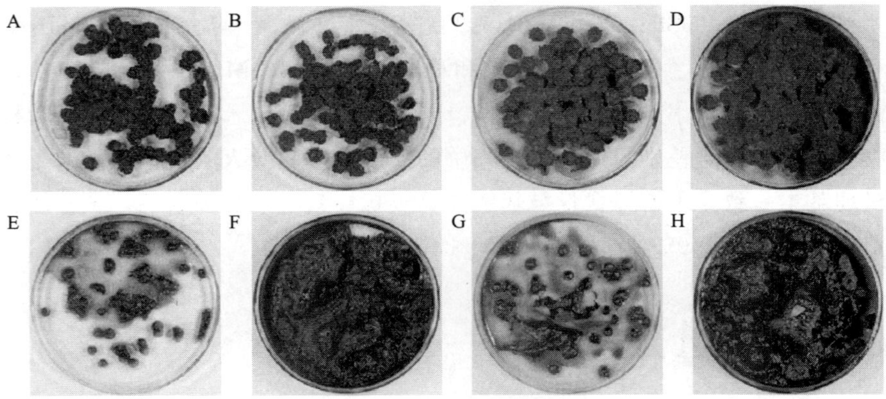

图 6.8　SBR1505 在 280℃、425℃下分别加热 5min、10min（A、B、C、D）和 SBR1205 在 340℃、400℃下分别加热 5min、10min（E、F、G、H）条件下的残留物宏观形态图

6.4.2　各组分的定量分析

（1）烷基苯组分　为了更好地表征 SBR1505 和 SBR1205 的热解残留物烷基苯类组分对汽油检验鉴定的干扰性，依据相对峰面积大小使用 PPMCC（皮尔逊积矩相关系数）对其与汽油燃烧残留物特征组分的相关系数进行了计算，结果列于表 6.5。SBR1505 热解残留物随着热解程度的增加其烷基苯类组分相关系数却呈现增加趋势，不同热解程度的 PPMCC 具体数值如下：0.808、0.791、0.977、0.965。PPMCC 高于 0.8 表示强相关性，介于 0.5 和 0.8 之间表示中等相关性，低于 0.5 表示弱相关性，接近 0 表示无相关性。SBR1505 热解残留物的烷基苯类组分虽在各个热解阶段都与火场汽油原样呈现高相似性，但随着热解温度由 280℃升至 425℃，PPMCC 有明显的增加，说明其受温度影响较大，同时随着温度的上升其干扰性也有所增加。SBR1205 热解残留物随着热解程度的增加其烷基苯类组分有所增加，但其相关系数呈现减少趋势，不同热解程度的 PPMCC 具体数值如下：0.794、0.643、0.677、0.523。各个热解程度均表现为中等相关，且随着热解温度增强和热解时间延长，PPMCC 都有明显减少，其对汽油的干扰性也有所减少。综合定性与定量分析得出结论：SBR1505 和 SBR1205 均能检测出多种烷

基苯类组分，对汽油的检验鉴定有干扰性，易得出“假阳性”的结论，同时其干扰性也随着热解程度和组分的变化而变化。通过对不同热解程度的 SBR1505 和 SBR1205 与火场汽油原样的 PPMCC 对比发现，对于 SBR1505 烷基苯类组分，其温度条件的变化对汽油检验鉴定的干扰性更大，对于 SBR1205 烷基苯类组分，热解温度与时间都对汽油检验鉴定有着较强的干扰性。

表 6.5　不同辐射强度下形成的 SBR1505 和 SBR1205 热解残留物中烷基苯类组分特征表

目标组分	保留时间/min	相对含量								
		汽油	SBR 1505 280℃ 5min	SBR 1505 280℃ 10min	SBR 1505 425℃ 5min	SBR 1505 425℃ 10min	SBR 1205 340℃ 5min	SBR 1205 340℃ 10min	SBR 1205 400℃ 5min	SBR 1205 400℃ 10min
乙基苯	4.61	0.04	0.06	0.04	0.05	0.05	0.03	0.01	0.02	0.03
邻二甲苯	4.75	0.193	0.116	0.096	0.239	0.225	0.114	0.021	0.041	0.037
对二甲苯	5.18	0.084	0.096	0.071	0.090	0.080	0.029	0.021	0.024	0.079
丙基苯	6.26	0.020	0.042	0.034	0.040	0.043	0.073	0.065	0.069	0.052
3-乙基甲苯	6.40	0.117	0.124	0.121	0.162	0.171	0.286	0.251	0.250	0.194
1,3,5-三甲苯	6.53	0.040	0.033	0.030	0.046	0.078	0.084	0.067	0.072	0.057
2-乙基甲苯	6.73	0.034	0.073	0.064	0.045	0.046	0.072	0.067	0.077	0.071
1,2,4-三甲苯	6.98	0.177	0.100	0.109	0.183	0.189	0.288	0.249	0.254	0.098
3-丙基甲苯	8.00	0.034	0.049	0.039	0.025	0.023	0.020	0.022	0.023	0.034
2-乙基间二甲苯	8.08	0.020	0.033	0.054	0.019	0.014	—	—	0.047	0.074
4-异丙基甲苯	8.13	0.026	—	—	0.014	0.014	0.009	0.055	—	0.007
2-丙基甲苯	8.28	0.010	0.048	0.045	0.013	0.008	—	0.029	0.030	0.066
4-丙基甲苯	8.45	0.022	0.013	0.020	0.021	0.019	—	0.036	0.018	0.028

续表

目标组分	保留时间/min	相对含量								
		汽油	SBR 1505 280℃ 5min	SBR 1505 280℃ 10min	SBR 1505 425℃ 5min	SBR 1505 425℃ 10min	SBR 1205 340℃ 5min	SBR 1205 340℃ 10min	SBR 1205 400℃ 5min	SBR 1205 400℃ 10min
2-异丙基甲苯	8.50	0.024	0.008	0.014	—	—	—	—	—	—
3-异丙基甲苯	8.60	0.038	0.023	0.031	0.018	0.016	—	0.034	0.015	0.019
丁基苯	8.72	0.004	0.010	0.012	—	—	—	—	—	—
2-乙基对二甲苯	8.98	0.012	0.007	0.014	0.004	0.002	—	—	—	0.007
1,2,4,5-四甲苯	9.13	0.023	—	0.012	0.008	0.007	—	0.021	0.011	0.005
1,2,3,5-四甲苯	9.21	0.036	0.015	0.018	0.011	0.009	—	0.035	0.013	0.006
1-丁基-4-甲基苯	9.52	0.003	0.019	0.024	—	—	—	—	—	0.009
1-丁基-2-甲基苯	9.62	0.007	—	0.025	0.003	—	—	—	—	0.014
1-丁基-3-甲基苯	9.73	0.022	0.033	0.028	0.008	0.003	—	—	0.013	0.020
戊基苯	9.81	0.003	0.045	0.041	—	—	—	0.020	0.025	0.045
1-乙基-3,5-二甲基苯	9.93	0.003	0.015	—	—	—	—	—	—	—
叔戊基苯	9.99	0.005	0.037	0.060	—	—	—	—	—	0.044
PPMCC	—	1.000	0.808	0.791	0.977	0.965	0.794	0.643	0.677	0.523

（2）稠环类组分　为了更好地表征 SBR1505 和 SBR1205 的热解残留物稠环类组分对汽油检验鉴定的干扰性，依据相对峰面积大小使用 PPMCC 对其与汽油燃烧残留物特征组分的相关系数进行了计算，结果列于表 6.6。SBR1505 随着热解程度的增加其稠环类组分有所减少，其与汽油的相关系数的变化较为复杂，具体数值如下：0.948、0.316、0.183、0.873。在热解条件为 280℃加热 10min 和 425℃加热 5min 下所得的残留

物，其 PPMCC 较其他热解阶段有断崖式下降，这可能与 SBR1505 的热解过程有关，但总体来说，随着热解程度的增加，其对汽油的干扰性是有所降低的。SBR1205 随着温度的升高和受热时间的延长，其特征组分有明显增加，其与火场汽油原样的相关系数如下所示：0.950、0.479、0.960、0.715。在加热 5min 时，其表现为高相关性，在加热 10min 时，其表现为弱相关和中等相关，由此可得，SBR1205 对于热解时间表现更为敏感。

表 6.6　不同辐射强度下形成的 SBR1505 和 SBR1205 热解残留物中稠环类组分特征表

目标组分	保留时间/min	相对含量								
		汽油	SBR 1505 280℃ 5min	SBR 1505 280℃ 10min	SBR 1505 425℃ 5min	SBR 1505 425℃ 10min	SBR 1205 340℃ 5min	SBR 1205 340℃ 10min	SBR 1205 400℃ 5min	SBR 1205 400℃ 10min
萘	10.31	0.580	0.325	0.146	0.092	0.370	0.559	0.171	0.507	0.236
2-甲基萘	12.05	0.194	0.137	0.162	0.124	0.140	0.356	0.251	0.272	0.204
1-甲基萘	12.33	0.135	0.105	0.133	0.094	0.103	0.085	0.139	0.221	0.212
1-乙基萘	13.75	0.008	0.065	0.076	0.083	—	—	—	—	0.060
1,3-二甲基萘	13.82	0.020	0.072	0.090	0.110	0.078	—	0.099	—	0.042
2,3-二甲基萘	14.27	0.040	0.106	0.132	0.147	0.174	—	0.195	—	0.181
1,4-二甲基萘	14.75	0.014	0.136	0.199	0.322	0.135	—	0.073	—	0.021
2,6-二甲基萘	15.04	0.010	0.053	0.062	0.029	—	—	0.072	—	0.044
PPMCC	—	1.000	0.948	0.316	0.183	0.873	0.950	0.479	0.960	0.715

综合定性与定量分析得出结论：SBR1505 和 SBR1205 均能检测出多种稠环类组分，对汽油的检验鉴定有干扰性，但其干扰性也随着热解程度和组分的变化而变化。同时对稠环类组分进行分析时，仅使用定性或定量分析，极易得出“假阳性”的结论。

（3）茚满类组分　为了更好地表征 SBR1505 和 SBR1205 的热解残留

物茚满类组分对汽油检验鉴定的干扰性，依据相对峰面积大小使用 PPMCC 对其与汽油燃烧残留物特征组分的相关系数进行了计算，结果列于表 6.7。SBR1505 随着热解程度的增加其茚满类组分减少，相关系数具体数值如下：0.791、0.717、0.877、0.596。在 425℃下加热 5min 所得的热解残留物中茚满类组分对火场汽油原样的干扰性最大，PPMCC 值为 0.877 表现为高相关性，其余热解程度均表现为中等相关性，以 425℃下加热 10min 的热解残留物最低，为 0.596。SBR1205，随着热解程度的增加其茚满类组分明显增多，其与汽油的相关系数具体数值如下：0.398、0.697、0.615、0.732。在热解温度为 340℃加热 5min 时，其热解残留物与火场汽油原样表现弱相关性，其余条件下则表现为中等相关性，且茚满类组分同样受热解时间影响较大。

综合定性与定量分析得出结论：SBR1505 和 SBR1205 均能检测出多种茚满类组分，对汽油的检验鉴定有干扰性，但其干扰性也随着热解程度和组分的变化而变化。SBR1505 在高热解程度的热解残留物对比低热解程度的热解残留物，其茚满类组分与汽油的 PPMCC 值有所减少，SBR1205 在 340℃加热 5min 时产生的热解残留物茚满类组分对汽油检验鉴定的干扰性较弱，通过定性分析即可排除，在剩余条件下干扰性较强，需定性与定量结合，才可排除其干扰。

表 6.7　不同热解阶段的 SBR1505 和 SBR1205 热解残留物中的茚满类组分特征表

目标组分	保留时间/min	汽油	相对含量							
			SBR 1505 280℃ 5min	SBR 1505 280℃ 10min	SBR 1505 425℃ 5min	SBR 1505 425℃ 10min	SBR 1205 340℃ 5min	SBR 1205 340℃ 10min	SBR 1205 400℃ 5min	SBR 1205 400℃ 10min
茚满	7.76	0.277	0.169	0.128	0.245	0.758	0.940	0.578	0.739	0.300
茚	7.90	0.021	0.064	0.023	0.014	—	0.060	—	—	0.033
2-甲基茚满	8.64	0.115	0.110	0.125	0.081	—	—	0.105	—	0.035
3-甲基茚满	8.68	0.032	0.088	0.102	0.109	—	—	—	—	0.182
4-甲基茚满	9.55	0.258	0.348	0.380	0.328	0.107	—	0.072	0.106	0.156

续表

目标组分	保留时间/min		相对含量							
		汽油	SBR 1505 280℃ 5min	SBR 1505 280℃ 10min	SBR 1505 425℃ 5min	SBR 1505 425℃ 10min	SBR 1205 340℃ 5min	SBR 1205 340℃ 10min	SBR 1205 400℃ 5min	SBR 1205 400℃ 10min
5-甲基茚满	9.72	0.296	0.223	0.242	0.222	0.135	—	0.245	0.155	0.294
PPMCC	—	1.000	0.791	0.717	0.877	0.596	0.398	0.697	0.615	0.732

6.4.3 不同热解程度各组分相似度分析

不同热解程度下 SBR1505 和 SBR1205 各组分与汽油的 PPMCC 值已列于表 6.5 至表 6.7，但单纯的数字罗列并不直观，因此为了更好地对比其与汽油的相似度，制作相关热图（图 6.9），通过不同颜色的对比，来判断相似性与干扰程度。由图 6.9 可知，在不同热解程度下 SBR1505 和 SBR1205 的烷基苯、稠环、茚满类组分与汽油原样的相关性都有着明显的不同。同时随着热解程度的增加，SBR1505 的烷基苯类组分以及 SBR1205 的烷基苯、茚满组分与汽油原样的 PPMCC 值都有明显的规律性，SBR1505 的烷基苯类组分和 SBR1205 的茚满类组分，随着热解程度的增加，其与汽油原样的 PPMCC 值增加，与汽油的相似性增加，对火场

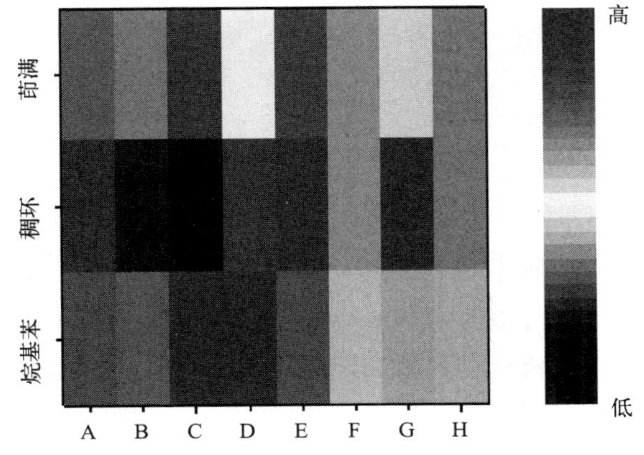

图 6.9　基于 PPMCC 结果所得不同热解程度下（SBR1505 在 280℃、425℃ 下分别加热 5min、10min：A、B、C、D；SBR1205 在 340℃、400℃ 下分别加热 5min、10min：E、F、G、H）SBR1505 与 SBR1205 目标组分与汽油相似性的相关热图

汽油原样的检验鉴定干扰性增强。SBR1205 的烷基苯类组分，随着热解程度的增加，其与汽油原样的 PPMCC 值减小，与汽油的相似性减小，对火场汽油原样的检验鉴定干扰性减弱。

6.5 本章小结

本研究结合基质化学组成与热解过程对干扰性程度的影响为出发点，选择不同苯乙烯含量的丁苯橡胶，通过热重-红外-气相色谱/质谱（TG-IR-GC/MS）联用技术对其热解过程及产物进行了研究，发现化学组成对干扰性的影响较为显著，以 SBR1505、SBR1205 和 SBR1502 为代表的苯乙烯含量较低的（不超过 23%）丁苯橡胶热解过程分为初期、充分热解和后期三个阶段，其中失重率较多的为充分热解阶段，初期和后期热解失重相对较小，更重要的是 TG-IR-GC/MS 数据表明当热解进行至 400～500℃对应的充分热解阶段时，能检出较多烷烃类、烯烃/环烷烃类、烷基苯类、茚满类、稠环芳烃类特征组分及同分异构体，对火场汽油检验鉴定具有较强干扰，充分热解阶段同时伴随 CH_4 的明显释放，在热解前期和后期干扰组分相对丰度较低，干扰性较小，在热解后期有 CO_2 的大量生成；另一方面，对于苯乙烯含量超过 30% 的 SBR303、HS 60 和 HS 80，热解过程体现为两个阶段，其中前一个阶段失重率均超过 86%，热解产物对汽油识别干扰性也更强。结合样品热解失重情况来看，最大失重率出现在 SBR1505、SBR1205 和 SBR1502 的第二个热解阶段及 SBR303、HS 60 和 HS 80 的第一个热解阶段，使得对应阶段的热解产物成为丁苯橡胶对火场汽油鉴定干扰的主要来源。

不同苯乙烯含量的丁苯橡胶热解过程有所差别，但总体来看，各样品热解过程中的反应顺序基本一致，对火场汽油识别的主要干扰均来自失重最多、产生干扰组分最多的热解阶段。苯乙烯含量越低的丁苯橡胶越易发生热解，热解过程持续时间越长，热解产物中能检出的干扰组分种类越丰富且同分异构体越多，对火场汽油鉴定造成的干扰越大，热解后期产物中目标组分特别是烷基苯类和茚满类组分损失越快。

SBR1205 与 SBR1505 对汽油的干扰性更大，对其进行的定量分析表明，SBR1505 热解残留物中烷基苯类组分随着热解程度的增加，与汽油相似度变高；稠环、茚满类组分峰形与汽油的相似度分别呈现先降低后增高与先增高后降低的趋势。SBR1205 热解残留物中烷基苯、稠环等组分随着热解程度的增加与汽油的相似度降低，茚满类组分与汽油的相似度增加。同一种基质的材料对于汽油鉴定的干扰不仅受化学结构的影响较大，热解程度对其干扰同样不可忽视。

参考文献

[1] YANG Q, YU S, ZHONG H, et al. Gas products generation mechanism during co-pyrolysis of styrene-butadiene rubber and natural rubber [J]. Journal of Hazardous Materials, 2020, 401: 123302.

[2] DENG S, ZHUO H, WANG Y, et al. Multiscale simulation on product distribution from pyrolysis of styrene-butadiene rubber [J]. Polymers, 2019, 11 (12): 1967.

[3] CHOI S-S, KWON H-M. Considering factors on determination of microstructures of SBR vulcanizates using pyrolytic analysis [J]. Polymer Testing, 2020, 89: 106572.

[4] 杨胜文. Diels-Alder 反应合成萘环及其衍生物的研究进展 [J]. 有机化学研究, 2023, 11 (4): 171-181.

[5] CHOODUM A, DAEID NN. Development and validation of an analytical method for hydrocarbon residues using gas chromatography-mass spectrometry [J]. Analytical Methods, 2011, 3 (5): 1136-1142.

[6] MARTIN-ALBERCA C, ORTEGA-OJEDA F E, GARCIA-RUIZ C. Analytical tools for the analysis of fire debris. A review: 2008-2015 [J]. Analytica Chimica Acta, 2016, 928: 1-19.

[7] SANDERCOCK P M L. Fire investigation and ignitable liquid residue analysis-A review: 2001-2007 [J]. Forensic Science International, 2008, 176 (2/3): 93-110.

[8] 董希琳. 消防燃烧学 [M]. 北京: 机械工业出版社, 2014.

[9] American National Fire Protection Association. Guide for fire and explosion investigations: NFPA 921- 2017 [S]. Quincy: American National Fire Protection Association, 2017.

[10] 庞松颖, 王继芬, 余静. 火灾现场残留汽油成分检验研究综述 [J]. 消防科学与技术, 2015, 34 (5): 688-691.

[11] 何洪源. 纵火现场中可燃液体残留物发现和确认的影响因素研究 [J]. 中国人民公安大学学报 (自然科学版), 2009, 15 (4): 20-24.

[12] STAUFFER E. Identification and characterization of interfering products in fire debris analysis [M]. Miami: Florida International University, 2001.

[13] STAUFFER E, NICDAEID N. Interpretation of fire debris analysis [M]. Amsterdam: Elsevier, 2013: 183-194.

[14] STAUFFER E, DOLAN J A, NEWMAN R. Fire Debris Analysis [M]. Amsterdam: Elsevier, 2008.

[15] STAUFFER E. Concept of pyrolysis for fire debris analysts [J]. Science & Justice, 2003, 43 (1): 29-40.

［16］ DHABBAH A M，AL-JABER S S，AL-GHAMDI A H，et al. Determination of gasoline residues on car-pets by SPME-GC-MS technique ［J］. Arabian Journal for Science and Engineering，2014，39（9）：6749-6756.

［17］ AQEL A，DHABBAH A M，YUSUF K，et al. Determination of gasoline and diesel residues on wool，silk，pol yester and cotton materials by SPME-GC-MS ［J］. Journal of Analytical Chemistry，2016，71（7）：730-736.

［18］ DHABBAH A M. Detection of petrol residues in natural and synthetic textiles before and after burning using SPME and GC-MS ［J］. Australian Journal of Forensic Sciences，2020，52（2）：194-207.

［19］ JESSE L，MICHELLE E. The persistence of ignitable liquids on unburned substrates ［J］. Fire & Arson Investigator，2018，68（4）：26-33.

［20］ JAMIE M B，MATTHEW W B. Evaluation of the persistence of ignitable liquids on unburned fabric ［J］. Fire & Arson Investigator，2017，68（1）：24-28.

［21］ 支有冉，宗若雯，袁锐，等. 燃烧残渣中助燃剂检测的实验研究 ［C］ //2010（沈阳）国际安全科学与技术学术研讨会. 沈阳：东北大学，2010：9.

［22］ 查正根，宗若雯，李松阳，等. SPME/GC-MS在对火场残留物分析中的应用及其数据分析 ［J］. 火灾科学，2007，16（2）：115-121.

［23］ 高佳鑫，宗若雯，刘海强. 火灾中聚合物材料热解对汽油辨识的影响分析 ［J］. 火灾科学，2014，23（3）：162-174.

［24］ 高佳鑫. 火灾残留物中助燃剂鉴定的影响因素分析 ［D］. 合肥：中国科学技术大学，2014.

［25］ 刘峰，张健. GC/MS法分析不同载体对汽油燃烧残留物成分的影响 ［J］. 消防技术与产品信息，2014（9）：84-86.

［26］ 余志超. 汽油轮胎燃烧残留物及烟尘在汽油鉴定工作中的应用 ［D］. 廊坊：中国人民警察大学，2019.

［27］ 刘玲，李欣，胡何昕. 橡胶对汽油 GC-MS 鉴定的影响研究 ［J］. 武警学院学报，2017，33（12）：86-89.

［28］ 陈振邦. 天然橡胶与丁苯橡胶对汽油燃烧残留物鉴定的干扰性研究 ［D］. 廊坊：中国人民武装警察部队学院，2015.

［29］ 王健. 丁苯橡胶对汽油燃烧及残留物检测的影响研究 ［D］. 廊坊：中国人民武装警察部队学院，2018.

［30］ 金南江. 丁苯橡胶 SBR1502 热解情况对汽油鉴定的干扰性研究 ［D］. 廊坊：中国人民武装警察部队学院，2018.

［31］ 金南江，李阳. 丁苯 SBR1502 燃烧残留物对汽油鉴定的干扰性研究 ［J］. 消防科学与技术，2018，37（3）：429-432.

［32］ 耿惠民，鲁志宝，田桂花，等. 易燃液体放火物鉴定中干扰物排除的研究 ［J］. 消防科学与技术，2001，20（1）：51-53.

［33］ 梁国福，鲁志宝，王鑫，等. 易燃液体在不同环境下成分变化特征的研究 ［J］. 消防科学

与技术，2011，30（7）：563-566.

[34] 邓震宇，张得胜，吴宪，等. 塑料制品燃烧物对易燃液体放火剂鉴定干扰的研究［J］. 消防科学与技术，2017，36（4）：569-571.

[35] 何洪源. 纵火案件现场可燃液体残留物分析的研究进展［J］. 中国人民公安大学学报（自然科学版），2006，12（4）：18-21.

[36] 何洪源，朱丹，张淑芳，等. 一种改进的SPME方法提取火场残留物中的促燃剂［J］. 分析试验室，2008，27（7）：119-122.

[37] ETTLING B V，ADAMS M F. The study of accelerant residues in fire remains [J]. Journal of Forensic Sciences，1968，13（1）：76-89.

[38] CLODFELTER R W，HUESKE E E. A comparison of decomposition products from selected burned materials with common arson accelerants [J]. Journal of Forensic Sciences，1977，22（1）：116-118.

[39] SMITH R M. Arson analysis by mass chromatography [J]. Analytical Chemistry，1982，54（13）：1399-1409.

[40] DEHAAN J D，BONARIUS K. Pyrolysis products of structure fires [J]. Journal of the Forensic Science Society，1988，28（5/6）：299-309.

[41] BERTSCH W. Volatiles from carpet：A source of frequent misinterpretation in arson analysis [J]. Journal of Chromatography A，1994，674（1/2）：329-333.

[42] ALMIRALL J R，FURTON K G. Characterization of background and pyrolysis products that may interfere with the forensic analysis of fire debris [J]. Journal of Analytical and Applied Pyrolysis，2004，71（1）：51-67.

[43] JHAUMEER-LAULLOO S，MACLEAN J，RAM-TOOLA L L，et al. Characterization of background and pyrolysis products that may interfere with forensic analysis of fire debris in Mauritius [J]. Pure and Applied Chemical Sciences，2013，1：51-61.

[44] LENTIN I，DOLA N，CHERRY. The petroleum-laced background [J]. Journal of Forensic Sciences，2000，45（5）：968-989.

[45] FERNANDES M S，LAU C M，WONG W C. The effect of volatile residues in burnt household items on the detection of fire accelerants [J]. Science & Justice，2002，42（1）：7-15.

[46] CAVANAGH K，PASQUIER E D，LENNARD C. Background interference from car carpets-the evidential value of petrol residues in cases of suspected vehicle arson [J]. Forensic Science International，2002，125（1）：22-36.

[47] BORUSIEWICZ R，ZIEBA-PALUS J，ZADORA G. The influence of the type of accelerant，type of burned material，time of burning and availability of air on the possibility of detection of accelerants traces [J]. Forensic Science International，2006，160（2/3）：115-126.

[48] LI Y Y，LIANG D，SHEN H. An analysis of background interference on fire debris [J]. Procedia Engineering，2013，52：664-670.

[49] 邓雨欣. 常见塑料燃烧残留物对汽油 GC-MS 鉴定结果影响的研究 [J]. 消防技术与产品信息，2017 (4): 50-54.

[50] KURATA S, IYOZUMI T, HIRANO H, et al. Discrimination between residues from kerosene or gas oil and plastics in fire debris [J]. Journal of the Japan Petroleum Institute, 2007, 50 (2): 69-78.

[51] PRATHER K R, TOWNER S E, MCGUFFINVL, et al. Effect of substrate interferences from high-density polyethylene on association of simulated ignitable liquid residues with the corresponding liquid [J]. Journal of Forensic Sciences, 2014, 59 (1): 52-60.

[52] BALLICE L, REIMERT R. Classification of volatile products from the temperature-programmed pyrolysis of polypropylene (PP), atacticpolypropylene (APP) and thermogravimetrically derived kinetics of pyrolysis [J]. Chemical Engineering and Processing: Process Intensification, 2002, 41 (4): 289-296.

[53] 程芳彬. 塑料对汽油燃烧残留物鉴定的干扰研究 [D]. 北京：中国人民公安大学，2019.

[54] 付玉. 橡胶制品燃烧残留物特征成分的分析与应用 [D]. 沈阳：沈阳师范大学，2019.